1+X 职业技能等级证书（传感网应用开发）书证融通系列教材

传感器应用技术

组　编　北京新大陆时代教育科技有限公司
主　编　陈开洪　吴冬燕　张正球
副主编　林　励　陈岳林　林明方　杨功元
　　　　林智华　吴　伟　吴刚山
参　编　李政平　黄政钦　杨　晶　赫　宜
　　　　胡　飞　洪上超　程文帆　余威明
　　　　董明浩　魏美琴　邹宗冰

机 械 工 业 出 版 社

本书为传感网应用开发职业技能等级证书的书证融通教材，以典型工作过程为基础，融入行动导向教学法，将教学内容与职业能力相结合，单元项目与工作任务相结合。

本书通过智能楼道灯、智能洗衣机、智能燃气灶、智能防盗系统、智能冰箱、智能平衡车6个项目的内容，驱动学生"做中学"，使学生习得岗位职业能力，提升学生传感器应用技术的专业技能。

本书可作为高等专科和职业院校物联网技术应用专业及相近专业的教材，也可作为相关领域的科技工作者和工程技术人员的参考书。

本书是新形态教材，采用二维码技术，充分利用微课视频、PPT、教案、工具包等资源讲解教材中的知识点、重点和难点，使学生可以随时、主动、反复学习相关内容。

选择本书作为教材的教师可登录机械工业出版社教育服务网（www.cmpedu.com）注册并免费下载教学资源。

图书在版编目（CIP）数据

传感器应用技术/北京新大陆时代教育科技有限公司组编；陈开洪，吴冬燕，张正球主编. —北京：机械工业出版社，2021.5（2025.1重印）

1+X职业技能等级证书（传感网应用开发）书证融通系列教材

ISBN 978-7-111-68199-1

Ⅰ.①传…　Ⅱ.①北…　②陈…　③吴…　④张…　Ⅲ.①传感器–高等职业教育–教材　Ⅳ.①TP212

中国版本图书馆CIP数据核字（2021）第087027号

机械工业出版社（北京市百万庄大街22号　邮政编码100037）
策划编辑：赵红梅　责任编辑：赵红梅　曲世海
责任校对：张　薇　封面设计：鞠　杨
责任印制：单爱军
北京虎彩文化传播有限公司印刷
2025年1月第1版第6次印刷
184mm × 260mm · 15.25印张 · 376千字
标准书号：ISBN 978-7-111-68199-1
定价：49.00元

电话服务	网络服务
客服电话：010-88361066	机　工　官　网：www.cmpbook.com
010-88379833	机　工　官　博：weibo.com/cmp1952
010-68326294	金　　书　　网：www.golden-book.com
封底无防伪标均为盗版	机工教育服务网：www.cmpedu.com

随着物联网时代的到来，物联网将所有物品通过各种信息传感设备与互联网连接起来，实现智能化识别和管理，其中传感器技术是物联网的关键技术之一，“传感器应用技术”也是高等职业院校及应用型本科院校电子信息大类专业的核心课程。本书具有“三个对接、三个驱动”的特色。

1. 以书证融通为出发点，对接行业发展

本书结合《国家职业教育改革实施方案》，落实“1+X”证书制度，参考国家专业教学标准，围绕书证融通模块化课程体系，对接行业发展的新知识、新技术、新工艺、新方法，聚焦传感网应用开发的岗位需求，将职业等级证书中的工作领域、工作任务、职业能力融入原有传感器的教学内容，改革传统“传感器应用技术”课程。

2. 以职业能力为本位，对接岗位需求

本书强调以能力作为教学的基础，将所从事行业应具备的职业能力作为教材内容的最小组织单元，培养岗位群所需职业能力。

3. 以行动导向为主线，对接工作过程

本书优选传感器技术在行业中的典型应用场景，分析职业院校学生学情及学习规律，遵循“资讯、计划、决策、实施、检查、评价”这一完整的工作过程序列，在教师的引导下，“教、学、做”一体，强化实践能力，使学生成为学习过程的中心，在实践中，培养职业技能，习得专业知识。

4. 以典型项目为主体，驱动课程教学实施

本书每个单元均采用项目化的方式，将岗位的典型工作任务与行业企业真实应用相结合，学生在学习单元项目的过程中，掌握岗位群所需的典型工作任务。

5. 以立体化资源为辅助，驱动课堂教学效果

本书以“信息技术 +”助力新一代信息技术专业升级，满足职业院校学生多样化的学习需求，通过配备丰富的微课视频、PPT、教案、工具包等资源，大力推进“互联网 +”“智能 +”教育新形态，推动教育教学变革创新。

6. 以校企合作为原则，驱动应用型人才培养

本书由福建信息职业技术学院、苏州工业职业技术学院等院校与北京新大陆时代教育科技有限公司联合开发，充分发挥校企合作优势，利用企业对于岗位需求的认知和培训评价组织对于专业技能的把控，同时结合院校教材开发与教学实施的经验，保证本书的适应性与可行性。

本书从岗位的典型工作任务出发，共设计 6 个项目，分别是智能楼道灯、智能洗衣机、智能燃气灶、智能防盗系统、智能冰箱、智能平衡车。项目 1~项目 3 为专项训练，选用声音传感器、光敏传感器、温度传感器、热敏电阻传感器、压力传感器、热电偶传感器、气体传感器等常见传感器，分别训练学生对于开关量、模拟量、数字量传感器的采集、选型和检测；项目 4～项目 6 为综合应用，选用红外光传感器、压电传感器、湿度传感器、霍尔传感器、超声波传感器、三轴加速度传感器等常见传感器，训练学生对于多种类型传感器的综合应用。本书的参考学时为 48 学时，具体学时建议见下表：

职业领域	教材领域		
工作任务	项目名称	项目任务名称	任务建议课时数
开关量传感器采集、选型、检测	项目1　智能楼道灯	任务1　智能楼道灯音量监测系统	2
		任务2　智能楼道灯亮度监测系统	2
		任务3　智能楼道灯监测系统	2
模拟量传感器采集、选型、检测	项目2　智能洗衣机	任务1　智能洗衣机温度监测系统	2
		任务2　智能洗衣机重量监测系统	2
		任务3　智能洗衣机监测系统	2
数字量传感器采集、选型、检测	项目3　智能燃气灶	任务1　智能燃气灶热量监测系统	2
		任务2　智能燃气灶煤气监测系统	2
		任务3　智能燃气灶监测系统	2
开关量 + 模拟量传感器采集、选型、检测	项目4　智能防盗系统	任务1　红外对射智能防盗监测系统	2
		任务2　压电感应智能防盗监测系统	4
		任务3　智能防盗监测系统	2
模拟量 + 数字量传感器采集、选型、检测	项目5　智能冰箱	任务1　智能冰箱湿度监测系统	4
		任务2　智能冰箱门磁感应监测系统	4
		任务3　智能冰箱监测系统	2
模拟量 + 数字量 + 开关量传感器采集、选型、检测	项目6　智能平衡车	任务1　智能平衡车超声波监测系统	4
		任务2　智能平衡车平衡监测系统	4
		任务3　智能平衡车监测系统	4
总计			48

本书由北京新大陆时代教育科技有限公司负责提供真实项目案例，分析岗位典型工作任务等，陈开洪负责统稿，李政平、黄政钦、陈岳林共同负责编写项目1，陈开洪负责编写项目2，陈岳林负责编写项目3和项目6，李政平负责编写项目4，黄政钦负责编写项目5，各项目范例程序由林励编写，吴冬燕、张正球、林明方、杨功元、林智华、吴伟、吴刚山、杨晶、赫宜、胡飞、洪上超、程文帆、余威明、董明浩、魏美琴、邹宗冰参与了教材编写和信息化资源的制作。

由于编者能力和水平有限，书中难免有疏漏和不足之处，恳请读者批评指正。

注：书中所有电路图上电容器采用数字标注法，如104表示10×10^4pF=0.1μF。

编　者

二维码索引

页码	名称	二维码	页码	名称	二维码
13	1.1 智能楼道灯音量监测系统（代码完善）		70	2.2 智能洗衣机重量监测系统（代码完善）	
15	1.1 智能楼道灯音量监测系统（编译代码和效果演示）		72	2.2 智能洗衣机重量监测系统（编译代码和效果演示）	
37	1.3 智能楼道灯监测系统（代码完善）		90	3.1 热电效应	
39	1.3 智能楼道灯监测系统（编译代码和效果演示）		141	4.2 压电效应	
52	2.1 智能洗衣机温度监测系统（硬件环境搭建）		172	5.1 智能冰箱湿度监测系统（硬件环境搭建）	
54	2.1 智能洗衣机温度监测系统（代码完善）		180	5.2 霍尔效应	
56	2.1 智能洗衣机温度监测系统（编译代码和效果演示）		208	6.1 智能平衡车超声波监测系统（硬件环境搭建）	
69	2.2 智能洗衣机重量监测系统（硬件环境搭建）				

目录

项目1

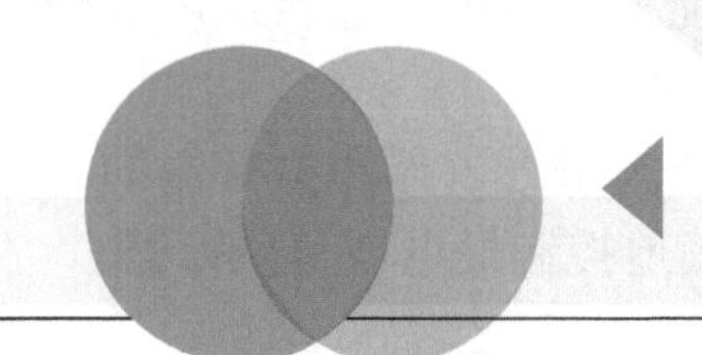

智能楼道灯

引导案例

楼道灯是每栋建筑里的重要组成部分。传统楼道灯需要手动开启或者关闭，不会随着周边环境的光线强度以及不同时段的照明需求进行自动控制，浪费电力资源。随着城市规模日益扩大，需管理的照明设施数量正在迅速增长，很多地方的楼道灯已经从早期的普通楼道灯转换成智能化的管理。智能化后楼道灯在控制上更简单，能够根据人活动时产生的声音进行智能开启和关闭；还能根据外界的光线强度智能开启和关闭；通过智能化管理避免了照明区域“长明灯”现象，既能达到好的照明效果，又能大幅度地节约用电。早期的普通楼道灯维护烦琐，需要逐个进行排查。智能楼道灯设有管理中心系统，可以通过显示屏反映当前楼道灯的工作状态，管理者可以根据管理中心系统上的楼道灯的工作状态，对楼道灯进行便捷维护。

智能楼道灯的应用场景图如图 1-1-1 所示，在右边的管理中心系统中即可实时查看模拟场景里各楼道灯的工作情况。大家可以试想一下，你身边的楼道灯还有哪些功能呢？

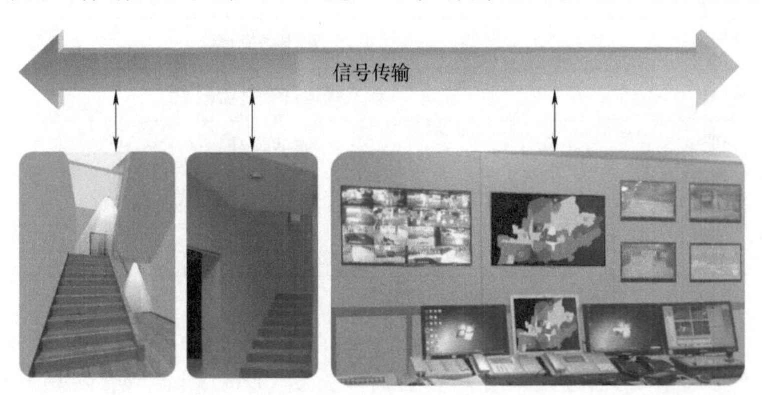

图 1-1-1　智能楼道灯的应用场景图

任务 1　智能楼道灯音量监测系统

职业能力目标

● 能根据驻极体电容式声音传感器的结构、特性、工作参数和应用领域，正确地查阅相关的数据手册，实现对其进行识别和选型。

● 能根据驻极体电容式声音传感器的数据手册，结合单片机技术，准确地采集楼道中的声音数据。

● 能理解继电器和执行器的工作原理，根据单片机开发模块获取声音传感器的状态信息，准确地控制继电器和执行器。

任务描述与要求

任务描述：×× 公司承接了一个楼道灯改造项目，客户要求在现有节能功能的基础上进行升级，对楼道灯进行智能操控，实现能根据楼道中的亮度情况和人的活动情况进行灯光控制。现要进行第一个功能的改造设计，要求能根据人员活动情况实现智能灯光控制。

任务要求：

● 当人经过楼道，发出声音时，楼道里的灯能够自动亮起；当人经过楼道后，没有声音时，楼道里的灯能够延时关闭。

● 可以将楼道灯的状态显示在管理中心系统上。

任务分析与计划

根据所学相关知识，制订本次任务的实施计划，见表 1-1-1。

表 1-1-1 任务计划表

项目名称	智能楼道灯
任务名称	智能楼道灯音量监测系统
计划方式	自我设计
计划要求	请分步骤来完整描述如何完成本次任务
序号	任务计划
1	
2	
3	
4	
5	
6	
7	
8	
9	
10	

知识储备

一、传感器的基础知识

1. 传感器的定义与作用

GB/T 7665—2005《传感器通用术语》中传感器的定义是“能感受被测量并按照一定的规律转换成可用输出信号的器件或装置，通常由敏感元件和转换元件组成”。传感器是一种检测被测量信息的装置，广义来讲，传感器把物理量或化学量等非电量信息转变成便于测试利用的电信号。在信息时代，传感器是获取自然和生产领域信息不可或缺的装置，已经应用于人们生产生活的方方面面，如工业生产、环境保护、医疗、军事、航空等。传感器技术的强弱体现出自动化水平的高低。

2. 传感器的组成与分类

（1）传感器的组成

传感器一般由敏感元件、转换元件、信号调节转换电路三部分组成，如图 1-1-2 所示。

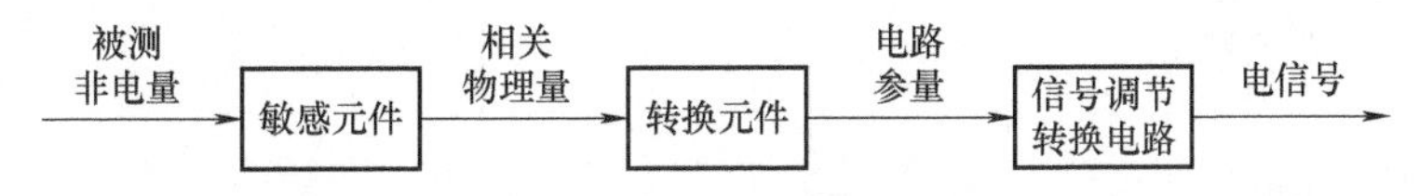

图 1-1-2　传感器的组成

敏感元件的作用是直接感受被测量，并输出与被测量成确定关系的某一物理量。例如，应变式压力传感器的敏感元件是弹性膜片，其作用是将压力转换成弹性膜片的变形。

转换元件的作用是将敏感元件的输出转换成电路参量。例如，应变式压力传感器的转换元件是应变片，其作用是将弹性膜片的变形转换为电阻值的变化。

信号调节转换电路的作用是将转换元件得到的电路参量进一步变换成可直接利用的电信号。

（2）传感器的分类

传感器种类繁多，分类方法各异。常用传感器的分类方法与特性见表 1-1-2。

表 1-1-2　常用传感器的分类方法与特性

分类方法	型式	特性	应用案例
按照构成原理分类	结构型	以转换元件结构参数变化实现信号转换	电容式传感器
	物理型	以转换元件本身的物理特性变化实现信号转换	热电偶温度传感器
按照基本效应分类	物理型	采集物理效应进行转换	热电阻温度传感器
	化学型	采集化学效应进行转换	电化学式传感器
	生物型	采集生物效应进行转换	生物传感器
按照能量关系分类	能量控制型	由外部供给能量并由被测输入量控制	电阻应变式传感器
	能量转换型	直接由被测对象输入能量使传感器工作	热电偶温度传感器
按照工作原理分类	电阻式	利用电阻参数变化实现信号转换	电阻式传感器
	电容式	利用电容参数变化实现信号转换	电容式传感器
	电感式	利用电感参数变化实现信号转换	电感式传感器

（续）

分类方法	型式	特性	应用案例
按照工作原理分类	热电式	利用热电效应变化实现信号转换	热电式传感器
	压电式	利用压电效应变化实现信号转换	压电式传感器
	磁电式	利用磁电感应变化实现信号转换	磁电式传感器
	光电式	利用光电效应实现信号转换	光电式传感器
	光纤式	利用光纤特性参数变化实现信号转换	光纤传感器
按照工作时是否需外接电源分类	有源式	工作时需要外接电源	压电式传感器
	无源式	工作时不需要外接电源	应变式传感器
按照输入量分类	温度	按照被测物理量特性，即按照用途分类	温度传感器
	压力		压力传感器
	流量		流量传感器
	位移		位移传感器
	角度		角度传感器
	加速度		加速度传感器
	…		…
按照输出信号类型分类	模拟量	输出量为模拟量	应变式传感器
	数字量	输出量为数字量	光栅式传感器

按照输出信号类型可将传感器分为模拟量和数字量。

1）模拟量。如图 1-1-3 所示，在时间上或数值上都是连续的物理量称为模拟量。将表示模拟量的信号称为模拟信号。

模拟量在时间连续变化过程中的任何一个幅度取值都是一个有具体意义的物理量，如电压、电流、温度等。例如，热电偶在工作时输出的电压信号就属于模拟信号，因为在任何情况下被测温度都不可能发生突跳，所以测得的电压信号无论在时间上还是在数量上都是连续的，而且，这个电压信号在连续变化过程中的任何一个取值都有具体的物理意义，即表示一个相应的温度。

2）数字量。如图 1-1-4 所示，在时间上和数量上都是离散的物理量称为数字量。将表示数字量的信号称为数字信号。

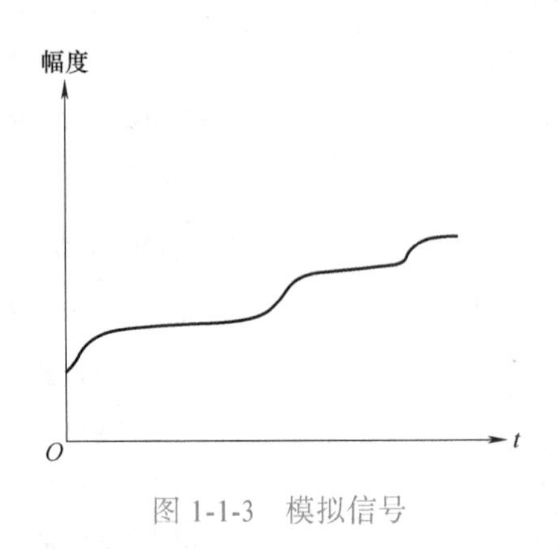

图 1-1-3　模拟信号

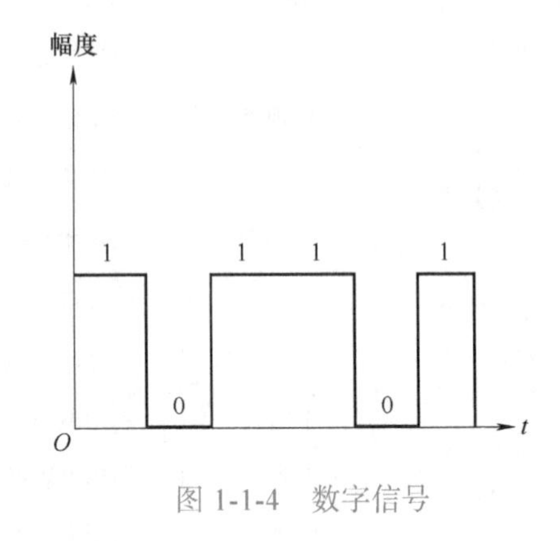

图 1-1-4　数字信号

数字量是将由 0 和 1 组成的信号经过编码后，形成有规律的信号，量化、编码后的模拟量就是数字量。例如，用电子电路记录从自动生产线上输出的零件数目时，每送出一个零件便给电子电路一个信号，使之记 1，而平时没有零件送出时加给电子电路的信号是 0，可见，零件数目这个信号无论在时间上还是在数量上都是不连续的，因此它是一个数字信号。最小的数量单位是 1。

在数字量有个特殊组合，即只存在 0 或者 1 两种状态，我们把它称为开关量。“开”和“关”是电子产品中最基本、最典型的功能，只包括开入量和开出量，反映的是一种状态。例如，控制风扇的起停、灯的亮灭。

3. 传感器的特性

传感器的特性主要包括静态特性和动态特性。

（1）静态特性

传感器的静态特性是指传感器的输出量与静态的输入量之间的关系，与时间无关。传感器静态特性的主要参数有线性度、灵敏度、迟滞现象、重复性、分辨率、稳定性和漂移等。

线性度是指传感器的输出与输入的线性程度，通常情况下，传感器的实际静态特性输出是非线性的。在实际运用中，常用一条拟合直线近似地代表实际的特性曲线，拟合直线与实际曲线的偏差就是非线性误差。

灵敏度是指传感器在稳态工作情况下输出变化量与输入变化量的比值。灵敏度其实就是传感器特性曲线的斜率。

迟滞现象是指传感器在正向行程（输入量增大）和反向行程（输入量减小）期间，输出 - 输入特性曲线不一致的程度。

重复性是指传感器在输入量按同一方向做全量程多次测试时，所得特性曲线不一致性的程度，主要由传感器机械部分的磨损、间隙、松动，部件的内磨擦、积尘，电路元器件的老化、工作点漂移等原因产生。

分辨率是指传感器可感知到的被测量的最小变化的能力。只有当输入量的变化超过一定的值时，其输出才会发生变化，这个值就是分辨率。分辨率的大小通常用满量程的百分比表示，比如压力传感器的量程是 100kPa，分辨率 0.5% FS 就是指能分辨 500Pa 的压力变化（FS：Full Scale 满量程）。

稳定性有短期稳定性和长期稳定性之分。传感器的长期稳定性指在室温条件下，经过相当长的时间间隔，如一天、一月或一年，传感器的输出与起始标定的输出之间的差异。

漂移是指在外界的干扰下，传感器输出量发生与输入量无关的不需要的变化，包括零点漂移和灵敏度漂移等。

（2）动态特性

传感器的动态特性是指传感器在输入量动态变化时，其输出量随着输入量的变化而变化的特性，要求传感器能迅速、准确地响应和再现被测信号的变化。最常用的标准输入信号有阶跃信号和正弦信号，相应地传感器的动态特性也常用阶跃响应和频率响应来表示。

4. 传感器的选用原则

传感器应根据测量的目的、测量对象以及测量环境合理地选用。传感器的选用原则可以分为 6 种。

（1）测量对象与测量环境

测量同一物理量存在多种原理的传感器可供选择，所以在选用传感器前需要根据被测量的特点和被测量所处的环境条件进行判断，主要考虑被测量位置环境因素对传感器的影响程度，被测量位置对传感器体积的要求，测量的方式为接触式测量还是非接触式测量，传感器量程的大小。

（2）灵敏度

在选择传感器时，灵敏度是一个很重要的指标，一般希望传感器的灵敏度越高越好。当灵敏度高时，传感器更容易检测到物理量的变化，有利于后续的处理。但传感器的灵敏度越高，越容易受到环境因素中与被测量无关的噪声等因素的影响，从而影响到被测量的测量。

（3）频率响应特性

传感器的频率响应特性决定了传感器工作的频率范围，在确保不失真的情况下，频率响应范围大，可测量的信号的频率范围就广。

（4）线性范围

传感器的线性范围是指输出量与输入量成正比的范围。传感器的线性范围越广，测量计算越简单、方便。但在实际使用中，线性度是相对的，当非线性误差的大小可满足测量要求时即可当成线性处理。

（5）稳定性

传感器的稳定性是指其性能保持不变的能力。传感器稳定性的影响因素除传感器本身结构外，还有传感器的使用环境。在选用传感器时，要考虑传感器的使用环境，采取适当措施减小环境的影响，使传感器有更好的稳定性，寿命更长。

（6）精度

精度是传感器的一个重要的性能指标，关系到整个测量系统的精度。传感器的精度越高，价格越昂贵，在选用传感器时，只要其精度能满足整个测量系统的精度要求就可以。

二、声音传感器的基础知识

1. 声音与声音测量

声音是由物体振动产生的声波，通过介质进行传播。声波可经空气、液体和固体传播，不能在真空中传播。声波在介质中传播的速度称为声速，声速的大小跟介质有关，而与声源无关，比如在常温和标准大气压下空气中的声速是 344m/s；声波每秒钟振动的次数称为频率，单位为赫兹，用 Hz 表示。

对于人耳来说，只有频率为 20Hz~20kHz 的声波才会引起声音的感觉，因此人们把这个范围的频率称为声频。低于 20Hz 的声波称为次声，高于 20kHz 的声波称为超声，次声和超声人耳是听不到的。

声音测量是属于非电量的电测范畴。因此，要实现声音测量，首先要解决的是用何种器件将声信号转换成电信号，然后才能采用电测的方法来实现。而声音传感器在声音测量中，就是起声电换能作用的，先通过它将外界作用于其上的声信号转换成相应的电信号，然后将这个电信号输送给后面的电测系统以实现其测量。所以声音传感器是实现声音测量的最基本和最重要的器件。

2. 声音传感器的分类和结构

常用的声音传感器按换能原理的不同，大体可分为三种类型，即电动式、压电式和电容式。其典型应用为驻极体电容式声音传感器、压电式驻极体声音传感器和动圈式声音传感器，它们具有结构简单，使用方便，性能稳定、可靠，灵敏度高等诸多优点。

驻极体电容式声音传感器如图 1-1-5 所示。驻极体电容式声音传感器将电介质薄膜的一个面作为电极，与固定电极保持平行，并配置于固定电极的对面。在薄膜的单位电极表面上产生感应电荷。

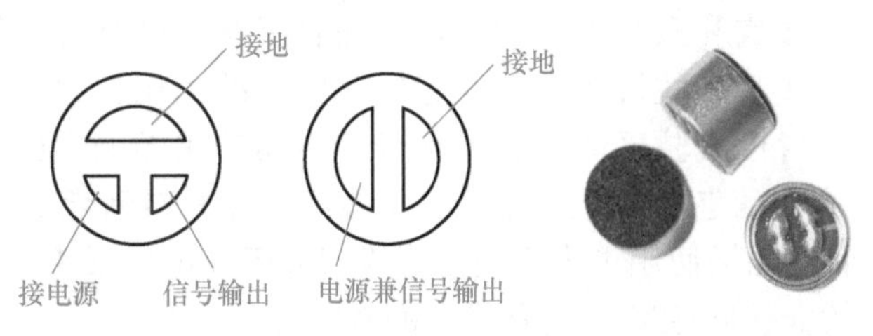

图 1-1-5　驻极体电容式声音传感器

压电式驻极体声音传感器利用压电效应进行声电 / 电声变换，其声电 / 电声转换器为一片 30~80μm 厚的多孔聚合物压电驻极体薄膜。最初设计的压电式驻极体声音传感器与传统的 ECM（Electret Capacitor Microphone）具有相似的结构，其结构如图 1-1-6 所示。外壳主要起电路连接、保护及屏蔽的作用，它通过一个导电垫片与压电驻极体薄膜连接，外壳上开有入声孔，声音信号能通过入声孔与压电驻极体薄膜接触，通过压电效应产生相应的电信号。电信号通过腔体的金属片与铜环传到印刷电路板（PCB）上。最后，通过一个卷边封装的过程，使外壳与 PCB 紧密相连，这样整个压电式驻极体声音传感器就变成了一个牢固的整体。

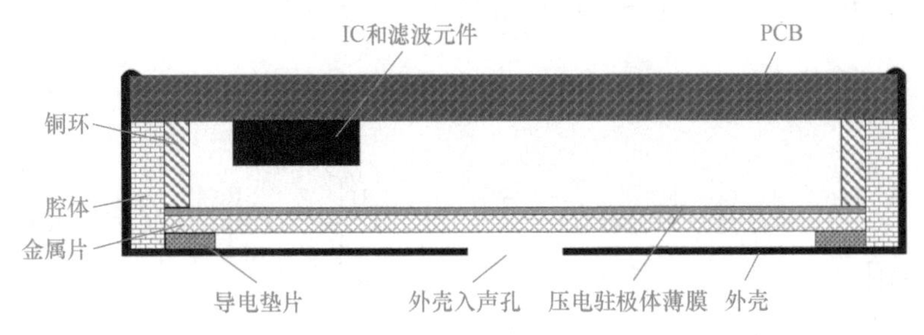

图 1-1-6　ECM 压电式驻极体声音传感器结构图

动圈式声音传感器结构如图 1-1-7 所示。如果把一个导体置于磁场中，在声波的推动下使其振动，这时在导体两端便会产生感应电动势，利用这一原理制造的传声器称为电动式声音传感器。如果导体是一个线圈，则称为动圈式声音传感器；如果导体是一个金属带箔，则称为带式声音传感器。动圈式传声器是一种使用最为广泛的传声器。

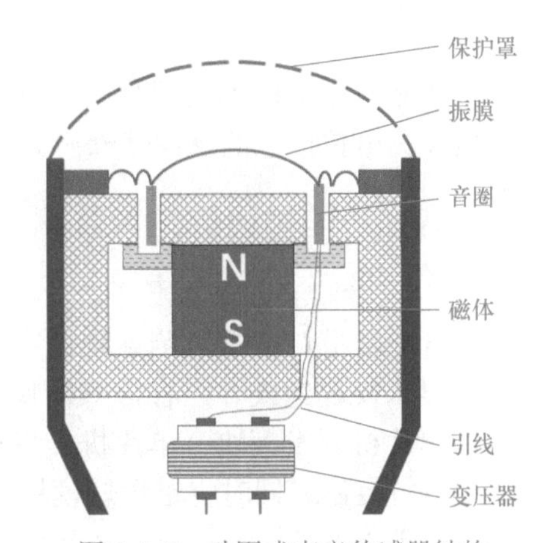

图 1-1-7　动圈式声音传感器结构

三、驻极体电容式声音传感器的基础知识

1. 驻极体电容式声音传感器的特性

驻极体电容式声音传感器的结构与一般的电容式传声器大致相同，工作原理也相同，只是不需要外加极化电压，而是由驻极体膜片或带驻极体薄层的极板表面电位来代替。驻极体电容式声音

传感器的振膜受声波策动时，会产生一个按照声波规律变化的微小电流，经过电路放大后就产生了音频电压信号。驻极体电容式声音传感器极头的静态电容一般为10~18pF，所以它的输出阻抗很高，不能直接与一般的声频放大器相连。

驻极体电容式声音传感器分为振膜式和背极式两种。振膜式驻极体电容式声音传感器的振膜要同时完成声波接收和极化电压的作用，而背极式的驻极体与振膜分开，各自发挥其特长，振膜负责声波接收，驻极体材料仅起极化电压的作用，故其性能比振膜式驻极体电容式声音传感器好。背极式驻极体电容式声音传感器选用频响宽的声振膜制成的传声器寿命长，约为20年，而且工艺简单、成本低、工效高、原材料消耗低，可把它做成体积小、重量轻的传感器，从而使现场使用更为方便。背极式驻极体电容式声音传感器除了有较高精度外，还允许有较大的非接触距离，具有优良的频响曲线。另外，它有良好的长期稳定性，在高潮湿的环境下仍能正常工作，对于一般的生产或检测环境都能够满足要求。

2. MP9767P驻极体电容式声音传感器的工作参数

工作电压：DC 1~10V；

基准工作电压：4.5V；

阻抗：小于2.2kΩ；

信噪比：56dB（最小）；

消耗电流：0.5mA（最大）。

3. MP9767P驻极体电容式声音传感器的应用电路

为了避免使用极化电压，驻极体电容式声音传感器有两种接法，如图1-1-8所示。其中，第一种接法动态范围大，电路稳定；第二种接法灵敏度高。

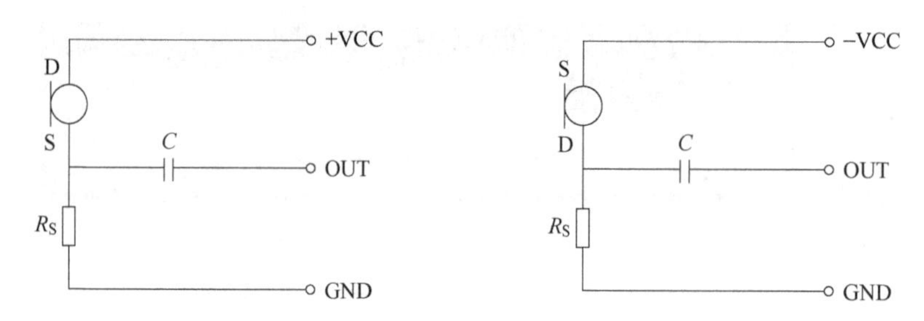

图1-1-8　MP9767P驻极体电容式声音传感器的接法

实际应用电路不需要外加极化电压时，可简化电源电路设计。省去极化电压后，避免了极化高电位产生的脉冲性噪声。

四、智能楼道灯音量监测系统结构分析

1. 音量监测系统的硬件设计框图

智能楼道灯音量监测系统由声音传感模块、单片机开发模块、继电器模块、指示灯模块和显示模块组成。声音传感模块将采集到的声音模拟信号经过处理转换为数字信号，发送到单片机开发模块，单片机开发模块根据接收到的数字信号，通过继电器模块对指示灯模块进行控制，同时将指示灯模块当前状态在显示模块进行显示。

对于楼道灯控制部分，由于使用声音传感模块进行环境的声音检测，使用STC15W1K24S单片机进行处理程序，配合继电器控制楼道灯开关工作，因此需要设计STC15W1K24S单片机与各个设备之间的通信方式。智能楼道灯音量监测系统硬件设计框图如图1-1-9所示。

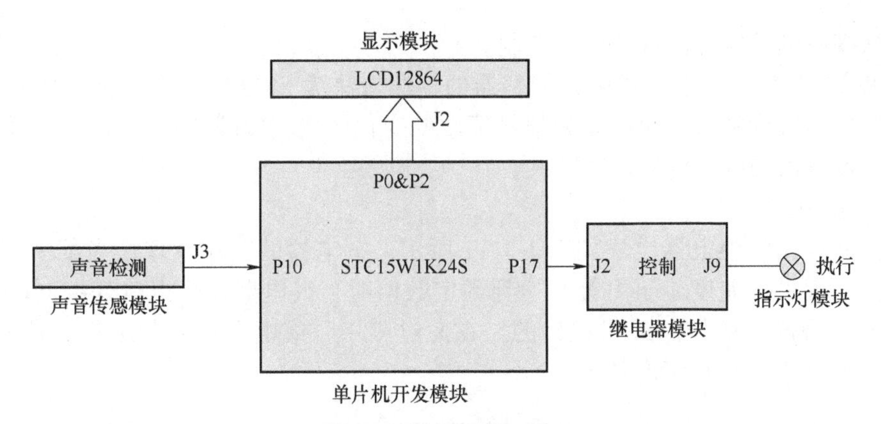

图 1-1-9　智能楼道灯音量监测系统硬件设计框图

2. 声音传感模块的认识

本次任务需要采集声音信号，因此要使用到声音传感模块，声音传感模块电路板结构图如图 1-1-10 所示。

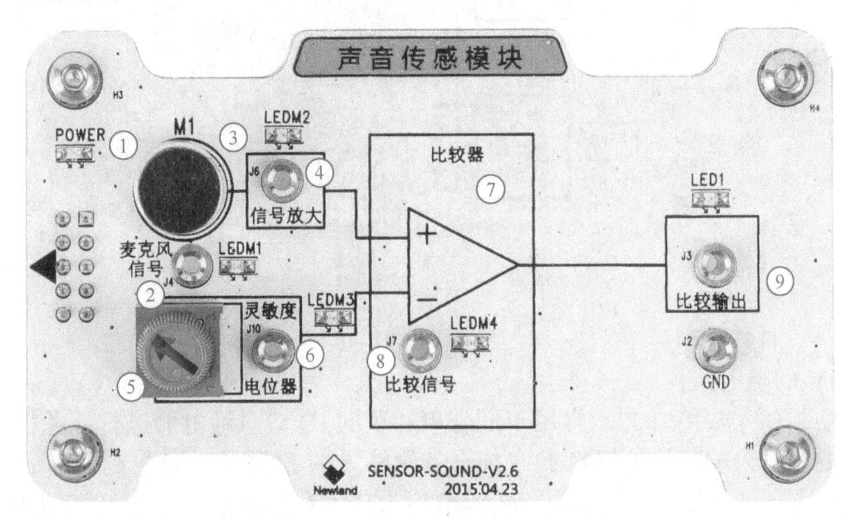

图 1-1-10　声音传感模块电路板结构图

1）图 1-1-10 中数字对应模块情况如下：

①——MP9767P 驻极体电容式声音传感器；

②——麦克风信号接口 J4，测试麦克风输出的音频信号；

③——信号放大电路；

④——信号放大接口 J6，测量音频信号经过放大后叠加在直流电平上的信号，即比较器 1 的负端输入电压；

⑤——灵敏度调节电位器；

⑥——灵敏度测试接口 J10，测试可调电阻可调端输出电压，即比较器 1 的正端输入电压；

⑦——比较器电路；

⑧——比较信号测试接口 J7，即比较器 1 的输出电压；

⑨——比较输出测试接口 J3，即比较器 2 的输出电压。

通过 MP9767P 驻极体电容式声音传感器采集当前的环境声音信号（模拟信号），把微弱的模拟信号放大后经过比较器进行信号处理，通过 J3 输出处理后的数字信号到单片机，单片机根据接收到的信号执行相应的控制。

2）MP9767P 驻极体电容式声音传感器的检测方法为 MP9767P 驻极体电容式声音传感器输出电压信号幅度随着感应的音频信号幅度的变化产生相应的变化，音频信号幅度越大，该声音传感器输出的电压信号幅度越大。

3. 继电器模块的认识

本次任务应用的继电器模块如图 1-1-11 所示。继电器的工作原理是当某一输入量（如电压、电流、温度、速度、压力等）达到预定数值时，继电器动作以改变控制电路的工作状态，从而实现既定的控制或保护目的。在此过程中，继电器主要起了传递信号的作用。图 1-1-11 中数字对应模块情况如下：

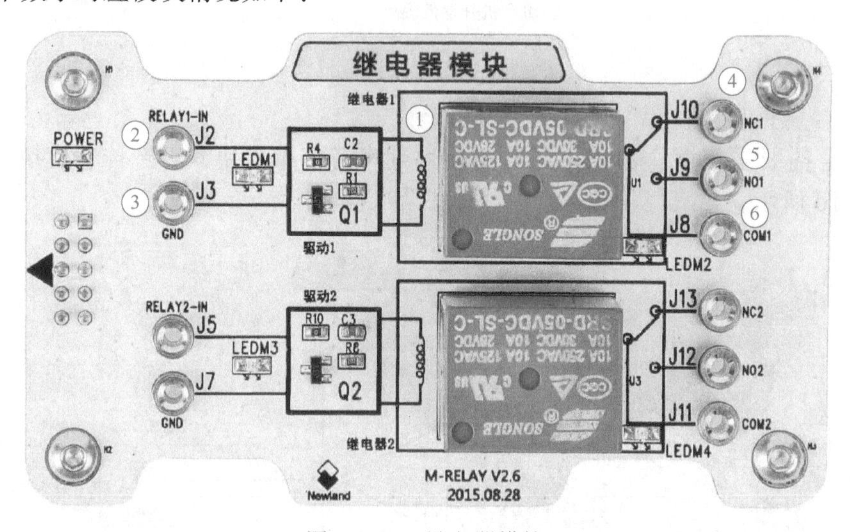

图 1-1-11　继电器模块

①——5V 的继电器；

②——控制输入端接口 J2，常用于配合单片机的 IO 口对继电器进行开关控制；

③——控制输入端的接地接口 J3，配合控制输入端 J2 形成一条控制电路的回路；

④——继电器的常闭端接口 J10，在继电器未接收到控制信号时与 J8 互相导通；

⑤——继电器的常开端接口 J9，只有在继电器接收到控制信号时与 J8 互相导通；

⑥——接口 J8，配合被控制输出端 J9、J10 形成一条被控制电路的回路，此回路仅存在一条。

五、声音传感器系统功能代码设计

根据任务要求，本次任务共要完成三点，现对每一点功能需求进行设计。

需求 1：判断当前环境是否有声音，当人步行至楼道，或者在楼道说话而发出声音时，楼道里的灯能够自动亮起；当人经过楼道后，没有声音时，楼道里的灯能够延时关闭。

解决方法：判断声音传感模块的驻极体电容式声音传感器的状态。当检测到声音时，楼道灯点亮；当未检测到声音时，楼道灯关闭。

```
if(MICROPHONE==1)           // 判断声音传感模块的驻极体电容式声音传感器的状态
{
   RelayOn( );              // 检测到声音,楼道灯点亮。
}
```

需求 2：通过单片机 IO 口控制 12V 的指示灯模块的亮灭。

解决办法：由于单片机 IO 口的控制电压为 5V 且电流小，不能直接控制 12V 的指示灯模块，因此需要继电器模块进行控制信号的传递。定义 IO 高电平时继电器吸合，IO 低电平时继电器断开，设置当未检测到声音时，继电器经过 3s 后自动断开。

```
#define  RELAYPORT_ON     1        //继电器的实际驱动电平:高电平,1有效
#define  RELAYPORT_OFF    0
#define  RELAYDELAY       30       //继电器吸合延时时间:30×0.1s=3s
#define  RELAYPORT        P17      //继电器连接的物理接口地址
```

需求 3：在 LCD 屏幕上显示楼道灯的状态。

解决办法：使用 LCD12864 进行显示，显示内容分两行，第一行显示内容“智能楼道路灯”，第二行显示路灯状态，通过断电器的吸合来判断。灯亮显示“智能楼道路灯状态开启”，灯灭显示“智能楼道路灯状态关闭”。LCD 定时刷新时间为 0.1s。

```
uiCol=16;                                  //显示格式:空字字字字字字空
uiRow=0;                                   //显示16×16汉字
Disp_16×16(uiRow*2,uiCol+0,zhi);           //显示汉字“智”
Disp_16×16(uiRow*2,uiCol+16,neng);         //显示汉字“能”
Disp_16×16(uiRow*2,uiCol+32,lou);          //显示汉字“楼”
Disp_16×16(uiRow*2,uiCol+48,dao);          //显示汉字“道”
Disp_16×16(uiRow*2,uiCol+64,lu2);          //显示汉字“路”
Disp_16×16(uiRow*2,uiCol+80,deng);         //显示汉字“灯”

uiCol=0;                                   //显示格式:字字字字空字字空
uiRow=1;                                   //显示16×16汉字
Disp_16×16(uiRow*2,uiCol+0,  lu2);         //显示汉字“路”
Disp_16×16(uiRow*2,uiCol+16,deng);         //显示汉字“灯”
Disp_16×16(uiRow*2,uiCol+32,zhuang);       //显示汉字“状”
Disp_16×16(uiRow*2,uiCol+48,tai);          //显示汉字“态”

if(RelayControl.RelayTime==0)              //判断继电器吸合时间
{
   Disp_16×16(uiRow*2,uiCol+80,guan);      //显示汉字“关”
   Disp_16×16(uiRow*2,uiCol+96,bi);        //显示汉字“闭”
}
else
{
   Disp_16×16(uiRow*2,uiCol+80,kai);       //显示汉字“开”
   Disp_16×16(uiRow*2,uiCol+96,qi);        //显示汉字“启”
}
```

扩展阅读：声音传感器的应用实例

声控电路是通过声音控制电路工作的电子装置。它可以把声音转换成电信号，从而实现对各种电器设备的控制，例如天猫精灵、小杜语音等。

声控洒水灭尘器通过声控开关来对电磁阀进行控制、起动。小型的洒水灭尘器在很多公共场所有所应用，例如广场、学校、医院、公园等。在很多工厂企业中也普遍使用，

例如将洒水灭尘器放在煤堆、土堆上方，用声音发出起动命令即可。

在港口，声音传感器可以利用声波来确定密闭集装箱内材料的化学组成。

在军事领域，声音传感系统能对狙击火力进行定位和分类，并提供狙击火力的方位角、仰角、射程、口径和误差距离等，以此来防御狙击手的袭击。

任务实施

任务实施前必须先准备好的设备和资源见表1-1-3。

表1-1-3　设备清单表

序号	设备/资源名称	数量	是否准备到位（√）
1	声音传感模块	1	
2	继电器模块	1	
3	指示灯模块	1	
4	单片机开发模块	1	
5	显示模块	1	
6	杜邦线	若干	
7	杜邦线转香蕉线	若干	
8	香蕉线	若干	
9	项目1任务1的代码包	1	

任务实施导航

- 搭建本任务的硬件平台，完成传感器之间的通信连接。
- 打开项目工程文件。
- 对工程里的代码进行补充，使之完整。
- 对代码进行编译，生成下载所需的HEX文件。
- 通过计算机将HEX文件下载到单片机开发模块。
- 结果验证。

具体实施步骤

1. 硬件环境搭建

本次任务的硬件连接表见表1-1-4。

表1-1-4　智能楼道灯音量监测系统硬件连接表

模块名称及接口号	硬件连接模块及接口号
继电器模块J2	单片机开发模块P17
继电器模块J8	NEWLab平台12V的正极“+”
继电器模块J9	指示灯模块正极“+”

（续）

模块名称及接口号	硬件连接模块及接口号
指示灯模块负极“–”	NEWLab 平台 12V 的负极“–”
声音传感模块 J3	单片机开发模块 P10
显示模块 DB0~DB7	单片机开发模块 P00~P07
显示模块 BL	单片机开发模块 P27
显示模块 RST	单片机开发模块 P26
显示模块 CS2	单片机开发模块 P25
显示模块 CS1	单片机开发模块 P24
显示模块 E	单片机开发模块 P23
显示模块 RW	单片机开发模块 P22
显示模块 RS	单片机开发模块 P21

智能楼道灯音量监测系统硬件接线图如图 1-1-12 所示。

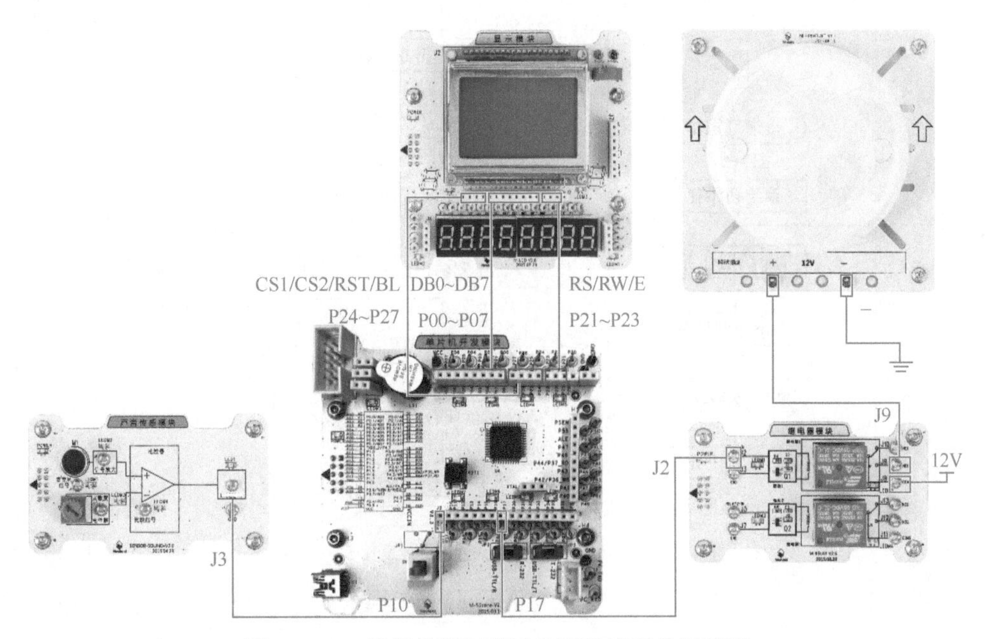

图 1-1-12　智能楼道灯音量监测系统硬件接线图

2. 打开项目工程

步骤 1：先进入本次任务的工程文件夹，找到 project 文件夹，如图 1-1-13 所示。

步骤 2：进入 project 文件夹后找到 Microphone 工程文件，如图 1-1-14 所示。双击进入工程。双击右边菜单栏 Main.c，进入本次项目工程，如图 1-1-15 所示。

智能楼道灯音量监测系统（代码完善）

3. 代码完善

结合如图 1-1-16 所示代码程序流程图，完善代码功能。

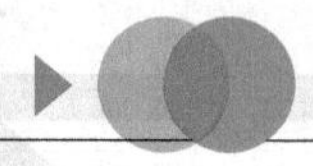

图 1-1-13　打开项目工程　　　　图 1-1-14　打开 Microphone 工程文件

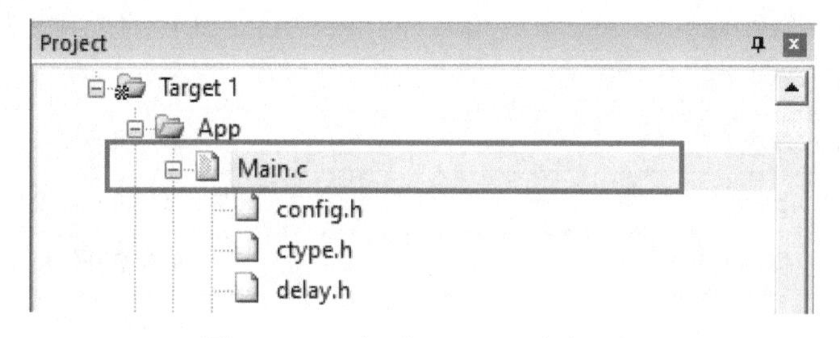

图 1-1-15　打开 Main.c 项目工程

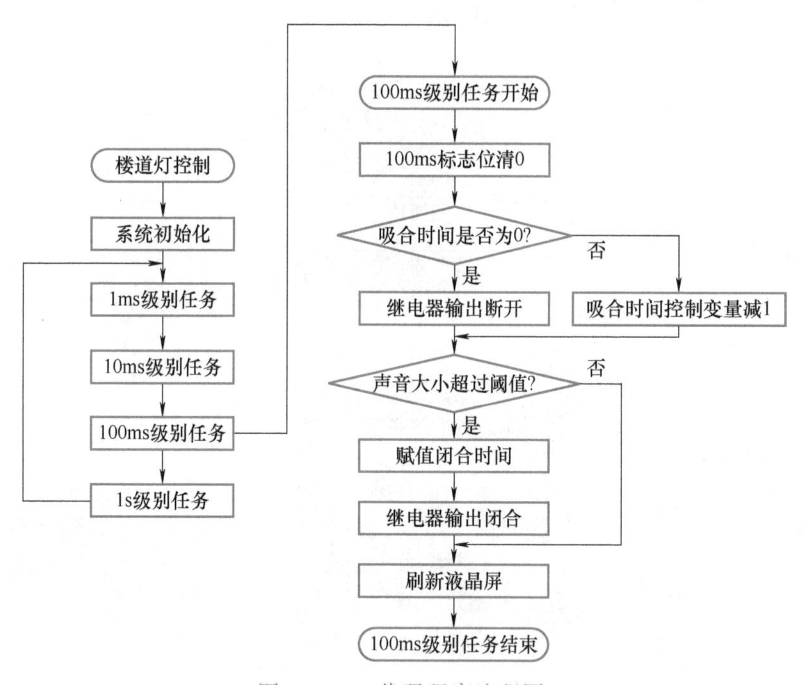

图 1-1-16　代码程序流程图

打开 App/Main.c 文件，程序开始执行时第一步需要完成各接口的初始化，具体程序如下所示：

```
1. void main( )
2. {
3.     P0M1=0;P0M0=0;                  //设置 P00~P07 为准双向口
4.     P1M1=0;P1M0=0;                  //设置 P10~P17 为准双向口
5.     P2M0=0;P2M1=0;                  //设置 P20~P27 为准双向口
6.     P3M1=0;P3M0=0;                  //设置 P30~P37 为准双向口
```

```
7.    P4M1=0;P4M0=0;              //设置P40~P47为准双向口
8.    P5M1=0;P5M0=0;              //设置P50~P57为准双向口
9.    RelayOff( );
10.   Lcd_Init( );                //初始化液晶屏
11.   LCD_DispFullImg(NewLandEduLogo);     //显示新大陆logo
12.   Delay3000ms( );
13.   Lcd_Clr( );                 //清屏
14.   Timer0Init( );              //1ms @11.0592MHz/16位自动重载/1T模式
```

由于实际电路中指示灯的电压必然大于单片机的电压，所以不能使用单片机开发模块直接对指示灯模块进行控制，应通过继电器模块间接对指示灯进行控制。根据声音传感器采集的数据，单片机开发模块对继电器模块进行控制，从而实现对指示灯的间接控制，并实时更新液晶屏上显示的信息。

检测声音，并控制指示灯亮灭的具体实现代码如下：

```
1. if(SystemTime.sec10f==1)     //时间过去0.1s了吗
2. {
3.   SystemTime.sec10f=0;
4.   DecRelayTime( );           //控制继电器吸合时间
5.   if(MICROPHONE==1)          //判断声音传感模块的驻极体电容式声音传感器的状态
6.   {
7.   RelayOn( );                //检测到声音,楼道灯点亮,并延时3s关闭
8.   }
9.   Lcd_Display( );            //刷新液晶屏显示内容
10. }
```

4. 代码编译

首先我们在代码编译前要先进行HEX程序文件的生成，具体操作步骤如图1-1-17所示。

智能楼道灯音量监测系统（编译代码和效果演示）

1）单击工具栏中的“魔术棒”。

2）再单击“Output”选项进入HEX文件设定。

3）在Select Folder for Objects里设定HEX文件生成位置。

4）在HEX文件的生成配置下进行打钩。

5）单击OK完成设定。

接下来单击工具栏上程序编译按钮“ ”，编译工程文件。编译成功后会在下方提示本次项目程序所占的内存大小，以及“0 Error（s），0 Warning（s）”，如图1-1-18所示。

编译通过后，会在工程的project/Objects目录中生成1个Microphone.hex的文件。

5. 程序下载

使用STC-ISP下载工具进行程序下载，具体步骤如图1-1-19所示。

1）将NEWLab实训平台旋钮旋转至通信模式。

2）将单片机开发模块上的JP2和JP3开关拨至左侧。

3）选择单片机型号为STC15W1K24S。

4）设置串口号，串口号可通过查看PC设备管理器获得。

5）单击“打开程序文件”，找到工程项目文件夹下的Microphone.hex文件。

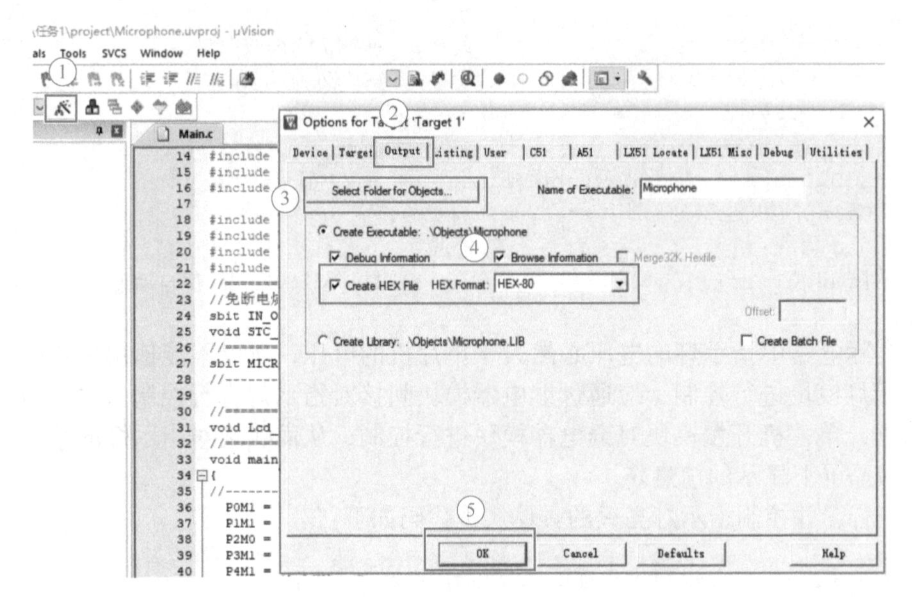

图 1-1-17　HEX 文件生成步骤

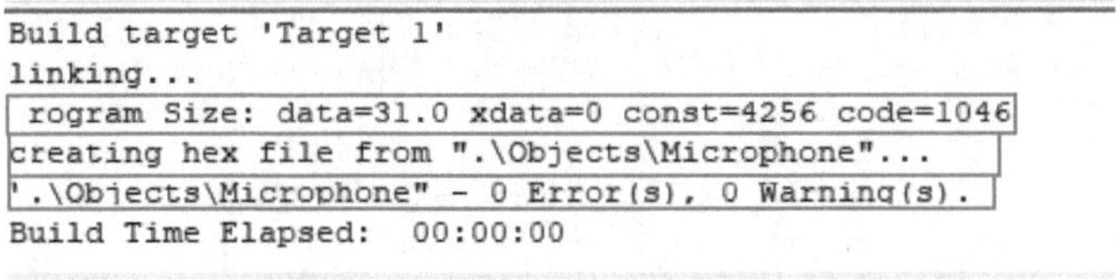

```
Build target 'Target 1'
linking...
 rogram Size: data=31.0 xdata=0 const=4256 code=1046
creating hex file from ".\Objects\Microphone"...
".\Objects\Microphone" - 0 Error(s), 0 Warning(s).
Build Time Elapsed:  00:00:00
```

图 1-1-18　编译成功后显示内容

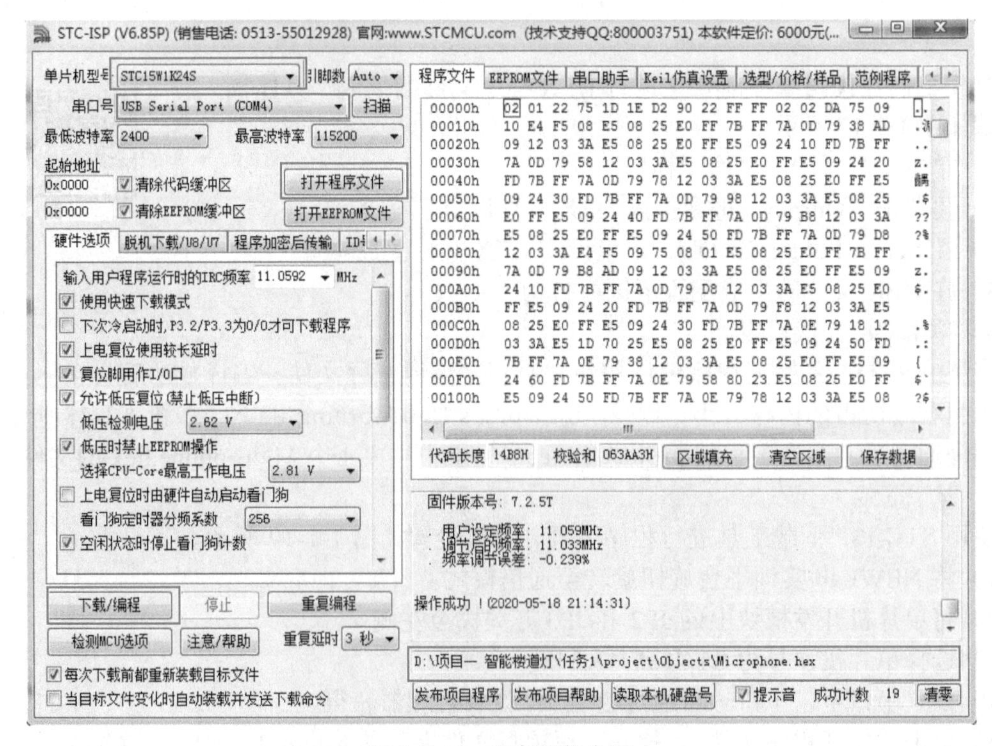

图 1-1-19　程序下载步骤

6）设置 IRC 频率为 11.0592MHz。

7）弹起自锁开关 SW1，以断开单片机开发模块的电源。

8）单击“下载 / 编程”按钮，按下自锁开关 SW1，以给单片机开发模块供电，这样程序便开始下载到单片机中，当提示操作成功时，此次程序下载完成。

6. 结果验证

成功下载 HEX 文件后，显示模块上显示楼道灯状态为关闭，无人经过时智能楼道灯音量监测系统的工作状态如图 1-1-20 所示。

模拟人经过楼道时发出响声，单片机开发模块通过程序控制继电器模块打开指示灯，显示模块上显示楼道灯状态为开启，有人经过时智能楼道音量监测系统的工作状态如图 1-1-21 所示。

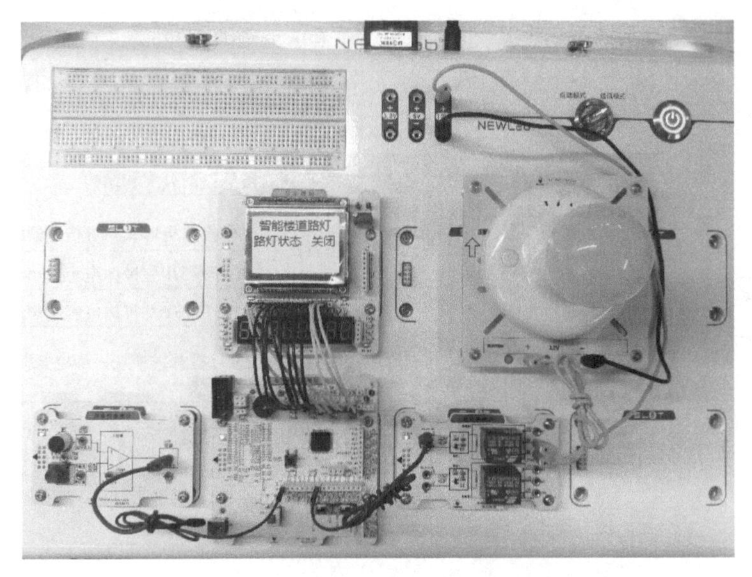

图 1-1-20　无人经过时智能楼道灯音量监测系统的工作状态

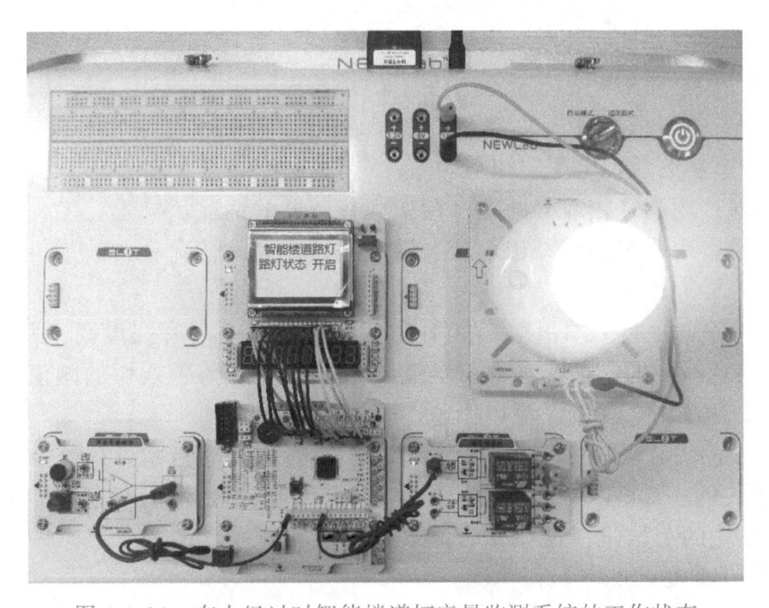

图 1-1-21　有人经过时智能楼道灯音量监测系统的工作状态

任务检查与评价

完成任务后，进行任务检查与评价，任务检查与评价表存放在本书配套资源中。

任务小结

通过基于 STC15W1K24S 智能楼道灯音量监测系统任务的设计与实现，学生可以了解声音传感器的结构和工作原理，并掌握声音传感模块数据传输编程的控制方法，本任务小结如图 1-1-22 所示。

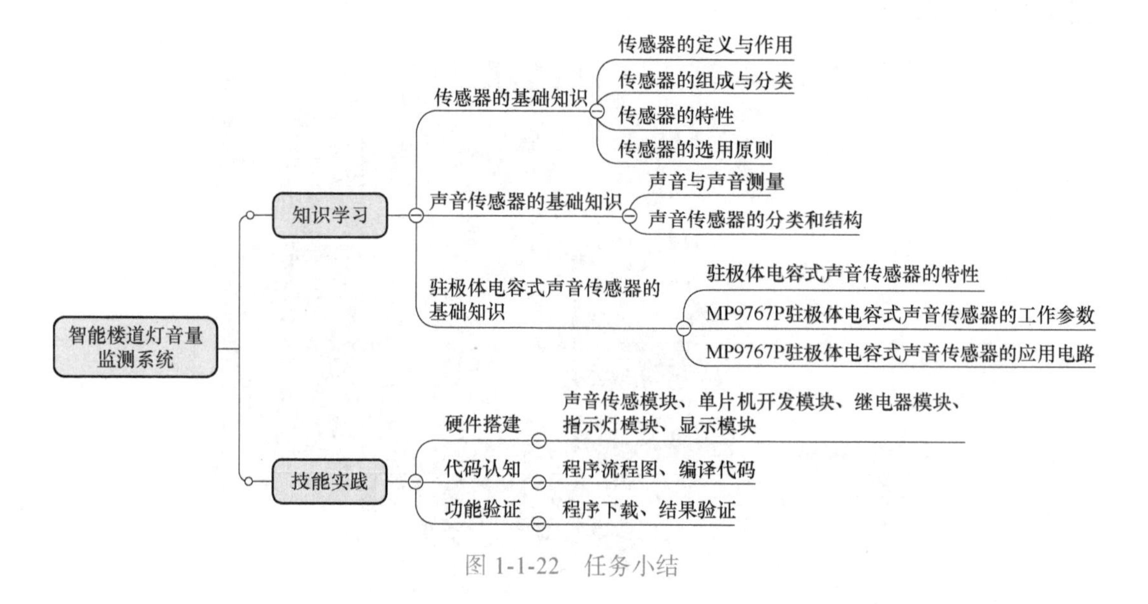

图 1-1-22　任务小结

任务拓展

1. 了解驻极体电容式声音传感器的信号输出情况

用万用表测量声音传感器模块 J6 对地的电压值，用来观察、对比不同声音情况下驻极体电容式声音传感器的模拟电压输出值。

1）低音环境：用手轻拍或轻咳嗽，模拟声音较低的情况。

2）高音环境：用手重拍或喊出声音，模拟声音较高的情况。

2. 认识传感器的灵敏度

当环境中声音强度低于阈值时，灯不会亮；当环境中声音强度高于阈值时，灯点亮。我们可以通过设定不同的阈值来控制灯的工作情况。声音传感模块的阈值称为灵敏度，通过声音传感模块中的电位器 RP1 可以调整传感器的灵敏度。

1）在相对安静的环境中，模拟有人行走发出声音，观察指示灯是否会亮。

2）如果灯不亮，调整声音传感模块的灵敏度，使指示灯刚好亮起来。如果灯会亮，则调整声音传感模块的灵敏度，使指示灯刚好灭掉。在灯亮灭的两个状态中，用万用表测量声音传感器模块 J10 对地的电压值情况。

任务2 智能楼道灯亮度监测系统

职业能力目标

● 能根据光敏电阻的结构和工作原理、光敏电阻的工作参数和应用领域，正确地查阅相关数据手册，实现对其进行识别和选型。

● 能根据光敏传感器的数据手册，结合单片机技术，准确地采集楼道环境的亮度数据。

● 能理解继电器和执行器的工作原理，根据单片机开发模块获取光敏传感器的状态信息，准确地控制继电器和执行器。

任务描述与要求

任务描述：现要进行第2个功能的改造设计，即要求能根据楼道环境的亮度情况实现智能灯光控制。

任务要求：

● 当楼道环境的亮度足够时，楼道里的灯能够熄灭；当亮度不够时，楼道里的灯能够自动开启。

● 可以将楼道灯的状态显示在管理中心系统上。

任务分析与计划

根据所学相关知识，制订本次任务的实施计划，见表1-2-1。

表1-2-1 任务计划表

项目名称	智能楼道灯
任务名称	智能楼道灯亮度监测系统
计划方式	自我设计
计划要求	请分步骤来完整描述如何完成本次任务
序号	任务计划
1	
2	
3	
4	
5	
6	
7	
8	
9	
10	

知识储备

一、光敏传感器的基础知识

1. 光谱与光度

（1）光谱

光谱一般是指光学光谱。根据单色光的波长或频率大小，按顺序排列后形成的光的频谱图，称为光学光谱。

光是一种电磁波。我们把能被肉眼感知的光称为可见光；在可见光之外，不能被肉眼感知的光称为不可见光，不可见光分为紫外线和红外线。光波、紫外线、可见光、红外线的波长分别为光波的波长为 0.3~3μm；紫外线的波长为 200~400nm；可见光的波长为 380~780nm；红外线的波长为 750~10^6nm。

（2）光度

1）在某一指定方向上，光源的发光强度称为光强度。光强度的国际单位是坎德拉，用 cd 表示。

2）在垂直于发光面方向，单位面积发光面上的发光强度称为光亮度。光亮度的单位是坎德拉 / 平方米，用 cd/m^2 表示。

3）单位时间内通过某一特定曲面的光强度称为光通量。光通量的单位是流明，用 lm 表示。

4）被照射物体表面单位面积上通过的光通量称为光照度。光照度的单位是勒克斯，用 lx 表示。

2. 光电效应

由于光照到某些物质上，导致该物质的电特性发生改变的现象称为光电效应。光电效应又分为外光电效应和内光电效应。

在光的作用下，物体内的电子逸出物质表面并向外发射的现象称为外光电效应。光电管、光电倍增管是基于外光电效应的光敏元件。

在光的作用下，物体的导电性能发生改变的现象称为内光电效应。光敏电阻就是常见的基于内光电效应的光敏元件。

3. 光敏传感器的定义、特点和分类

光敏传感器是利用光敏元件将非电量的光信号转换成电信号的传感器，光电效应是光敏传感器的基础。光敏传感器具有响应快、非接触、性能可靠、应用广泛等特点，在控制技术、非电量测试等方面具有广泛的应用。根据工作原理的不同，光敏传感器可以分为光电式传感器、热释电式光传感器、图像传感器和光纤传感器 4 类。

（1）光电式传感器

光电式传感器的工作原理是基于光电效应。光电式传感器的常见应用有光电二极管、光电晶体管、光电池、光电式烟雾报警器、光电式浊度计等。

（2）热释电式光传感器

热释电式光传感器是一种光传感器，工作在红外线波段内，是利用热释电效应来感知光表面温度升高的程度，从而得到光的辐射强度。热释电式光传感器属于热电型传感器，当传感器中的热电元件受到光照时，光能转化为热能，压电晶体两端由于受热会产生数量相等、极性相反的电荷，在压电晶体两端加上电阻作为负载就会有电流流过，输出电压信号。由于热释电式光传感器工作稳定、响应时间短（微秒级），应用比较普遍，常见的有热释电式光传感器报警电路。

（3）图像传感器

图像传感器是利用半导体光敏元件将光学图像转换为电信号的传感器。图像传感器将光强度的空间分布转化为与光强度成比例的电荷的空间分布。图像传感器具有集成度高、体积小、价格低、工作稳定、电压低、功耗低等特点，在图像识别、机器视觉、天文、航天、遥感等方面具有广泛的应用。

（4）光纤传感器

光纤传感器是将被测物理量转换为可测的可见光的传感器。光纤传感器分为功能型光纤传感器和非功能型光纤传感器。功能型光纤传感器把光纤本身作为光敏传感元件，被测物理量对光纤内传输的光的强度、相位、频率等物理量进行调制，然后再把调制过的光信号解调出来得到被测物理量。非功能型光纤传感器仅把光纤作为传输介质，采用其他传感器来感知被测物理量的变化。

光纤传感器具有抗电磁干扰能力强、电绝缘性好、灵敏度高、环境适应性强、耐腐蚀、保密性高等特点，可以广泛应用于压力、温度、电压、电流、磁场、位移、转动等物理量的测量。

二、光敏电阻的基础知识

1. 光敏电阻的原理与结构

光敏电阻的工作原理是基于半导体的内光电效应。光敏电阻的阻值会随着入射光强度的变化而发生变化，当入射光较弱时，光敏电阻的阻值较大，当入射光变强时，光敏电阻的阻值会变小。

光敏电阻一般是做成薄片状结构，以便入射光的照射。光敏电阻由电源、检流计、半导体、金属电极和玻璃底板等组成，如图 1-2-1a 所示。光敏电阻的电极通常采用梳状图案，使得光敏电阻的灵敏度变高，如图 1-2-1b 所示，梳状图案是在一定的掩膜下向光导电体薄膜上蒸镀金或铟等金属形成的。光敏电阻在电路中常用 *R*、*RS* 或 *RC* 表示。

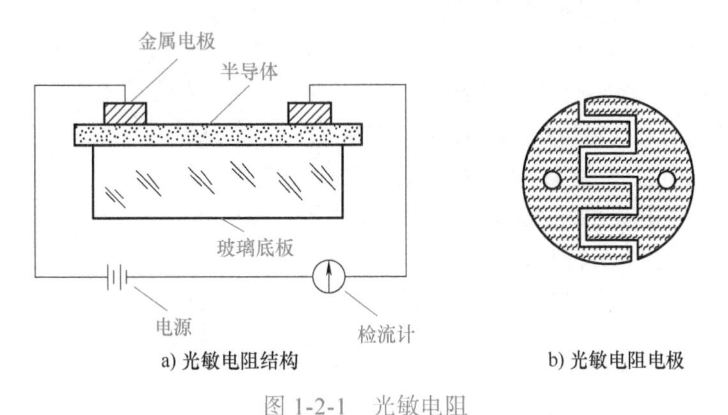

图 1-2-1　光敏电阻

2. 光敏电阻的参数与特性

（1）光敏电阻的工作参数

1）光电流、亮电阻。在光的照射下，给光敏电阻通过一定的电压，此时流过光敏电阻的电流称为光电流，光敏电阻的阻值称为亮电阻。

2）暗电流、暗电阻。在黑暗环境下（没有光照射时），给光敏电阻通过一定的电压，此时流过光敏电阻的电流称为暗电流，光敏电阻的阻值称为暗电阻。

3）灵敏度。光敏电阻在受到光照时的阻值（亮电阻）与无光照（黑暗环境）时的阻值的相对变化量称为灵敏度。

4）温度系数。环境温度每变化 1℃时，光敏电阻的阻值变化量称为温度系统。

5）额定功率。光敏电阻在某一特定电路中的最大功率称为额定功率。

（2）光敏电阻的特性

1）光谱特性。光敏电阻的灵敏度与入射波长之间的关系称为光谱特性。对于不同波长的入射光，光敏电阻呈现的灵敏度不同。图 1-2-2 为几种不同材料光敏电阻的光谱特性。从图中可以看出，不同材料的光谱特性不同；同时，不同入射波长下同一材料的光敏电阻相对灵敏度也不同。

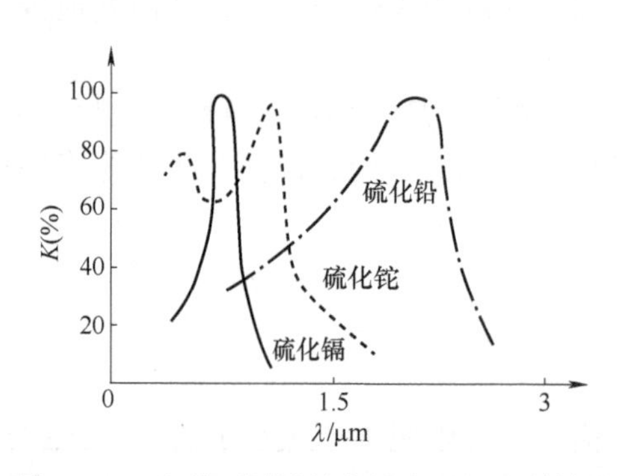

图 1-2-2　几种不同材料光敏电阻的光谱特性

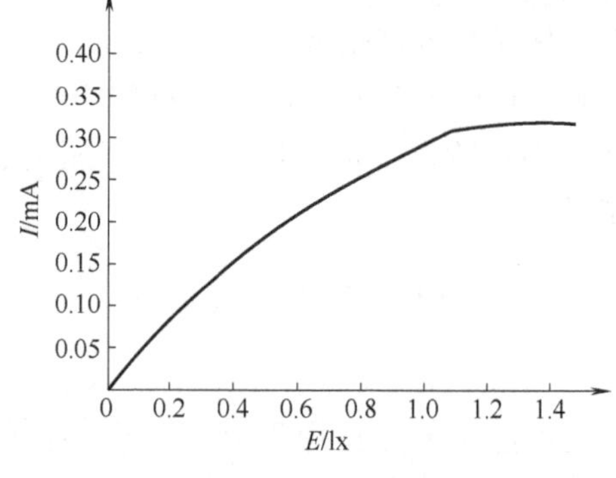

图 1-2-3　硫化镉光敏电阻的光照特性

2）光照特性。光照特性指光敏电阻输出的电信号随光照度变化而变化的特性。图 1-2-3 为硫化镉光敏电阻的光照特性。从光敏电阻的光照特性曲线可以看出，随着光照度的增加，光敏电阻的阻值开始下降，相应的电流会增大。若进一步增大光照度，则电阻值变化减小，然后逐渐趋向平缓。在大多数情况下，该特性为非线性。

3）伏安特性。伏安特性曲线用来描述光敏电阻的外加电压与光电流的关系，对于光敏元件来说，其光电流随外加电压的增大而增大。图 1-2-4 为硫化镉光敏电阻的伏安特性曲线。由图可见，光敏电阻在一定的电压范围内，其 *I-U* 曲线为直线，说明其阻值与入射光强度有关，而与电压电流无关。

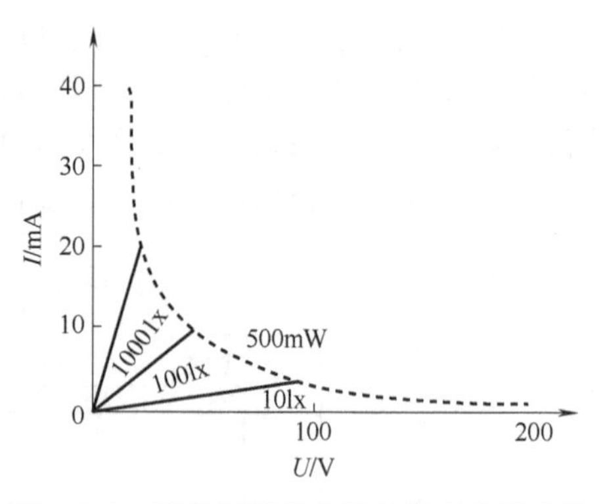

图 1-2-4　硫化镉光敏电阻的伏安特性曲线

3. 光敏电阻的分类及应用领域

光敏电阻按光谱特性可分为三类。

1）紫外光光敏电阻：对紫外光敏感的光敏电阻，如用硫化镉、硒化镉等材料做成的光敏电阻，主要用于紫外线的检测。

2）红外光光敏电阻：对红外光敏感的光敏电阻，如用硫化铅、硫化铊等材料制成的光敏电阻，常用于红外光谱的检测、非接触检测、天文等领域中。

3）可见光光敏电阻：对可见光敏感的光敏电阻，常见的有硫化铅光敏电阻。可见光光敏电阻常用于各类光电控制的装置，如光电计数器、智能交通灯等。

4. 光敏电阻的应用电路

图 1-2-5 是光敏电阻的应用电路，图中 E 为电压源，光敏电阻 R_S 和电阻 R_L 串联，R_L 在电路中起到分压的作用，电路中流过光敏电阻的电流为 I。通过光敏电阻的电流 I 可以得到环境的亮度信息。

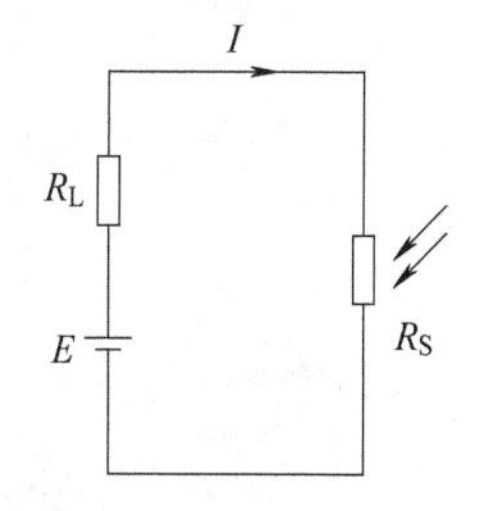

图 1-2-5 光敏电阻应用电路

三、智能楼道灯亮度监测系统结构分析

1. 亮度监测系统的硬件设计框图

图 1-2-6 是智能楼道灯亮度监测系统的硬件设计框图，该系统各模块主要功能如下：

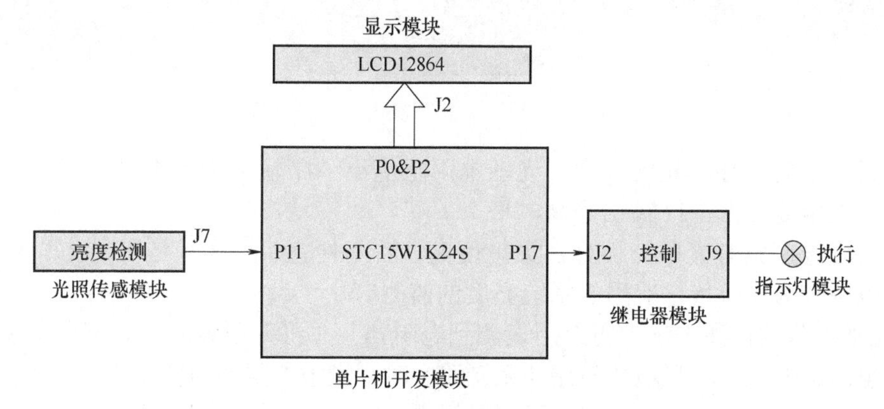

图 1-2-6 智能楼道灯亮度监测系统的硬件设计框图

1）光照传感模块用于分析光敏传感器采集的环境亮度状态信息，光照的阈值可以通过光照传感模块上的电位器进行调整。

2）单片机开发模块对光照传感模块输入的光照状态信息进行检测。

3）显示模块用于显示智能楼道灯的开关状态信息。

4）继电器模块用于配合单片机开发模块控制楼道灯的亮灭。

2. 光照传感模块的认识

本次任务需要获取环境亮度状态信息，所以要使用到光照传感模块，光照传感模块电路板结构图如图 1-2-7 所示。

1）图 1-2-7 中数字对应模块情况如下：

①——光敏传感器；

②——基准电压调节电位器；

③——比较器电路；

④——基准电压测试接口 J10，作为与接口 J6 输出电压比较的基准电压，即比较器 1 负端（引脚 3）电压；

⑤——模拟量输出接口 J6，测试光敏电阻两端的电压，即比较器 1 正端（引脚 2）电压；

⑥——数字量输出接口 J7，测试比较器 1 输出电平电压；

⑦——接地 GND 接口 J2。

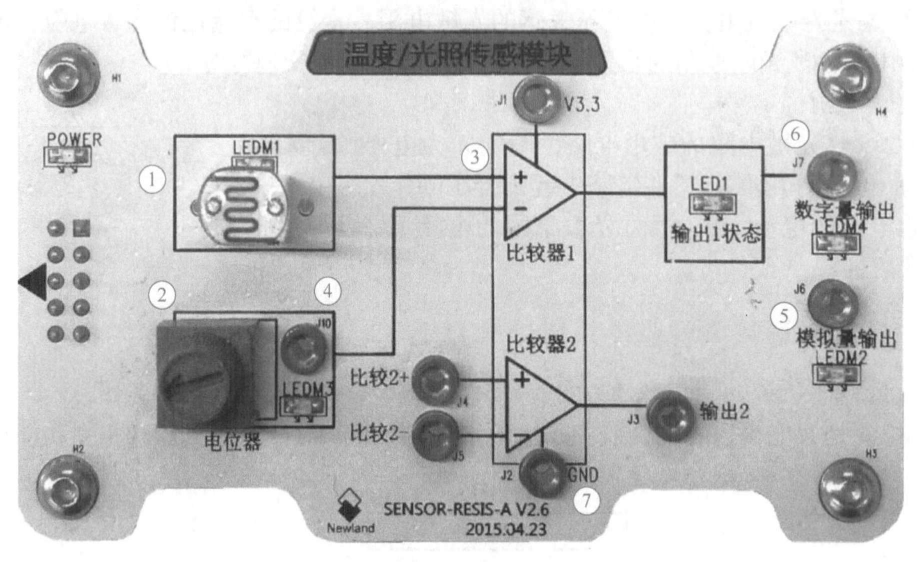

图 1-2-7　光照传感模块电路板结构图

当正常光照时，环境亮度较大，光敏电阻阻值小，J7 输出为低电平；当环境亮度变暗时，光敏电阻阻值变大，J7 输出为高电平。

由于光敏电阻具有光照特性好、灵敏度高、价格便宜、应用广泛等特点，所以本任务选用光敏电阻作为光敏传感器用于系统亮度的监测。

2）光敏电阻的检测方法为将万用表调到电阻档，并将万用表的红表笔和黑表笔分别搭接在光敏电阻的两端，当环境比较暗（无光照）时，光敏电阻的阻值很大，可达 1~10MΩ；当环境比较亮（有光照）时，光敏电阻的阻值急剧减小，阻值在几百到几千欧。

四、光敏传感器系统功能代码设计

需求：当晚上（光照弱）时，楼道灯自动亮起一段时间后熄灭；当白天（光照强）时，楼道灯不亮。这就需要根据光照条件进行判断，同时还需要有定时功能，进行自动延时。

解决方法：判断光照变量 ILLUMINATION，当光亮度低于阈值时，楼道灯点亮，给继电器延时变量 RelayControl.RelayTime 赋初值 RELAYDELAY（倒计时 3s），继电器延时变量减到 0（3s 时间到）后自动断开。

开发思路如下：

```
如果 ILLUMINATION==1 时,光敏传感器的输出低于阈值
当亮度低于阈值时,楼道灯点亮,并延时 3s 关闭:RelayOn( );
```

扩展阅读：光敏电阻的应用实例

1. 智慧农业大棚

在智慧农业大棚中，需要对大棚的光照进行实时监测，以保证植物的正常生长。大棚里有补光控制系统，当大棚的光照较低时，补光控制系统开启；当大棚的光照足够时，补光控制系统关闭。

2. 汽车内部环境光检测

在汽车的车载系统中，可以用光敏传感器进行车内环境光亮度的检测，从而控制车内的导航仪、行车记录仪、DVD屏幕、仪表盘等车载电子设备的背光强度，以达到最佳的可见度，保证驾驶员不会因为强光、弱光造成疲劳和操作不便。

3. 城市路灯系统

城市路灯系统中，由于季节、天气变化等因素，会导致环境亮度的变化。通过光敏传感器等实时监测道路的光照情况，可以控制城市路灯的开关状态、亮暗程度，从而达到节能、安全的目的。

任务实施

任务实施前必须先准备好的设备和资源见表1-2-2。

表1-2-2　设备清单表

序号	设备/资源名称	数量	是否准备到位（√）
1	光照传感模块	1	
2	继电器模块	1	
3	指示灯模块	1	
4	单片机开发模块	1	
5	显示模块	1	
6	杜邦线	若干	
7	杜邦线转香蕉线	若干	
8	香蕉线	若干	
9	项目1任务2的代码包	1	

任务实施导航

- 搭建本任务的硬件平台，完成传感器之间的通信连接。
- 打开项目工程文件。
- 对工程里的代码进行补充，使之完整。
- 对代码进行编译生成下载所需的HEX文件。
- 通过计算机将HEX文件下载到单片机开发模块。
- 结果验证。

具体实施步骤

1. 硬件环境搭建

1）将光敏传感器安装在光照传感模块的R7位置上。

2）给NEWLab实验平台插上电源适配器，用串口线将实验平台与PC连接起来。

3）利用杜邦线（数据线）完成整个系统的接线，智能楼道灯亮度监测系统硬件连接表见表 1-2-3。

表 1-2-3　智能楼道灯亮度监测系统硬件连接表

模块名称及接口号	硬件连接模块及接口号
光照传感模块 J7	单片机开发模块 P11
继电器模块 J2	单片机开发模块 P17
显示模块数据端口 DB0~DB7	单片机开发模块 P00~P07
显示模块背光 LCD_BL	单片机开发模块 P27
显示模块复位 LCD_RST	单片机开发模块 P26
显示模块片选 LCD_CS2	单片机开发模块 P25
显示模块片选 LCD_CS1	单片机开发模块 P24
显示模块使能 LCD_E	单片机开发模块 P23
显示模块读写 LCD_RW	单片机开发模块 P22
显示模块数据 / 命令选择 LCD_RS	单片机开发模块 P21

智能楼道灯亮度监测系统硬件接线图如图 1-2-8 所示。

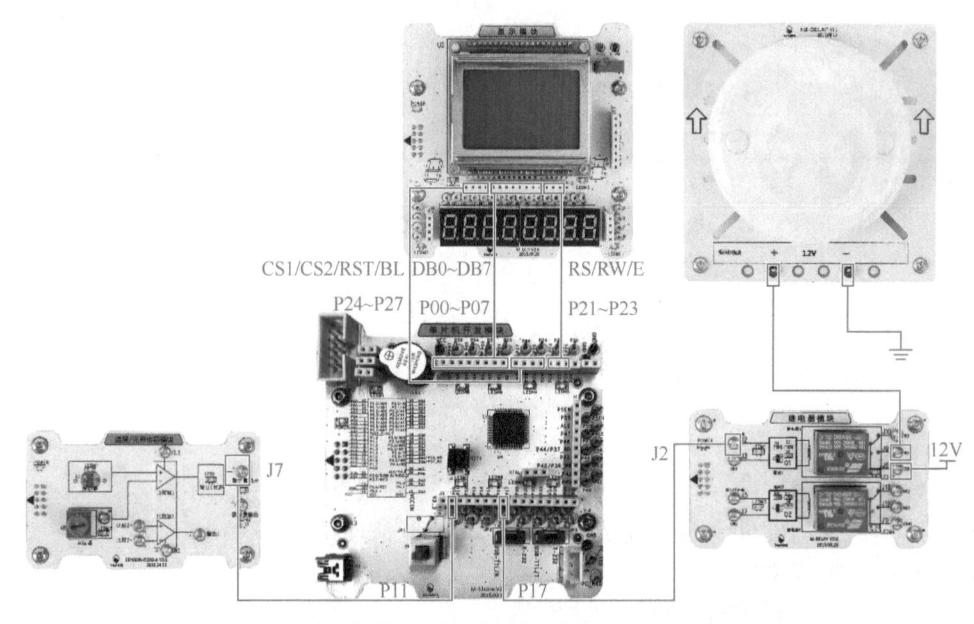

图 1-2-8　智能楼道灯亮度监测系统硬件接线图

2. 打开项目工程

如图 1-2-9、图 1-2-10 所示，单击“Project → Open Project”菜单项，进入本次任务的工程代码文件夹，打开 project 目录下的工程文件“illumination.uvproj”。

3. 代码完善

结合如图 1-2-11 所示的代码程序流程图，完善代码功能。

打开 App/Main.c 文件，查看光照传感模块的接口定义，设置光照传感模块的变量 ILLUMINATION 对应接口 P11。

```
1. sbit ILLUMINATION=P1^1;          //楼道的亮度信息输出到 MCU 的接口 P11
```

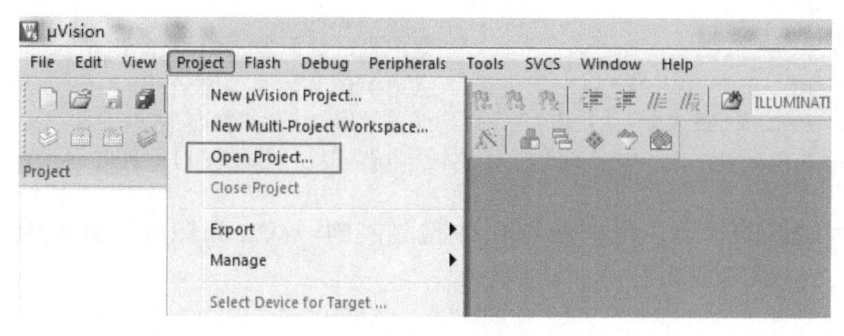

图 1-2-9 打开项目工程文件（1）

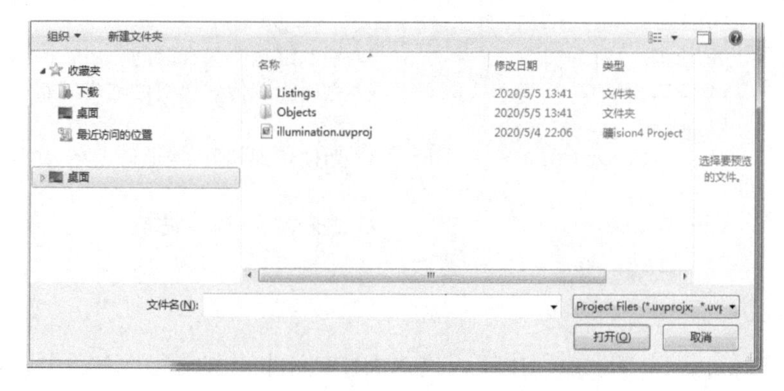

图 1-2-10 打开项目工程文件（2）

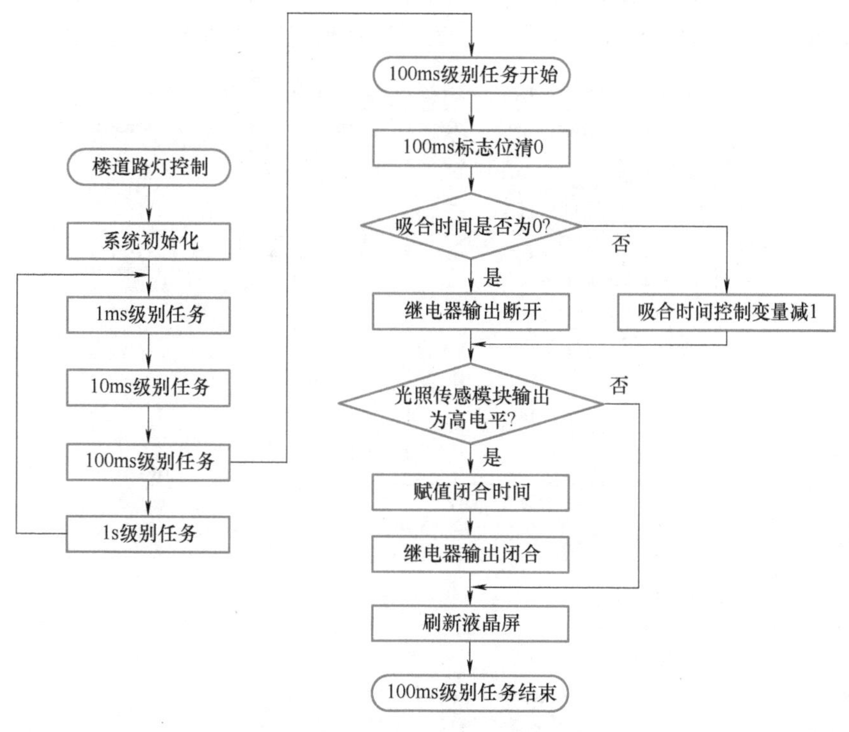

图 1-2-11 代码程序流程图

打开 Relay/Relay.c 文件，设置继电器模块的 RELAYPORT 对应接口 P10，设置继电器控制吸合时间 RELAYDELAY 为 3s。

```
1. #define RELAYPORT_ON   1        //继电器的实际驱动电平:高电平,1 有效
2. #define RELAYPORT_OFF 0         //继电器的实际驱动电平:低电平,0 无效
3. #define RELAYDELAY     30       //继电器吸合延时时间:30×0.1s=3s
4. #define RELAYPORT      P10      //继电器连接的物理接口地址
```

判断光照传感器的状态，程序中每 0.1s 检测判断一次。当照度达到阈值，楼道灯点亮，并延时 3s 关闭，代码实现如下：

```
1.       if(SystemTime.sec10f==1)      //时间过去 0.1s 了吗
2.       {
3.           SystemTime.sec10f=0;
4.           DecRelayTime( );           //控制继电器吸合时间
5.           if(ILLUMINATION==1)        //判断光照传感模块的输出状态
6.           {
7.               RelayOn( );            //照度达到阈值,楼道灯点亮,并延时 3s 关闭
8.           }
9.           Lcd_Display( );            //刷新液晶屏显示内容
10.      }
```

4. 代码编译

1）单击“Options for Target”按钮，进入 HEX 文件的生成配置对话框，具体操作可参考本项目任务 1 中的“代码编译”部分完成配置。

2）单击工具栏上程序编译按钮“”，完成该工程文件的编译。在 Build Output 窗口中出现“0 Error（s），0 Warning（s）”时，表示编译通过，如图 1-2-12 和图 1-2-13 所示。

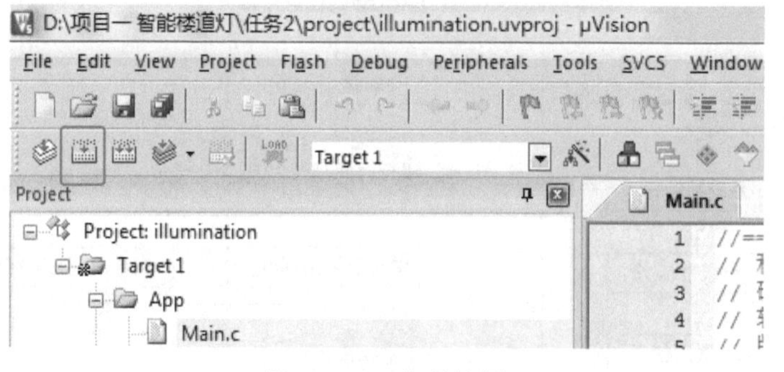

图 1-2-12　代码编译

```
Project   Books   {} Functions   0+ Templates
Build Output
compiling Relay.c...
compiling Ocm12864.c...
compiling SystemTime.c...
compiling Delay.c...
linking...
Program Size: data=31.0 xdata=0 const=4256 code=1092
creating hex file from ".\Objects\illumination"...
".\Objects\illumination" - 0 Error(s), 0 Warning(s).
Build Time Elapsed:  00:00:05
```

图 1-2-13　编译成功后显示内容

编译通过后，会在工程的 project/Objects 目录中生成 1 个 illumination.hex 的文件。

5. 程序下载

使用 STC-ISP 下载工具进行程序下载，具体步骤可参考本项目任务 1 中的“程序下载”部分。

1）将 NEWLab 实训平台旋钮旋转至通信模式。

2）将单片机开发模块上的 JP2 和 JP3 开关拨至左侧。

3）选择单片机型号为 STC15W1K24S。

4）设置串口号，串口号可通过查看 PC 设备管理器获得。

5）单击“打开程序文件”，找到工程项目文件夹下的 illumination.hex 文件。

6）设置 IRC 频率为 11.0592MHz。

7）弹起自锁开关 SW1，以断开单片机开发模块的电源。

8）单击“下载 / 编程”按钮，按下自锁开关 SW1，以给单片机开发模块供电，这样程序便开始下载到单片机中，当提示操作成功时，此次程序下载完成。

6. 结果验证

1）当光敏传感器没有被遮挡，光照较强（模拟白天）时，指示灯不亮；LCD 液晶屏显示“路灯状态关闭”，如图 1-2-14 所示。

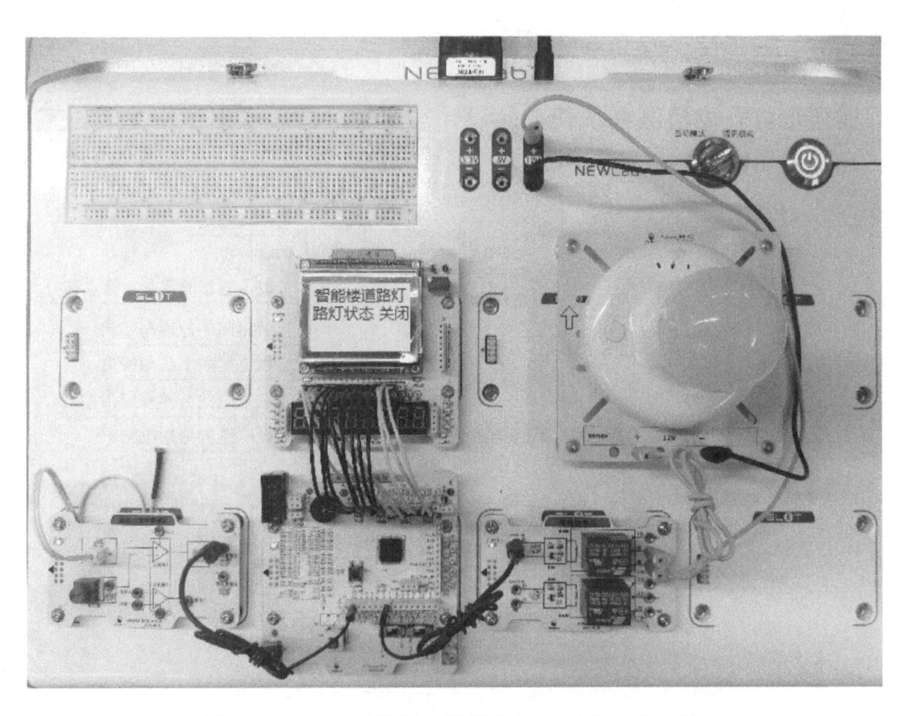

图 1-2-14　光照较强（模拟白天）时指示灯不亮

2）当用纸板或手遮住光敏电阻传感器，没有光照（模拟天黑）时，指示灯亮 3s 后熄灭；LCD 液晶屏显示“路灯状态开启”，如图 1-2-15 所示。

任务检查与评价

完成任务后，进行任务检查与评价，任务检查与评价表存放在本书配套资源中。

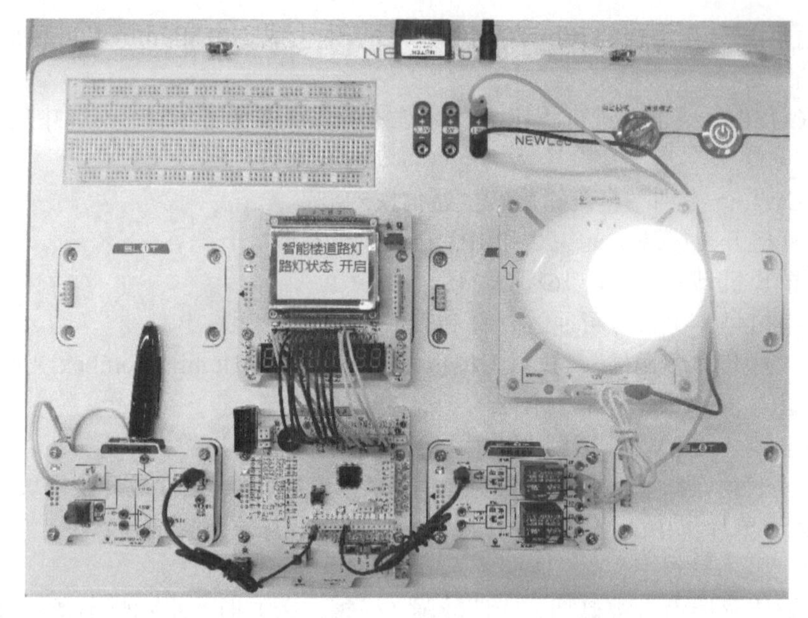

图 1-2-15　没有光照（模拟天黑）时指示灯亮

任务小结

通过智能楼道灯亮度监测系统任务的设计与实现，学生可以了解光敏传感器的结构和工作原理，并掌握光敏传感器的实际应用、编程方法，本任务小结如图 1-2-16 所示。

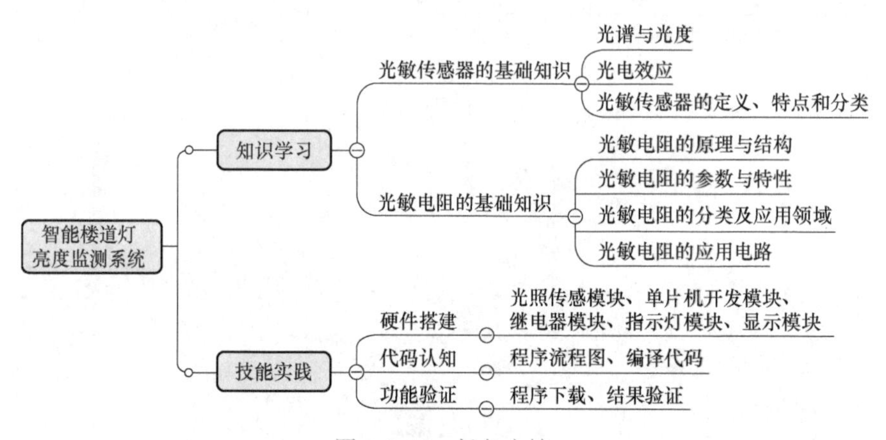

图 1-2-16　任务小结

任务拓展

1. 了解光敏电阻在不同光照强度下电阻的变化情况

不同的光照强度下，光敏电阻的阻值会发生相应改变。

1）利用纸张张数的变化来改变透光度，用纸张制作不同透光度的遮光罩。

2）利用制作好的遮光罩改变光敏电阻的光照度，用万用表测量光敏电阻的两端的电阻值。

2. 了解电路中光敏电阻的模拟电压输出情况

用万用表测量光照传感器模块 J6 对地的电压值，用来观察、对比有光照和没光照情况下光敏电阻的模拟电压输出值。

1）用纸板或手遮住光敏电阻，模拟没有光照的情况，测量光敏电阻的模拟电压输出值。

2）明亮的环境下，光敏电阻没有被遮挡时，测量光敏电阻的模拟电压输出值。

任务3　智能楼道灯监测系统

职业能力目标

● 能正确使用声音传感器和光敏传感器，运用单片机技术，采集楼道中的声音和亮度状态信息。

● 能理解继电器和执行器的工作原理，根据单片机开发模块获取传感器的状态信息，准确控制继电器和执行器。

任务描述与要求

任务描述：根据任务1、任务2的改造设计结果，完成楼道灯改造项目的最终样品输出，要求能同时根据人的活动因素和环境的亮度因素实现灯光智能调控。

任务要求：

● 当楼道亮度不够时，实现当人经过楼道时，楼道里的灯能自动亮起；当人经过楼道后，楼道里的灯延时一段时间后关闭。

● 当楼道亮度足够时，不管楼道是否有人，灯都不会亮起。

● 可以将楼道灯的状态显示在管理中心系统上。

任务分析与计划

根据所学相关知识，制订本次任务的实施计划，见表1-3-1。

表1-3-1　任务计划表

项目名称	智能楼道灯
任务名称	智能楼道灯监测系统
计划方式	自我设计
计划要求	请分步骤来完整描述如何完成本次任务
序号	任务计划
1	
2	
3	
4	

（续）

序号	任务计划
5	
6	
7	
8	

知识储备

前面 2 个任务分别实现了智能楼道灯控制系统的音量和亮度监测，使用了声音传感模块和光照传感模块，为了更好地了解传感器，需要进一步探讨这两个模块的工作原理。

一、声音传感模块工作原理

声音传感模块电路图如图 1-3-1 所示。麦克风输出电压受环境声音影响而输出相应的音频信号，该信号经 VT 进行放大。放大后的音频信号叠加在直流电平上作为 LM393 比较器 1 的负端（引脚 2）输入电压。采集电位器（RP1）调节端的电压作为比较器 1 正端（引脚 3）输入电压。比较器 1 将两个电压的情况进行对比，输出端（引脚 1）输出相应的电平信号；该电压信号经过 VD 升压，VD 正端的电压信号作为比较器 2 负端（引脚 6）输入电压，采集 R_7 的电压信号作为比较器 2 正端（引脚 5）的输入电压，比较器 2 将两个电压的情况进行对比，输出端（引脚 7）输出相应的电平信号。

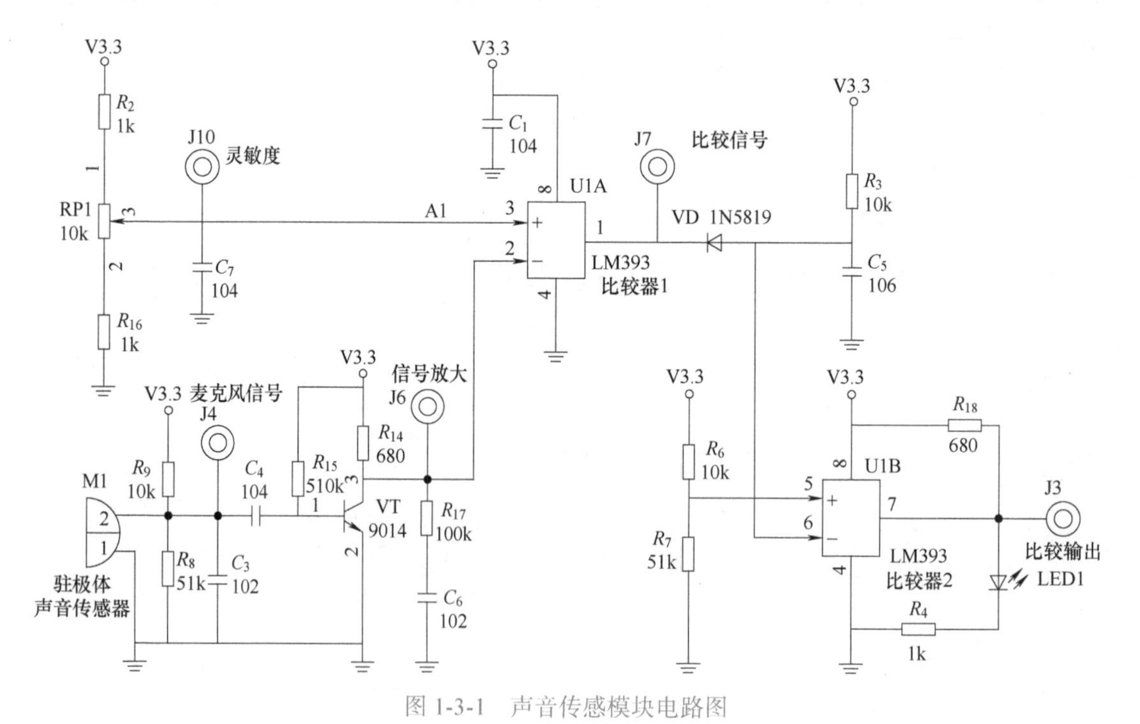

图 1-3-1 声音传感模块电路图

调节 RP1，调节比较器 1 正端的输入电压，设置对应的采集灵敏度，即阈值电压。当环境中没有声音或声音比较低时，麦克风没有音频信号输出，比较器1的负端电压较低，小于阈值电压，比较器输出高电平电压；该电压经过VD后，VD正端的电压比比较器2的正端电压高，这时比较器2输出为低电平电压。当环境中出现很高声音时，麦克风感应并产生相应的音频信号，该音频信号经过放大后叠加在比较器1负端的直流电平上，使得负端电压比正端电压高，比较器1输出为低电平电压；该电压经过VD后，VD正端的电压比比较器2的正端电压低，比较器2输出高电平。

二、光照传感模块工作原理

光照传感模块电路图如图1-3-2所示。LM393是由两个独立的、高精度电压比较器组成的集成电路，失调电压低，专为获得宽电压范围、单电源供电而设计，也可以双电源供电，而且无论电源电压大小，电源消耗的电流都很低。该电路是由LM393构成的双电压比较电路，两个电压信号分别通过引脚2、3输入比较运放器，根据两脚的电压比较结果，引脚1输出相应的高电平或低电平。其中引脚2输入电压为比较基准电压，可以通过调节RP1改变其大小。引脚3输入电压受光敏电阻影响，当正常光照，亮度较大时，光敏电阻阻值小，则R_T电压小于基准电压，引脚1输出为低电平。当亮度变暗时，光敏电阻阻值变大，R_T电压增大，当R_T电压大于基准电压时，引脚1输出为高电平。

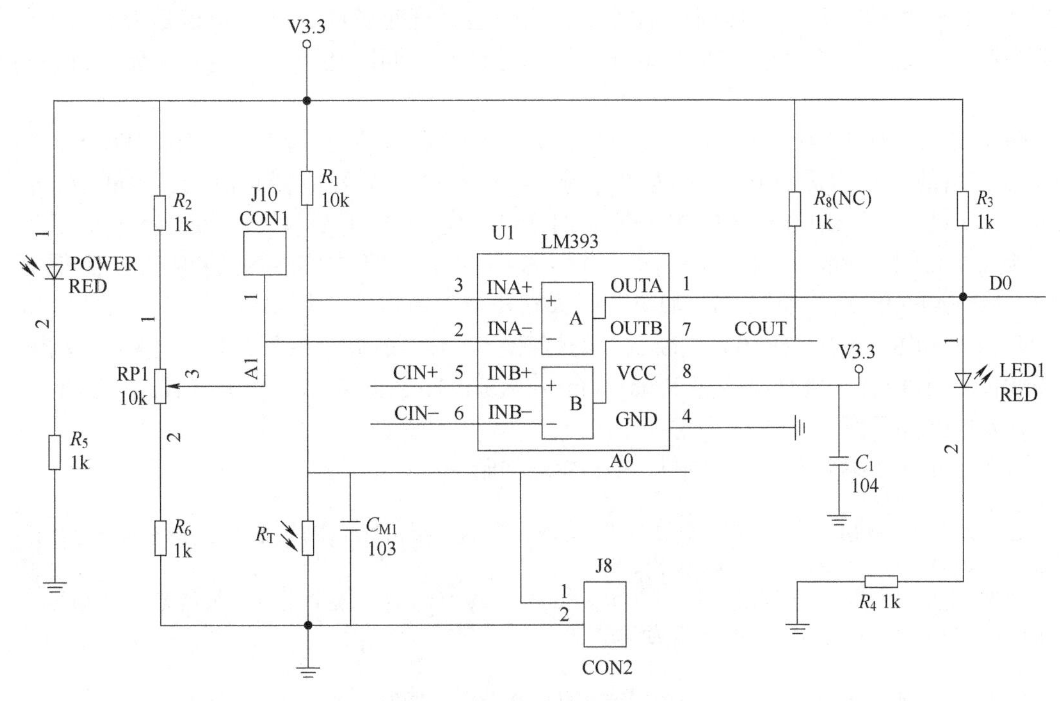

图1-3-2　光照传感模块电路图

三、智能楼道灯监测系统结构设计

本任务要求能同时完成对楼道中人的活动因素和环境的亮度因素的监测，进而实现对楼道灯的智能控制。这就需要把任务1的声音传感模块和任务2的光照传感模块综合运用起来，通过单片机开发模块对2个传感器进行检测，根据检测到的传感器状态进行后续控制，光照度和声音的阈值由传感器模块上的电位器调整。单片机开发模块需要和继电器模块配合来控制楼道灯的开和关。单片机开发模块将灯的状态显示在 LCD12864 显示模块上。图 1-3-3 所示是智能楼道灯监测系统硬件设计框图。

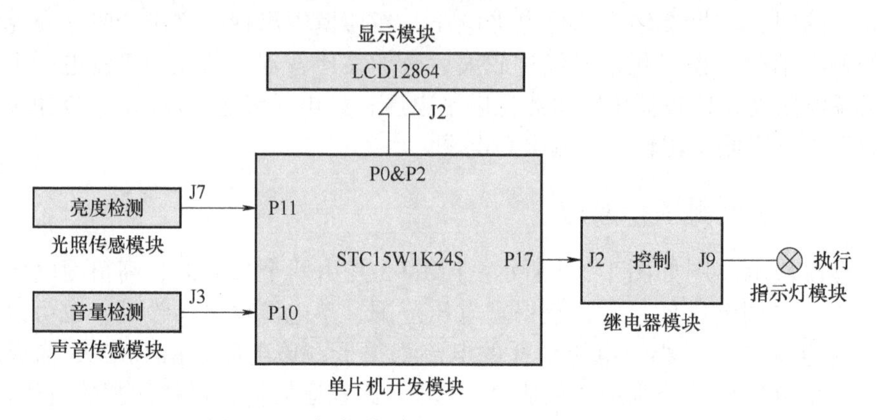

图 1-3-3 智能楼道灯监测系统硬件设计框图

四、智能楼道灯监测系统功能代码设计

需求：当楼道亮度不够时，实现当人经过楼道时，楼道里的灯能自动亮起，当人经过楼道后，楼道里的灯延时一段时间后关闭；当楼道亮度足够时，不管楼道是否有人，灯都不会亮起。这就需要将声音和光照条件进行综合判断，同时还需要有定时功能，进行自动延时。

解决方法：同时判断声音变量 MICROPHONE 和光照变量 ILLUMINATION，当光照度低于阈值，且检测到声音时继电器闭合，灯点亮，给继电器延时变量 RelayControl.RelayTime 赋初值 RELAYDELAY（倒计时 3s），当检测不到声音后，继电器延时变量减到 0（3s 时间到）后自动断开。当灯点亮时，光照传感模块检测到光照够强了（ILLUMINATION 从 1 变成 0），如果此时人在楼道停留讲话，灯要一直亮，因此程序加个（RelayControl.RelayTime! =0）判断，表明灯已经亮了，最终效果是，灯点亮后，如果倒计时 3s 内，又有声音，倒计时变量 RelayControl.RelayTime 重新赋初值 RELAYDELAY。

开发思路如下所示：

声音和光照传感判断，程序中每 0.1s 检测判断一次。

```
如果 MICROPHONE==1 同时 ILLUMINATION==1,这时指示灯亮(继电器闭合,同时将继电器延时变量 RelayControl.RelayTime 设为 30)
如果 MICROPHONE==1 同时 RelayControl.RelayTime! =0,这时指示灯继续亮(将继电器延时变量 RelayControl.RelayTime 设为 30)
```

继电器控制，定义 RelayControl.RelayTime 变量为继电器的闭合时间，初值为 30，每 0.1s 执行一次减 1，所以初值 RELAYDELAY 为 30。如果 RelayControl.RelayTime 的值不为 0，即表示继电器是闭合的，灯点亮；如果 RelayControl.RelayTime 值为 0，表示继电器断开，灯熄灭。

```
如果 RelayControl.RelayTime==0,这时指示灯熄灭。
如果 RelayControl.RelayTime!=0,这时指示灯点亮,且每隔 0.1s RelayControl.RelayTime-1。
```

扩展阅读：楼道灯控制的应用实例

楼道灯是安装在楼道内的照明灯具，方便人们夜晚上下楼，其控制方式有多样。

早期使用2个普通单刀双掷开关控制同一个灯，上楼前在楼下可以开、关灯，到了楼上，在楼上也可以开、关灯。这样，每上下一层楼都需要手动开、关灯，一旦忘记关灯，楼道灯就会长时间开启，浪费电力资源。

随着电子技术的发展，出现了按钮延时开关、触摸延时开关、声光控延时开关、红外线开关等。

按钮延时开关和触摸延时开关需要手动操作，当开关按下或触摸时，开关接通，灯点亮，持续一段时间后，灯自动熄灭。避免长时间亮灯的浪费现象，节约用电，但开关还是得手动操作，不够方便。

声光控延时开关是用声音和光照度控制的开关，当环境的亮度达到某个设定值以下，且环境的噪音超过某个值时，开关就会开启，开启一段时间后自动关闭。无需手动，人走过只要有声音就会开启，方便、节能。但由于声光控延时开关根据声响起动（声音传播范围较大），容易误动作。

红外线开关是基于红外线技术的自动控制开关，当有人进入开关感应范围时，专用红外传感器探测到红外光谱的变化，开关自动接通负载，人不离开，开关持续导通；当人离开后，开关延时自动关闭负载，实现人到灯亮，人离灯灭。配合光敏传感器，可自动检测光强，光照强时开关不产生动作，实现自动照明，更加智能、节能。

任务实施

任务实施前必须先准备好的设备和资源见表1-3-2。

表1-3-2　设备清单表

序号	设备/资源名称	数量	是否准备到位（√）
1	声音传感模块	1	
2	光照传感模块	1	
3	继电器模块	1	
4	指示灯模块	1	
5	单片机开发模块	1	
6	显示模块	1	
7	杜邦线	若干	
8	杜邦线转香蕉线	若干	
9	香蕉线	若干	
10	项目1任务3的代码包	1	

任务实施导航

- 搭建本任务的硬件平台，完成设备之间的通信连接。
- 打开项目工程文件。
- 对工程里的代码进行补充，使之完整。
- 对代码进行编译生成下载所需的 HEX 文件。
- 通过计算机将 HEX 文件下载到单片机开发模块。
- 结果验证。

具体实施步骤

1. 硬件环境搭建

本任务的硬件接线图如图 1-3-4 所示。

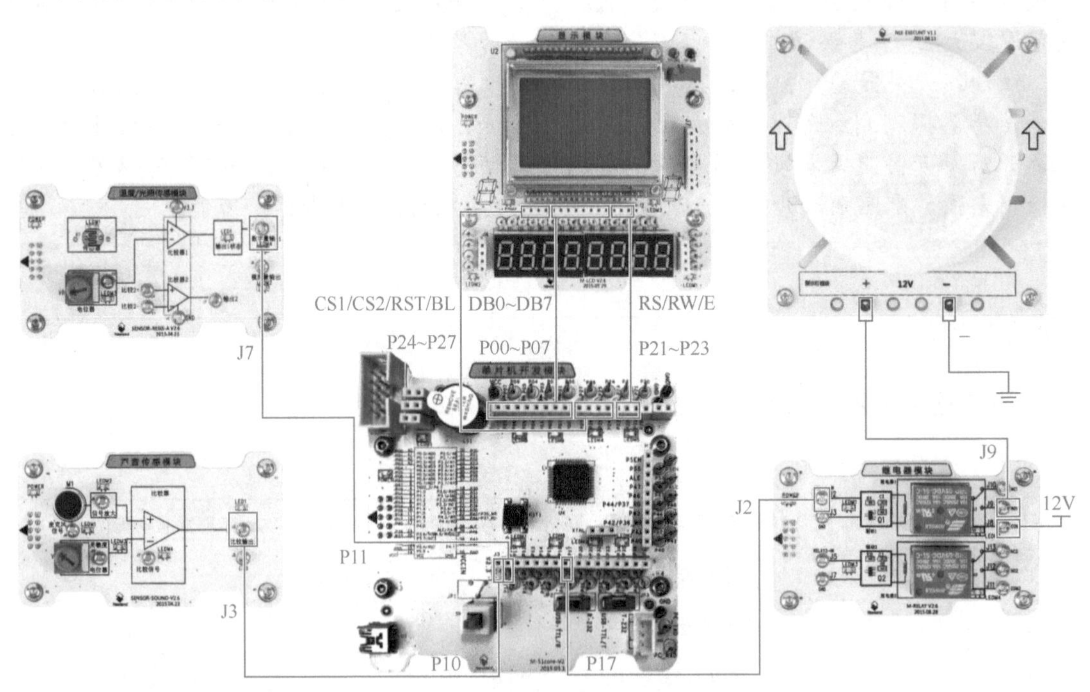

图 1-3-4　硬件接线图

根据图 1-3-4 选择相应的设备模块，进行电路连接，智能楼道灯监测系统硬件连接表见表 1-3-3。

表 1-3-3　智能楼道灯监测系统硬件连接表

模块名称及接口号	硬件连接模块及接口号
声音传感模块 J3	单片机开发模块 P10
光照传感模块 J7	单片机开发模块 P11
继电器模块 J2	单片机开发模块 P17
继电器模块 J9	指示灯模块正极“+”

（续）

模块名称及接口号	硬件连接模块及接口号
继电器模块 J8	NEWLab 平台 12V 的正极 “+”
指示灯模块负极 “-”	NEWLab 平台 12V 的负极 “-”
显示模块数据端口 DB0~DB7	单片机开发模块 P00~P07
显示模块背光 LCD_BL	单片机开发模块 P27
显示模块复位 LCD_RST	单片机开发模块 P26
显示模块片选 LCD_CS2	单片机开发模块 P25
显示模块片选 LCD_CS1	单片机开发模块 P24
显示模块使能 LCD_E	单片机开发模块 P23
显示模块读写 LCD_RW	单片机开发模块 P22
显示模块数据 / 命令选择 LCD_RS	单片机开发模块 P21

2. 打开项目工程

打开本次任务的初始代码工程，具体操作步骤可参考本项目任务 1 中的“打开项目工程”部分。

智能楼道灯监测系统（代码完善）

3. 代码完善

结合图 1-3-5 所示的智能楼道灯监测系统的代码程序流程图，完善代码功能。其中声光逻辑控制为每 0.1s 执行一次。

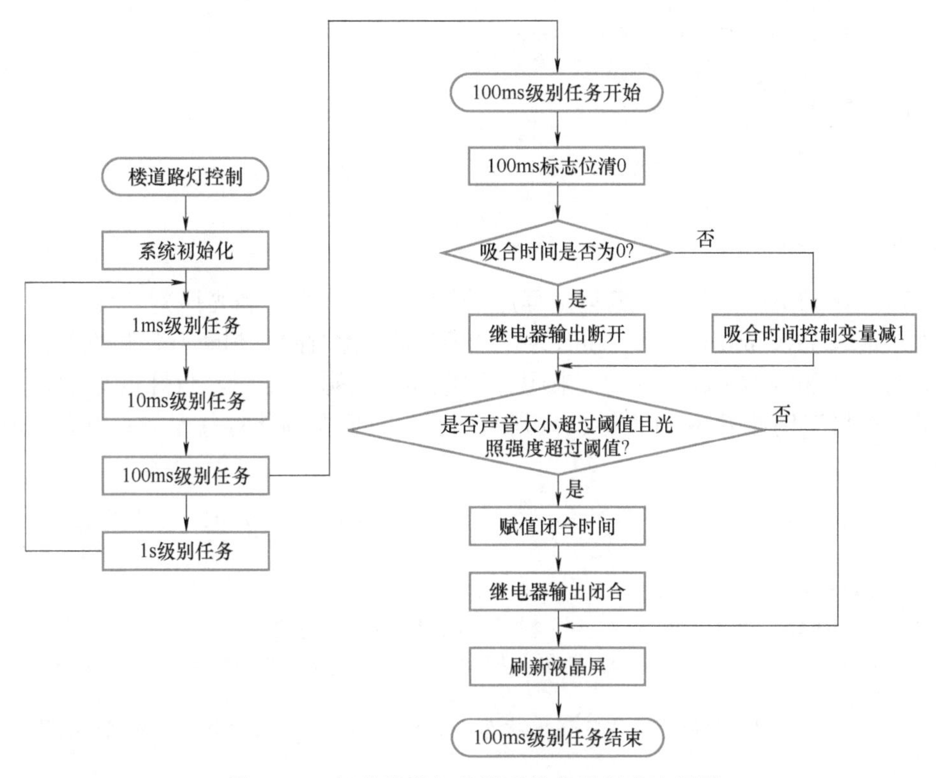

图 1-3-5 智能楼道灯监测系统代码程序流程图

1）打开 App/Main.c 文件，设置声音传感模块和光照传感模块的接口定义，声音传感模块的变量 MICROPHONE 为接口 P10，光照传感模块的变量 ILLUMINATION 为接口 P11，接口与硬件搭接要一致。

```
1.  sbit ILLUMINATION=P1^1;
2.  sbit MICROPHONE=P1^0;
```

2）打开 Relay/Relay.c 文件，编写继电器闭合和断开函数，并设置继电器闭合延时时间函数。

```
1.  void RelayOff( )
2.  {
3.      RELAYPORT=RELAYPORT_OFF;
4.  }
5.  //============================================================
6.  void RelayOn( )
7.  {
8.      RelayControl.RelayTime=RELAYDELAY;
9.      RELAYPORT=RELAYPORT_ON;
10. }
11. //===========================================================
12. void DecRelayTime( )
13. {
14.   if(RelayControl.RelayTime==0)
15.   {
16.     RELAYPORT=RELAYPORT_OFF;
17.   }
18.   else
19.   {
20.     RelayControl.RelayTime=RelayControl.RelayTime-1;
21.   }
22. }
```

3）打开 App/Main.c 文件，编写主程序的控制流程，声音和光照判断任务每 0.1s 执行一次。刚开始 RelayControl.RelayTime 为 0，灯未亮，此时同时判断声音和光照，两个条件同时满足时，调用函数 RelayOn( ) 来闭合继电器，楼道灯点亮。当灯点亮时，光照条件不满足了，在灯亮倒计时 3s 过程中，只判断声音，只要在倒计时过程中有声音，就重新开始倒计时。

```
1.   if(SystemTime.sec10f==1)         //时间过去 0.1s 了吗
2.   {
3.    SystemTime.sec10f=0;
4.    DecRelayTime( );              //控制继电器吸合时间
5.    if((MICROPHONE==1)&&((ILLUMINATION==1)||(RelayControl.RelayTime!=
0)))
6.  //判断声音和光照传感模块的输出状态,(RelayControl.RelayTime!=0)表示继电器
正闭合,灯点亮
7.    {
```

```
8.       RelayOn( );                    // 光照度达到阈值，楼道路灯点亮，并延时 3s 关闭
9.     }
10.    Lcd_Display( );                  // 刷新液晶屏显示内容
11. }
```

4. 代码编译

1）单击“Options for Target”按钮，进入 HEX 文件的生成配置对话框，可参考本项目任务 1 中的“代码编译”部分完成配置。

智能楼道灯监测系统（编译代码和效果演示）

2）单击工具栏上程序编译按钮“”，完成该工程文件的编译。在Build Output窗口中出现“0 Error（s），0 Warning（s）”时，表示编译通过，如图 1-3-6 所示。

编译通过后，会在工程的 project/Objects 目录中生成 1 个 LampControl.hex 的文件。

```
Build Output
compiling SystemTime.c...
compiling Delay.c...
linking...
Program Size: data=31.0 xdata=0 const=4256 code=1099
creating hex file from ".\Objects\LampControl"...
".\Objects\LampControl" - 0 Error(s), 0 Warning(s).
Build Time Elapsed:  00:00:02
```

图 1-3-6 编译成功后显示内容

5. 程序下载

使用 STC-ISP 下载工具进行程序下载，具体步骤如下所示：

1）将 NEWLab 实训平台旋钮旋转至通信模式。

2）将单片机开发模块上的 JP2 和 JP3 开关拨至左侧。

3）选择单片机型号为 STC15W1K24S。

4）设置串口号，串口号可通过查看 PC 设备管理器获得。

5）单击“打开程序文件”，找到工程项目文件夹下的 LampControl.hex 文件。

6）设置 IRC 频率为 11.0592MHz。

7）弹起自锁开关 SW1，以断开单片机开发模块的电源。

8）单击“下载 / 编程”按钮，按下自锁开关 SW1，以给单片机开发模块供电，这样程序便开始下载到单片机中，当提示操作成功时，此次程序下载完成。

6. 结果验证

1）正常开机，有光无声状态。光照传感模块上的 LED1 灯是灭的，表示有光，声音传感模块上的 LED1 灯是灭的，表示没声音。光照传感模块和声音传感模块均可以通过其模块上的电位器调整其灵敏度。在有光无声状态下，指示灯不亮，LCD 屏幕上显示“路灯状态关闭”，如图 1-3-7 所示。

2）有光有声状态。外界发出声音，声音传感模块上的 LED1 灯已经亮起，此时在有光情况下，就算有声音，指示灯还是不亮，LCD 屏幕上显示“路灯状态关闭”，如图 1-3-8 所示。

3）无光无声状态。通过一个黑色笔帽将光敏电阻盖住，此时没有光，光照传感模块上的 LED1 灯亮起，表示没光。声音传感模块的 LED1 灯没亮，表示没声音。在无光无声情况下，指示灯不会亮，LCD 屏幕显示“路灯状态关闭”，如图 1-3-9 所示。

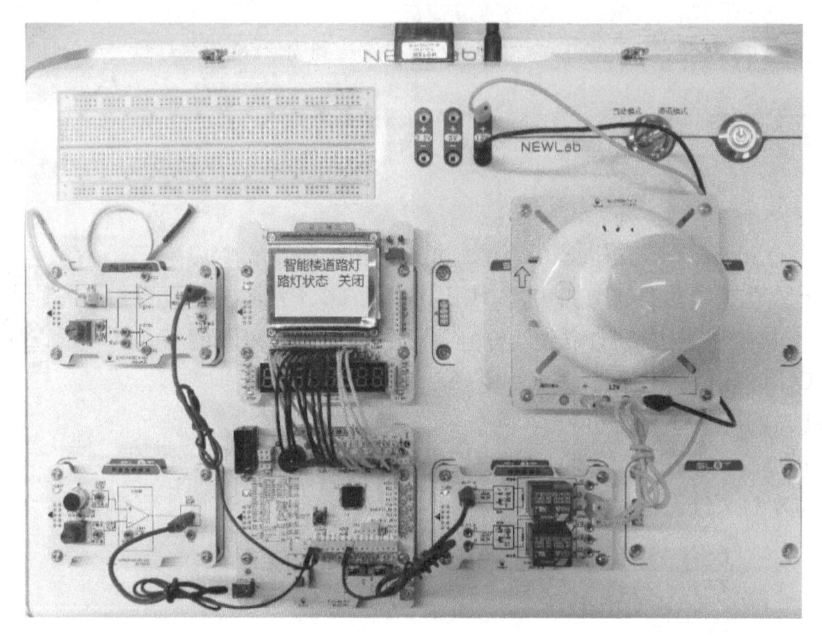

图 1-3-7　有光无声状态

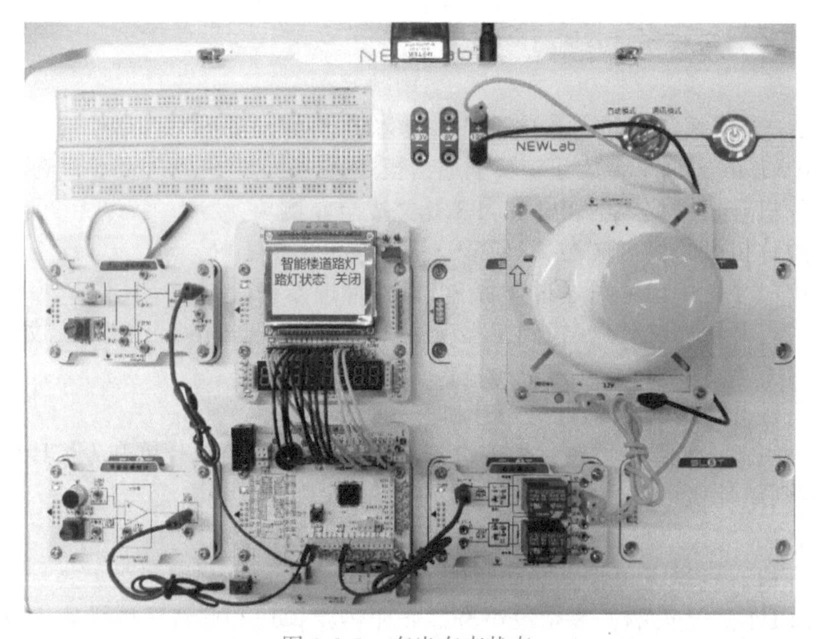

图 1-3-8　有光有声状态

4）无光有声状态。在此种情况下，路灯亮起，LCD 屏幕上显示“路灯状态开启”，如图 1-3-10 所示。

5）延时熄灭。当路灯亮起后且没声音，灯会自动延时 3s 熄灭，如图 1-3-11、图 1-3-12 所示。

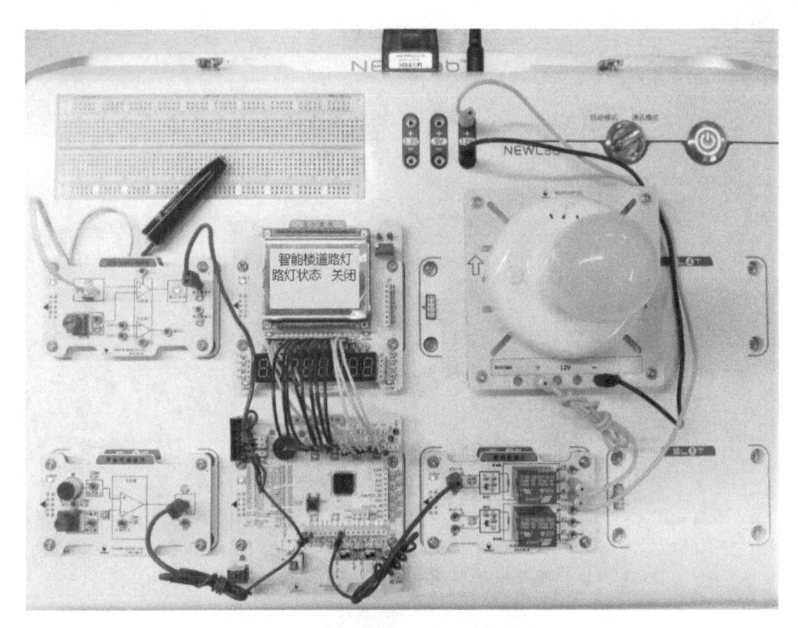

图 1-3-9　无光无声状态

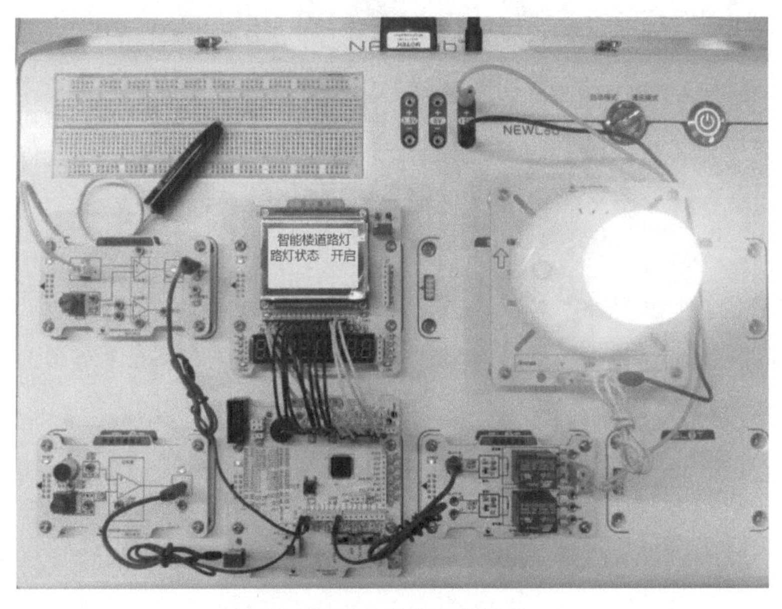

图 1-3-10　无光有声状态

任务检查与评价

完成任务后，进行任务检查与评价，任务检查与评价表存放在本书配套资源中。

任务小结

通过智能楼道灯监测系统任务的设计与实现，掌握声音传感模块和光照传感模块的原理及综合应用，本任务小结如图 1-3-13 所示。

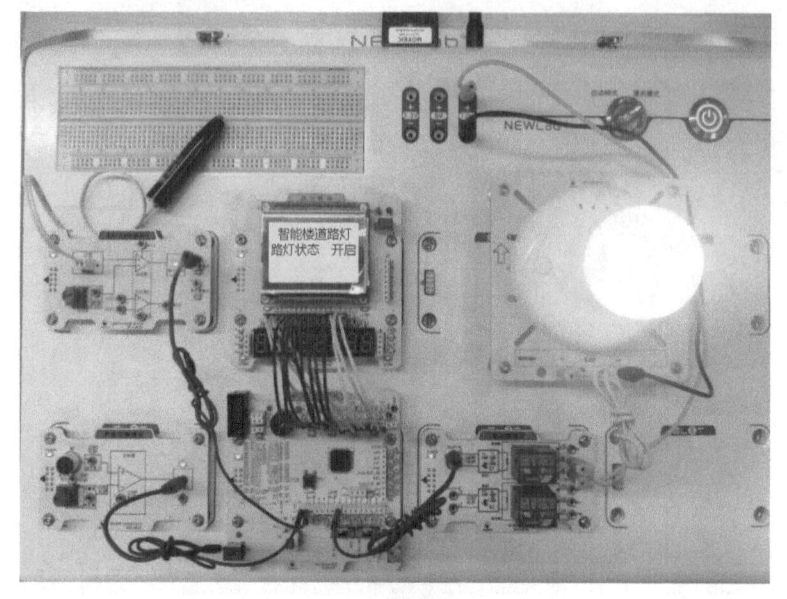

图 1-3-11　无声延时亮灯状态

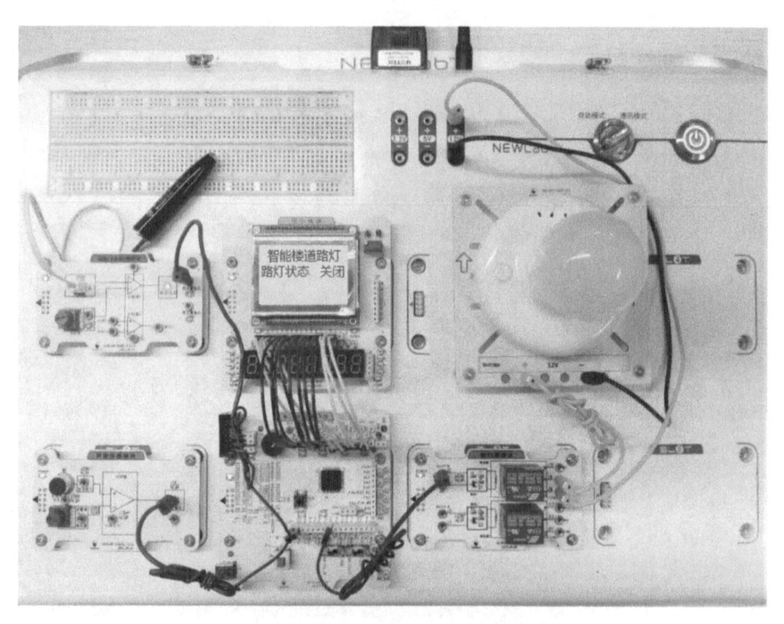

图 1-3-12　无声延时后指示灯熄灭

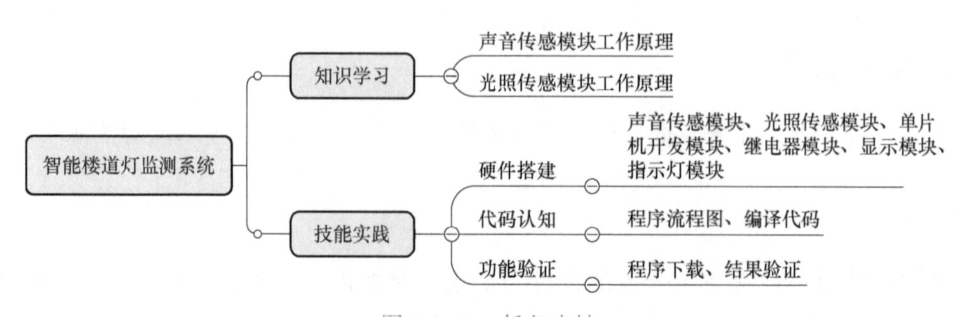

图 1-3-13　任务小结

任务拓展

1. 认识驻极体电容式声音传感器的信号特点

在电路中不同位置，驻极体电容式声音传感器的输出信号会发生相应改变。

1）用万用表分别测量声音传感模块 J4 和 J6 对地的电压值。

2）对比两个电压值的情况，分析图 1-3-1 电路中 VT 的作用；如果把 J4 的电压直接替代 J6 的电压，智能楼道灯监测系统会出现怎样的变化?

2. 认识光敏电阻在不同电路中的作用

光敏电阻在电路中位置不同，光敏电阻作用会发生相应改变。如果调换图 1-3-2 中电阻 R_1 和光敏电阻 R_T 的位置，智能楼道灯监测系统会出现怎样的变化?

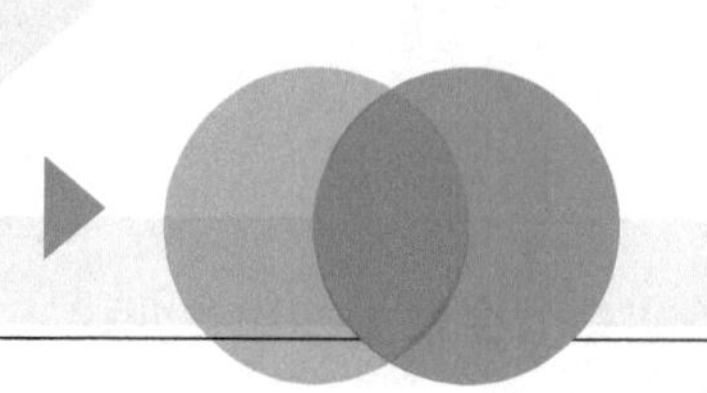

项目2

智能洗衣机

引导案例

洗衣机是现代家庭中重要电器之一。从放置衣物开始，放多少洗衣液、加多少水、采用何种洗衣模式，到洗衣结束，面对如此多的选择时，我们如何操作？智能洗衣机能提供哪些额外的功能，不会出现同样的问题？是否可以一键就自动完成洗衣的选择，并顺利完成衣物的清洗？智能洗衣机具有很多巧妙的功能可以轻松解决相关问题，温度传感器可以获取洗衣机的温度情况，从而获得最佳的清洗效果；压力传感器可以轻松获取衣物和所添加物品的重量情况，可以让清洗更加高效节能。更多新技术的应用，可以让洗衣服带来一种前所未有的崭新体验，图2-1-1是智能洗衣机的部分功能图。

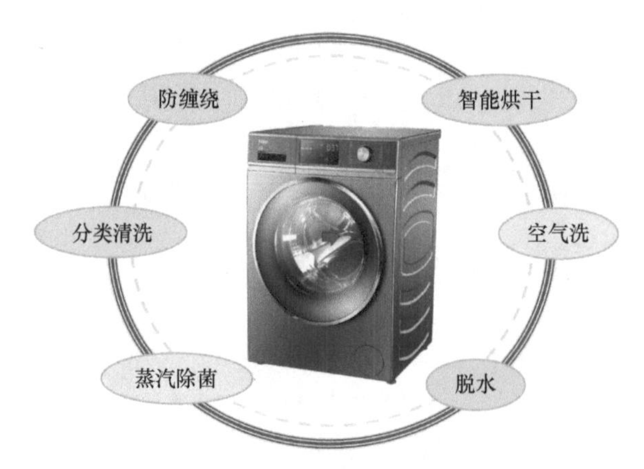

图2-1-1　智能洗衣机部分功能图

任务1　智能洗衣机温度监测系统

职业能力目标

- 能根据热敏电阻的结构、特性、工作参数和应用领域，正确地查阅相关的数据手册，实现对其进行识别和选型。
- 能根据热敏电阻的数据手册，结合单片机技术，准确地采集洗衣机的温度数据。
- 能理解继电器和执行器的工作原理，根据单片机开发模块获取热敏电阻传感器的状态信息，准确地控制继电器和执行器。

任务描述与要求

任务描述：××公司承接了一个洗衣机改造项目，客户要求在现有功能的基础上进行升级，对洗衣机进行智能控制，实现衣服清洗的温度控制和根据衣服的重量进行供水清洗。现要进行第一个功能的改造设计，要求能根据清洗的衣物材质进行温度的选择，实现最佳的清洁状态。

任务要求：

- 按键选择模拟衣服材质，不同材质选择不同的温度阈值。
- 检测热敏电阻的温度信息，当洗衣机的清洗温度不足时，点亮灯光模拟加热。
- 检测热敏电阻的温度信息，当洗衣机的清洗温度足够时，关闭灯光停止加热。
- 可以将衣物材质、温度、指示灯等状态信息显示在管理中心系统上。

任务分析与计划

根据所学相关知识，制订本次任务的实施计划，见表 2-1-1。

表 2-1-1　任务计划表

项目名称	智能洗衣机
任务名称	智能洗衣机温度监测系统
计划方式	自我设计
计划要求	请分步骤来完整描述如何完成本次任务
序号	任务计划
1	
2	
3	
4	
5	
6	
7	
8	

知识储备

一、温度传感器的基础知识

1. 温度与温标

（1）温度

温度是表征物体冷热程度的物理量，是物体内部分子无规则剧烈运动程度的标志，分子运动越剧烈，温度就越高。温度不能直接测量，而是借助于某种物体的某种物理参数随温度冷热不同而明显变化的特性进行间接测量。

（2）温标

用来表示或者测量物体温度数值的标准称为温标。温标是测量温度的基本单位，目前国际上规定的温标有热力学温标、摄氏温标和华氏温标等。

热力学温标又称开尔文温标，是国际单位制中的基本温标，它的符号为 T，单位为开尔文，符号为 K。它规定分子运动停止时的温度为绝对零度（0K），水的三相点的热力学温度为 273.16K，冰的熔点的热力学温度为 273.15K。

摄氏温标是工程上通用的温度标准，摄氏温标一般用字母 t 表示，单位为摄氏度，符号为℃。它规定在标准大气压下，冰的熔点为 0℃，水的沸点为 100℃，在两个温度之间划分 100 等份，每等份为 1℃。摄氏温标与热力学温标的关系为

$$t = T - 273.15$$

华氏温标目前应用的比较少，华氏温标符号为 t_F，单位为华氏度，符号为℉。它规定在标准大气压下，冰的熔点为 32℉，水的沸点为 212℉，中间划分 180 等份，每等份为 1℉，它与摄氏温标的关系为

$$t_F = 1.8t + 32$$

2. 温度传感器的定义与分类

（1）温度传感器的定义

温度传感器是将温度变化转换为电信号变化的器件或装置，是利用敏感元件电参数随温度变化而变化的特征达到测量目的。

（2）温度传感器的分类

温度传感器的分类方法很多，按照测量方法可分为接触式温度传感器和非接触式温度传感器；按照工作原理可分为膨胀式、电阻式、热电式、辐射式等温度传感器。

接触式温度传感器是指温度传感器直接与被测物体接触进行温度测量。测量时被测物体将热量传递给传感器，从而得到被测物体的温度信息，在测量过程中，传感器会降低被测物体的温度，特别是被测物体热容量较小时，测量精度影响较大。这种方式要测得物体真实温度的前提条件是被测物体的热容量要足够大。

非接触式温度传感器不与被测物体进行直接接触，主要是利用被测物体热辐射而发出红外线，从而测量物体的温度，可进行遥测。非接触温度传感器优点很多，它不会影响到被测物体的热量，也不会干扰被测对象的温度场，可进行连续测量而不会产生消耗，测量反应时间快，但其制造成本较高，测量精度较低。

表 2-1-2 为常用温度传感器按照物理原理的不同进行的分类及对应特点。

表 2-1-2　常用温度传感器的分类及特点

物理原理	传感器类型	测温范围 /℃	特点
体积热膨胀	玻璃管水银温度计 气体温度计 双金属温度计 液体压力温度计	-50~350 -250~1000 -50~350 -200~350	不需电源，耐用；感温部件体积大
接触热电动势	K 型热电偶 B 型热电偶 S 型热电偶 E 型热电偶	-200~1200 0~1700 0~1600 -200~900	自发电型，标准化程度高，品种多；需要注意冷端温度补偿

（续）

物理原理	传感器类型	测温范围 /℃	特点
电阻的变化	热敏电阻 铂热电阻 铜热电阻	-50~300 -200~850 0~200	标准化程度高，但需要接入桥路才能得到电压输出
PN 结结电压变化	硅半导体二极管（半导体集成电路温度传感器）	-50~150	体积小，线性好，但测温范围小
温度 - 颜色	示温涂料 液晶	-50~1300 0~100	面积大，可得到温度图像，但易衰老，精度低
光辐射 热辐射	红外辐射温度计 光学高温温度计 热释电温度计 光子探测器	-50~1500 500~3000 0~1000 0~3500	非接触测量，反应快；但易受环境及被测物体表面状态影响，标定困难

二、热敏电阻的基础知识

热敏电阻是利用某些金属氧化物或单晶硅、锗等半导体材料，按照一定的工艺制成，是一种电阻值随温度变化的半导体元件。热敏电阻优点很多，它体积小、热容量小、响应速度快，能在空隙和狭缝中测量；阻值高，测量结果受引线的影响小，可用于远距离测量；过载能力强，成本低廉。但热敏电阻的阻值与温度成非线性关系，所以不能大范围实现精确测量。

1. 热敏电阻的种类与特性

热敏电阻按材料一般可分为半导体热敏电阻、金属热敏电阻和合金类热敏电阻，我们常见的是半导体热敏电阻。热敏电阻按电阻的温度特性，一般可分为正温度系数（PTC）热敏电阻、负温度系数（NTC）热敏电阻和临界温度（CTR）热敏电阻三大类。

（1）正温度系数热敏电阻

PTC 热敏电阻的电阻值随温度升高而增大。它的主要材料是 $BaTiO_3$ 半导体陶瓷，通过掺入其他金属离子改变其温度系数和临界点温度。

（2）负温度系数热敏电阻

NTC 热敏电阻的电阻值随温度升高而下降，它的材料主要是一些过渡金属氧化物半导体陶瓷。

（3）临界温度热敏电阻

CTR 热敏电阻的电阻值在某特定温度范围内随温度升高而降低 3~4 个数量级，即具有很大负温度系数，它不适用于较宽温度范围的测量，一般作为温度开关来使用，能够控温报警。

如图 2-1-2 所示，PTC、NTC 热敏电阻特性曲线非线性十分严重，适用于一定范围内的温度测量；CTR 因特性曲线变化陡峭，适用于只有两个状态的开关工作。

2. 热敏电阻的结构与参数

常用热敏电阻的外形结构与图形符号如图 2-1-3 所示。

热敏电阻的主要技术参数包括标称阻值、温度系数、额定功率、时间常数、温度范围、最大电压等。各参数的主要含义见表 2-1-3。

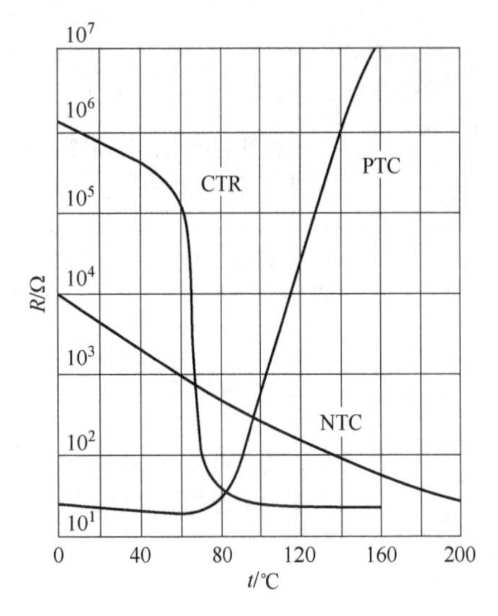

图 2-1-2　各种热敏电阻的特性曲线

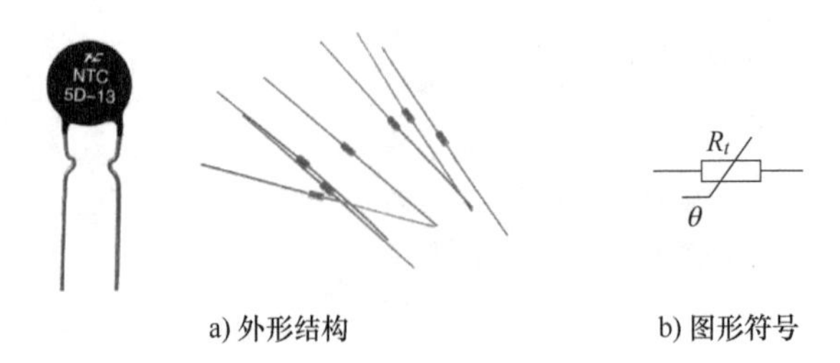

图 2-1-3　热敏电阻的外形结构与图形符号

表 2-1-3　热敏电阻参数的主要含义

主要参数	含义
标称阻值	指热敏电阻在 25℃时的电阻值
温度系数	指当温度变化时，热敏电阻阻值的相对变化值
额定功率	指热敏电阻正常工作的最大功率
时间常数	指当温度变化时，热敏电阻的阻值变化到最终值的 63.2% 时所需的时间
温度范围	指热敏电阻正常工作的温度范围。一般的工作温度范围为 −55~315℃
最大电压	指在规定环境温度下，热敏电阻正常工作时所允许连续施加的最高电压值

3. 热敏电阻的应用电路

（1）对数二极管温度计

图 2-1-4 是采用热敏电阻 R_t 和对数二极管 VD 串联构成的对数二极管温度计的电路图。它利用对数二极管 VD 把热敏电阻 R_t 的阻值变化（电流变化）变换为等间隔的信号，经运放 A 放大后，输出到电压表，就可显示相应的温度，从而可构成线性刻度的温度计。

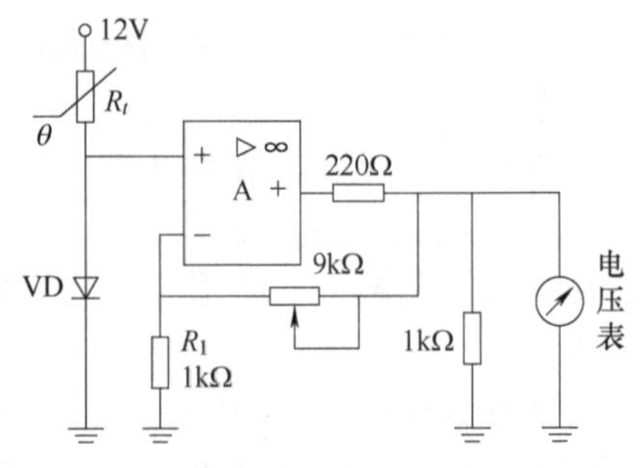

图 2-1-4　对数二极管温度计的电路图

（2）冰箱、冰柜的温度控制

冰箱、冰柜的温度传感器型号有 KC 系列，温度控制电路如图 2-1-5 所示，A_1 组成开机检测电路，由热敏电阻 R_t 检测当前温度并转化为阻值分压，输入 A_1 比较电路，与基准电压做比较，从而输出不同信号控制压缩机起动；由 A_2 组成关机检测电路，原理与 A_1 基本相同；A_1、A_2 周而复始的工作，达到控制冰箱、冰柜内温度的目的。

（3）温度报警器

温度报警器电路如图 2-1-6 所示，常温下，调整 RP 的阻值使斯密特触发器的输入端 A 处于低电平，则输出端 Y 处于高电平，无电流通过蜂鸣器，蜂鸣器不发声；当温度增高时，热敏电阻 R_t 阻值减小，斯密特触发器输入端 A 位升高，当达到某一值（高电平）时，其输出端由高电平跳到低电平，蜂鸣器通电，从而发出报警声。RP 的阻值不同，则报警温度不同。

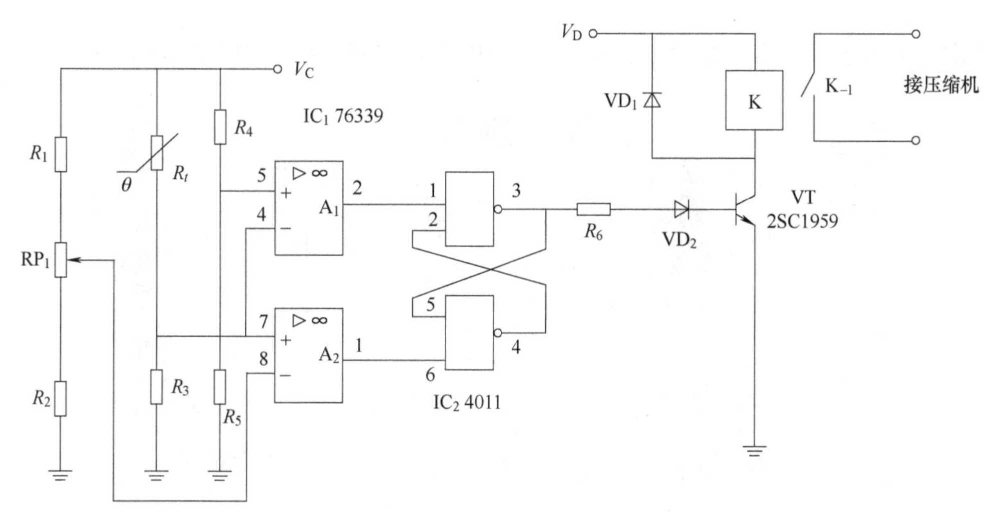

图 2-1-5　冰箱、冰柜的温度控制电路图

要使热敏电阻在感测到更高的温度时才报警，应减小 RP 的阻值。RP 阻值越小，要使斯密特触发器输入端达到高电平所需温度就越高，即感测到的温度就越高。

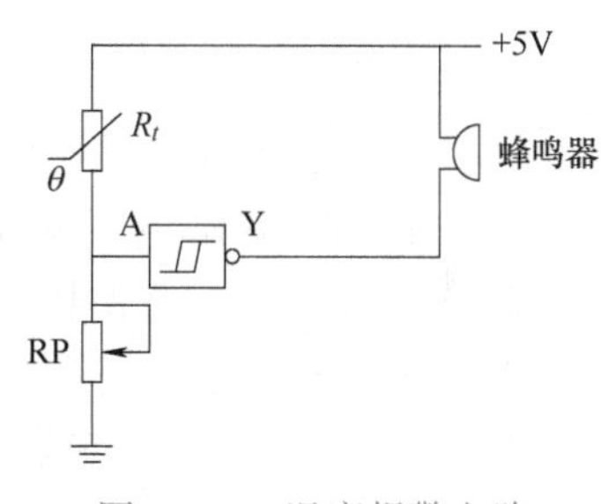

图 2-1-6　温度报警电路

三、智能洗衣机温度监测系统结构分析

1. 温度监测系统的硬件设计框图

图 2-1-7 是智能洗衣机温度监测系统的硬件设计框图，该系统各模块主要功能如下：

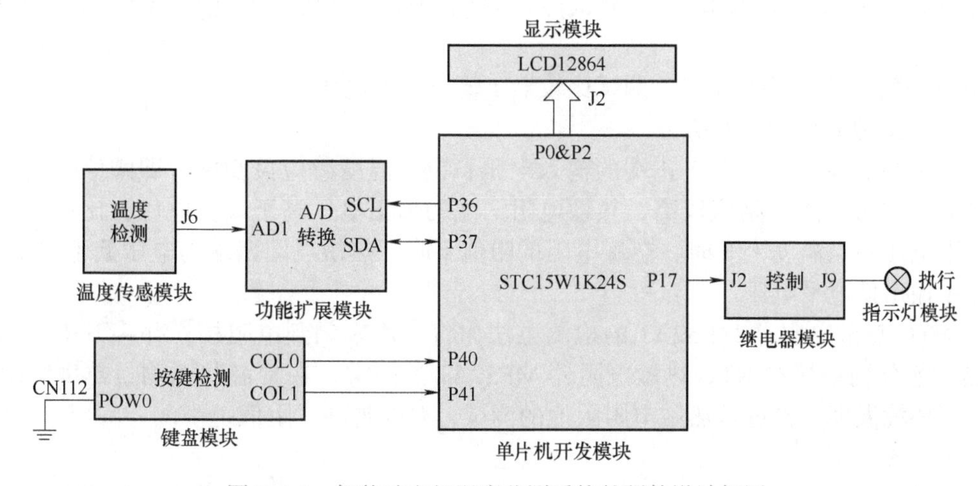

图 2-1-7　智能洗衣机温度监测系统的硬件设计框图

1）温度传感模块用于分析温度传感器采集的温度信息。

2）功能扩展模块用来对采集的温度模拟量进行 A/D 转换，并传送给单片机开发模块。

3）温度阈值可以通过键盘模块的按键来进行设定。

4）单片机开发模块对输入的温度信息进行检测。

5）显示模块用于显示智能洗衣机的衣物材质、清洗温度、加热状态。

6）继电器模块用于配合单片机开发模块控制加热指示灯的亮灭。

2. 温度传感模块的认识

本次任务需要采集温度信息，因此需要使用温度传感模块，如图 2-1-8 所示。

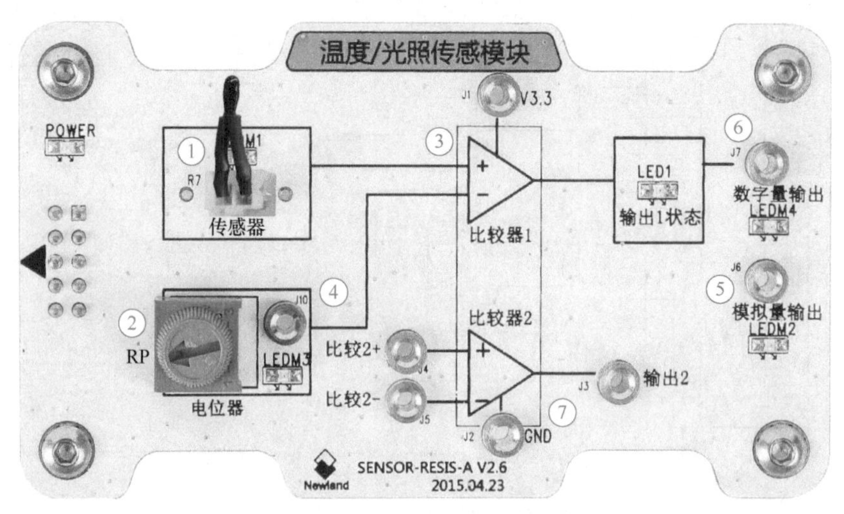

图 2-1-8　温度传感模块电路板结构图

1）图 2-1-8 中数字对应模块情况如下：

①——NTC 热敏电阻器 MF52AT；

②——基准电压调节电位器；

③——比较器电路；

④——基准电压测试接口 J10，测试温度感应的阈值电压，即比较器 1 负端（引脚 3）电压；

⑤——模拟量输出接口 J6，测试热敏电阻两端的电压，即比较器 1 正端（引脚 2）电压；

⑥——数字量输出接口 J7，测试比较器 1 输出电平电压；

⑦——接地 GND 接口 J2。

调节 VR1，调节比较器 1 正端的输入电压，设置温度感应灵敏度，即阈值电压。当温度较低时，热敏电阻的阻值较高，热敏电阻两端的输出电压高于阈值电压，比较器 1 输出为高电平电压；当温度上升时，热敏电阻的阻值下降，热敏电阻两端的电压低于阈值电压，比较器 1 输出低电平电压。

2）NTC 热敏电阻器 MF52AT 的检测方法为将万用表调到电阻档，并将万用表的红表笔和黑表笔分别搭接在 NTC 热敏电阻器 MF52AT 的两端，在常温状态测量热敏电阻的阻值；改变环境温度，再进行热敏电阻阻值的测试，温度越高，阻值越小。

3. 执行器的认识

本次任务中，使用指示灯模块作为执行器，用来指示智能洗衣机的加热状态。当智能洗衣机的温度高于设定的阈值时，指示灯熄灭，洗衣机停止加热；当智能洗衣机的温度低于设定的阈值时，指示灯点亮，洗衣机开始加热。

四、温度传感器系统功能代码分析

需求1：可以通过2个按键的选择来切换衣服材质和温度阈值，当选择按键1时，代表材质1，温度为阈值30℃；当选择按键2时，代表材质2，温度为阈值50℃。

解决方法：判断独立按键的键值，当选择按键1时，衣服为材质1，温度为阈值30℃；当选择按键2时，衣服为材质2，温度为阈值50℃。

开发思路如下所示：

```
如果keyinformation.keyvalue_single=KEY_0时，衣服为材质1，温度为阈值30℃，TempLimit=30;
如果keyinformation.keyvalue_single=KEY_1时，衣服为材质2，温度为阈值50℃，TempLimit=50;
```

需求2：当智能洗衣机的温度高于设定的阈值时，指示灯熄灭，洗衣机停止加热；当智能洗衣机的温度低于设定的阈值时，指示灯点亮，洗衣机开始加热。

解决方法：判断温度变量是否超过阈值，当温度低于阈值时，继电器闭合；当温度超过阈值时，继电器断开。

开发思路如下所示：

```
如果temperature.temp_value >=TempLimit时，智能洗衣机的温度高于设定的阈值时，Relay1Off( );
如果temperature.temp_value <=TempLimit时，智能洗衣机的温度低于设定的阈值时，Relay1On( );
```

扩展阅读：热敏电阻传感器的应用实例

（1）测温

用于测量温度的热敏电阻结构简单，价格便宜。没有外保护层的热敏电阻只能用于干燥的环境中，在潮湿、腐蚀性等恶劣环境下只能使用密封的热敏电阻。

（2）温度补偿

热敏电阻可在一定范围内对某些元件进行温度补偿。例如，由铜线绕制而成的动圈式仪表表头中的动圈，当温度升高时，电阻增大，引起测量误差。如果在动圈回路中串接负温度系数的热敏电阻，则可以抵消由于温度变化所产生的测量误差。

（3）温度控制

在空调、电热水器、自动保温电饭锅、冰箱等家用电器中，热敏电阻常用于温度控制。

（4）过热保护

利用临界温度热敏电阻的电阻温度特性，可制成过热保护电路。例如，将临界温度热敏电阻安放在电动机定子绕组中，并与电动机继电器串联。当电动机过载时定子电流增大，引起过热，当温度大于临界温度时，电阻发生突变，供给继电器的电流突然增大，继电器断开，从而实现了过热保护。

任务实施

任务实施前必须先准备好的设备和资源见表 2-1-4。

表 2-1-4　设备清单表

序号	设备 / 资源名称	数量	是否准备到位（√）
1	温度传感模块	1	
2	继电器模块	1	
3	指示灯模块	1	
4	单片机开发模块	1	
5	显示模块	1	
6	功能扩展模块	1	
7	键盘模块	1	
8	杜邦线（数据线）	若干	
9	杜邦线转香蕉线	若干	
10	香蕉线	若干	
11	项目 2 任务 1 的代码包	1	

任务实施导航

- 搭建本任务的硬件平台，完成传感器之间的通信连接。
- 打开项目工程文件。
- 对工程里的代码进行补充，使之完整。
- 对代码进行编译生成下载所需的 HEX 文件。
- 通过计算机将 HEX 文件下载到单片机开发模块。
- 结果验证。

智能洗衣机温度监测系统（硬件环境搭建）

具体实施步骤

1. 硬件环境搭建

1）给 NEWLab 实验平台插上电源适配器，用串口线将实验平台与 PC 连接起来。

2）利用杜邦线（数据线）完成整个系统的接线，智能洗衣机温度监测系统硬件连接表见表 2-1-5。

表 2-1-5　智能洗衣机温度监测系统硬件连接表

模块名称及接口号	硬件连接模块及接口号
温度传感模块 J6	功能扩展模块 AD1
功能扩展模块 SCL	单片机开发模块 P36
功能扩展模块 SDA	单片机开发模块 P37

（续）

模块名称及接口号	硬件连接模块及接口号
继电器模块 J2	单片机开发模块 P17
键盘模块 COL0	单片机开发模块 P40
键盘模块 COL1	单片机开发模块 P41
键盘模块 ROW0	单片机开发模块 J8（GND）
显示模块数据端口 DB0~DB7	单片机开发模块 P00~P07
显示模块背光 LCD_BL	单片机开发模块 P27
显示模块复位 LCD_RST	单片机开发模块 P26
显示模块片选 LCD_CS2	单片机开发模块 P25
显示模块片选 LCD_CS1	单片机开发模块 P24
显示模块使能 LCD_E	单片机开发模块 P23
显示模块读写 LCD_RW	单片机开发模块 P22
显示模块数据 / 命令选择 LCD_RS	单片机开发模块 P21

智能洗衣机温度监测系统硬件接线图如图 2-1-9 所示。

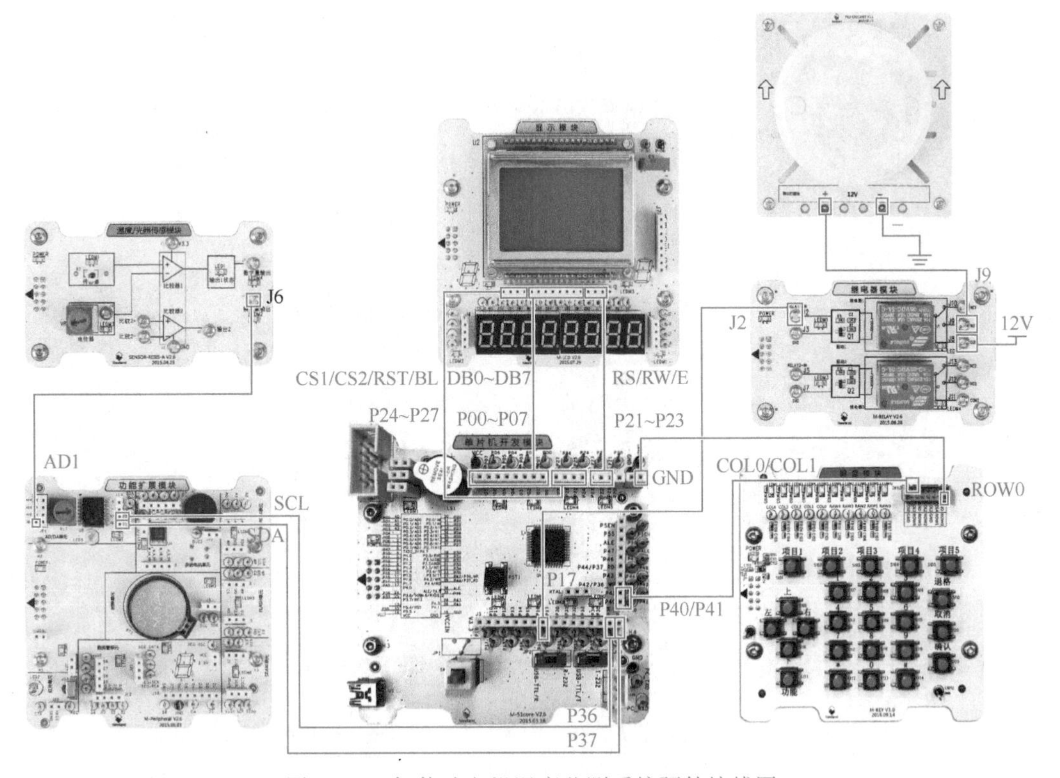

图 2-1-9　智能洗衣机温度监测系统硬件接线图

2. 打开项目工程

单击“Project → Open Project”菜单项，进入本次任务的工程代码文件夹，打开 project

智能洗衣机温度监测系统（代码完善）

目录下的工程文件“washer.uvproj”，如图 2-1-10 和图 2-1-11 所示。

3. 代码完善

结合图 2-1-12、图 2-1-13 和图 2-1-14 所示的代码程序流程图，完善代码功能。

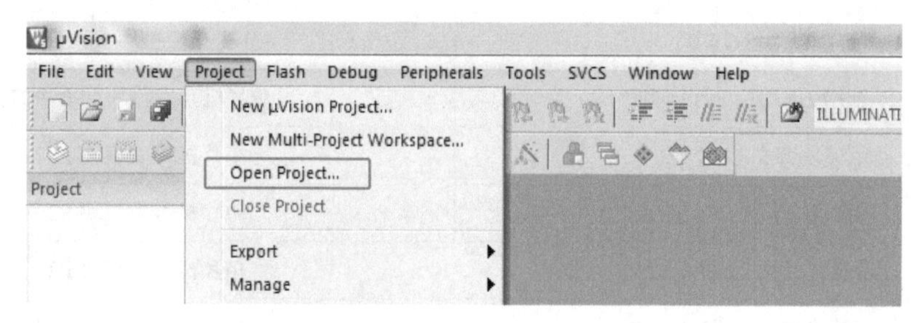

图 2-1-10　打开项目工程（1）

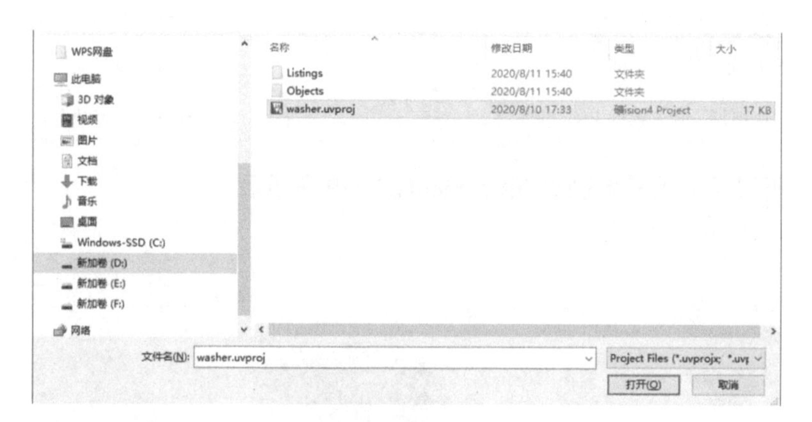

图 2-1-11　打开项目工程（2）

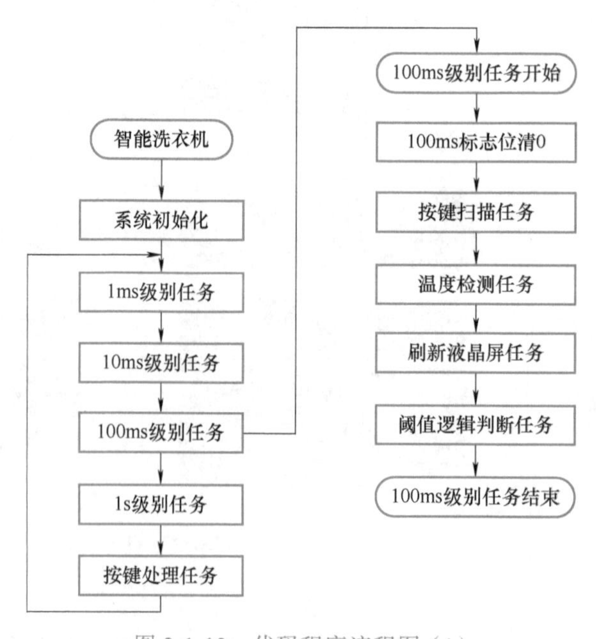

图 2-1-12　代码程序流程图（1）

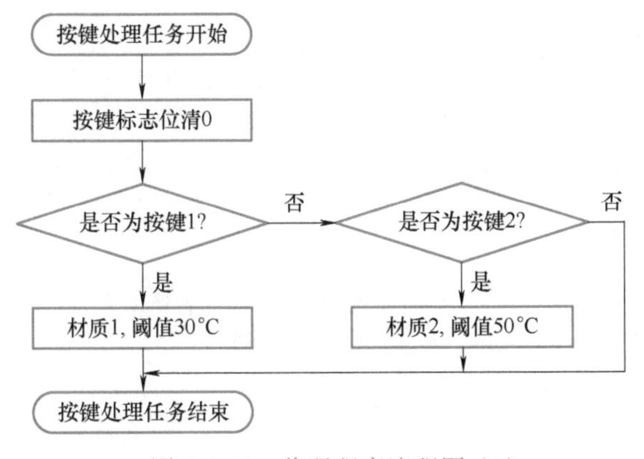

图 2-1-13　代码程序流程图（2）

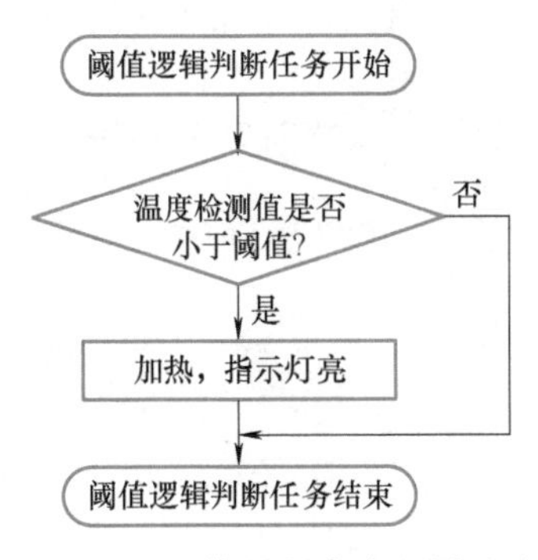

图 2-1-14　代码程序流程图（3）

打开 pcf8591/PCF8591.c 文件，设置功能扩展模块的接口定义，功能扩展模块串行时钟输入端 AD_SCL 对应的是接口 P36，功能扩展模块串行数据输入端 AD_SDA 对应的是接口 P37。

```
1. sbit AD_SCL=P3^6;                 //PCF8591 功能扩展模块串行时钟输入端
2. sbit AD_SDA=P3^7;                 //PCF8591 功能扩展模块串行数据输入端
```

打开 Relay/Relay.c 文件，设置继电器模块的 RELAYPORT1 对应接口 P17。

```
1. #define  RELAYPORT_ON    1        //继电器的实际驱动电平:高电平,1 有效
2. #define  RELAYPORT_OFF   0        //继电器的实际驱动电平:低电平,0 无效
3. #define  RELAYDELAY     30        //继电器吸合延时时间:30×0.1s=3s
4. #define  RELAY1PORT     P17       //继电器连接的物理接口地址,风扇控制
```

打开 App/Main.c 文件，完善系统逻辑控制代码，要求程序每 0.1s 检测判断一次温度传感器的状态。当智能洗衣机的温度高于设定的阈值时，继电器断开，指示灯熄灭，洗衣机停止加热；当智能洗衣机的温度低于设定的阈值时，继电器闭合，指示灯点亮，洗衣机开始加热。

```
1. if(SystemTime.sec10f==1)                         //时间过去 0.1s 了吗
2. {
3.     SystemTime.sec10f=0;
4.     KeyScan( );
5.     GetAdcVale( );
6.     temperature.temp_value=getTemperature( );
7.     Lcd_Display( );                              //刷新液晶屏显示内容
8.     if(temperature.temp_value >=TempLimit       //温度≥阈值
9.     {
10.        Relay1Off( );                            //继电器断开,指示灯熄灭
11.    }
12.        else
13.    {
14.        Relay1On( );                             //继电器闭合,指示灯点亮
15.    }
```

```
16. }
17. if(SystemTime.sec1f==1)                    // 时间过去 1s 了吗
18. {
19.     SystemTime.sec1f=0;
20. }
21. if(keyinformation.keyget==1)               // 判断是否得到按键
22. {
23.     keyinformation.keyget=0;               // 得到按键标志清 0
24.     key_deal(keyinformation.keyvalue);     // 按键处理
25. }
```

智能洗衣机温度监测系统（编译代码和效果演示）

4. 代码编译

首先我们在代码编译前要先进行 HEX 程序文件的生成，单击“Options for Target”按钮，进入 HEX 文件的生成配置对话框，具体操作步骤如图 2-1-15 所示。

接下来在工具栏上单击程序编译按钮“ ”，编译工程文件。在 Build Output 窗口中出现“0 Error（s），0 Warning（s）”时，表示编译通过，如图 2-1-16 和图 2-1-17 所示。

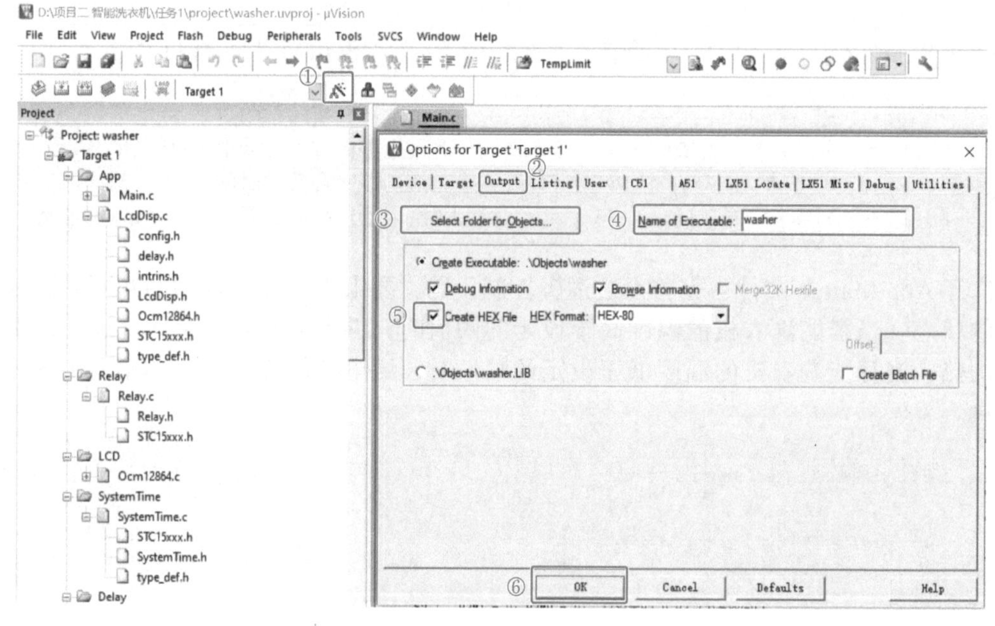

图 2-1-15　HEX 程序文件生成步骤

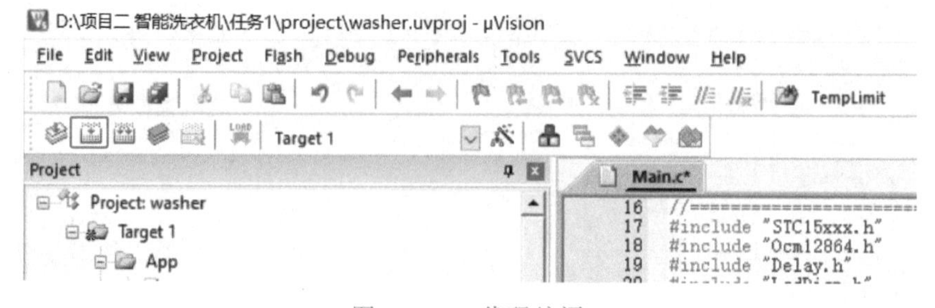

图 2-1-16　代码编译

Build Output

```
compiling adc.c...
compiling keydeal.c...
compiling keyget.c...
compiling temperature_normalization.c...
linking...
Program Size: data=123.0 xdata=4 const=5716 code=3681
creating hex file from ".\Objects\washer"...
".\Objects\washer" - 0 Error(s), 0 Warning(s).
Build Time Elapsed:  00:00:04
```

图 2-1-17　编译成功后显示内容

编译通过后，会在工程的 project/Objects 目录中生成 1 个 washer.hex 的文件

5. 程序下载

使用 STC-ISP 下载工具进行程序下载，具体步骤如图 2-1-18 所示。

1）将 NEWLab 实训平台旋钮旋转至通信模式。

2）将单片机开发模块上的 JP2 和 JP3 开关拨至左侧。

3）选择单片机型号为 STC15W1K24S。

4）设置串口号，串口号可通过查看 PC 设备管理器获得。

5）单击“打开程序文件”，找到工程项目文件夹下的 washer.hex 文件。

6）设置 IRC 频率为 11.0592MHz。

7）弹起自锁开关 SW1，以断开单片机开发模块的电源。

8）单击“下载 / 编程”按钮，按下自锁开关 SW1，以给单片机开发模块供电，这样程序便开始下载到单片机中，当提示操作成功时，此次程序下载完成。

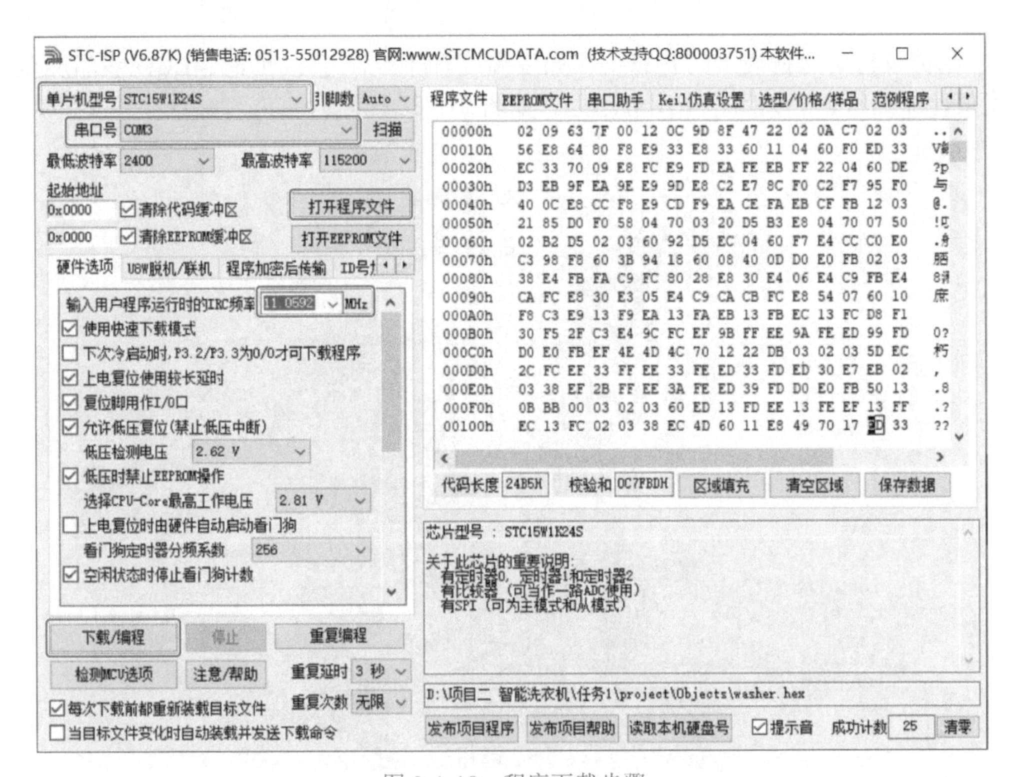

图 2-1-18　程序下载步骤

6. 结果验证

按键 1 为键盘模块的 S105，按键 2 为键盘模块的 S104。

1）按下按键 1，显示衣服材质为材质 1，如果温度低于 30℃时，LCD 液晶屏显示实际温度值，加热状态为开启，同时指示灯点亮，如图 2-1-19 所示。

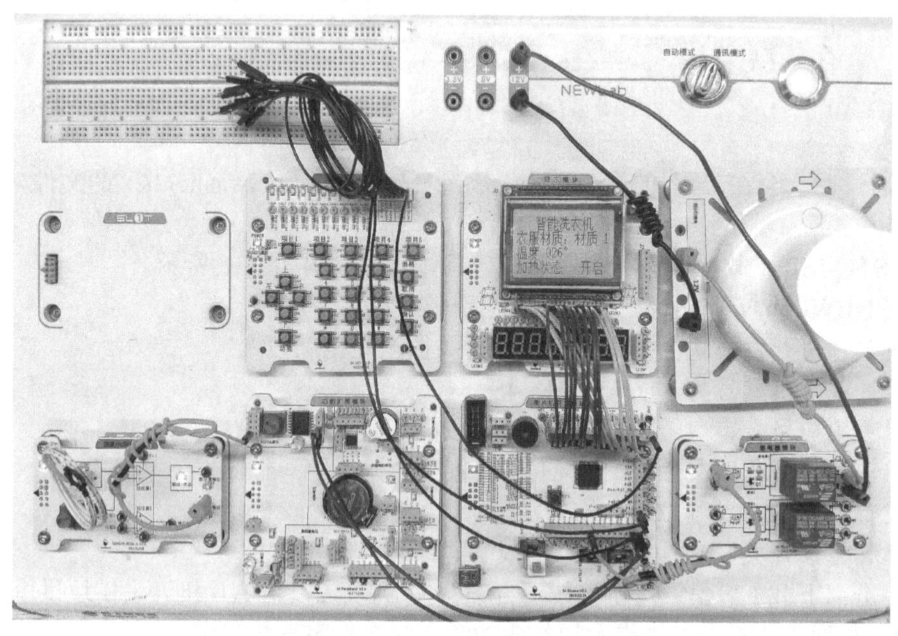

图 2-1-19　衣服材质为材质 1，温度低于 30℃时，指示灯点亮

2）在衣服材质为材质 1 的状态下，如果温度等于或高于 30℃时，LCD 液晶屏显示实际温度值，加热状态为关闭，指示灯熄灭，如图 2-1-20 所示。

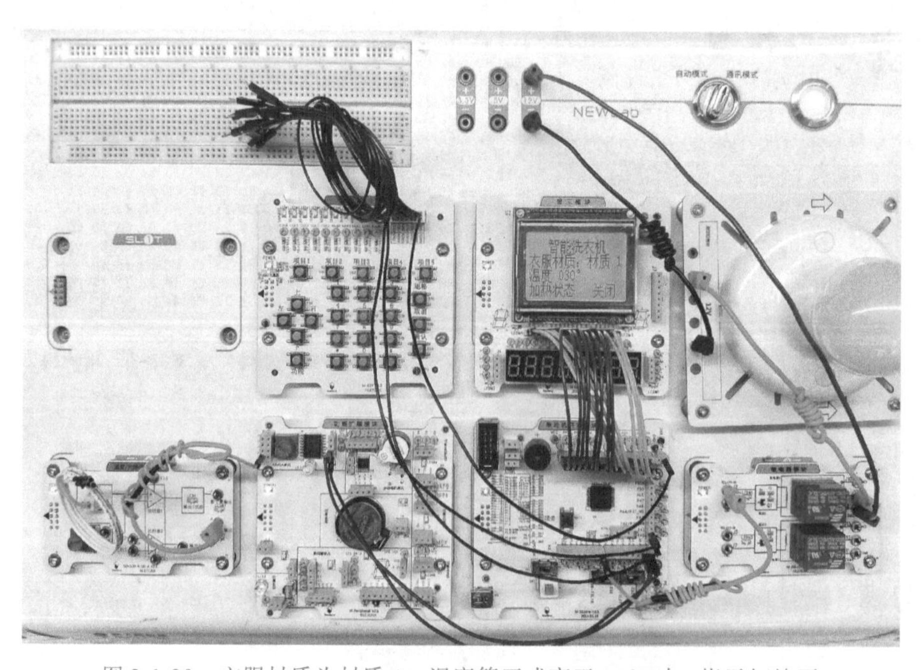

图 2-1-20　衣服材质为材质 1，温度等于或高于 30℃时，指示灯熄灭

3）选择按键 2，显示衣服材质为材质 2，如果温度低于阈值 50℃时，LCD 液晶屏显示实际温度值，加热状态为开启，同时指示灯点亮，如图 2-1-21 所示。

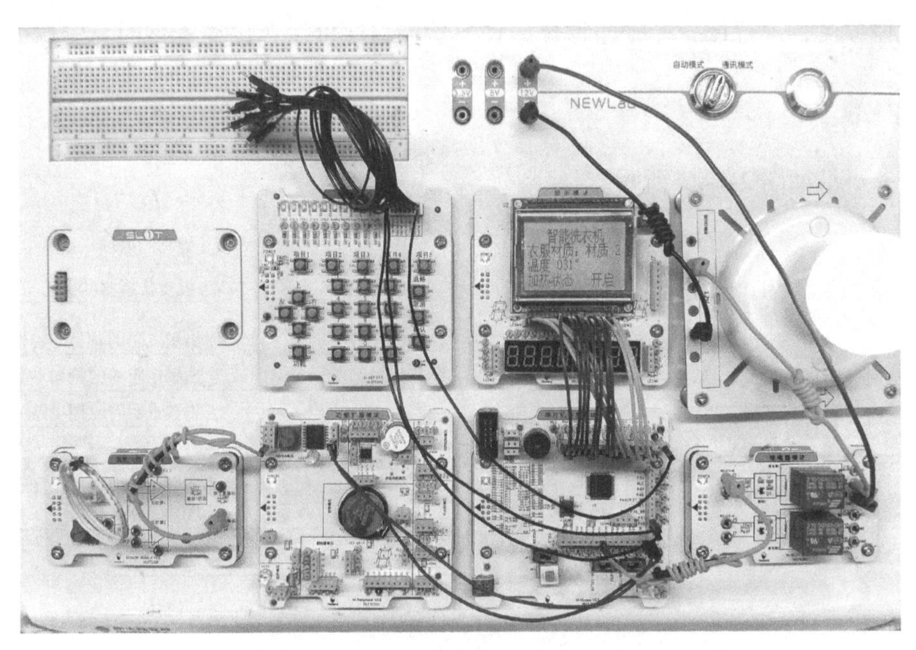

图 2-1-21 衣服材质为材质 2，温度低于阈值 50℃时，指示灯点亮

4）在衣服材质为材质 2 的状态下，如果温度等于或高于阈值 50℃时，LCD 液晶屏显示实际温度值，加热状态为关闭，指示灯熄灭，如图 2-1-22 所示。

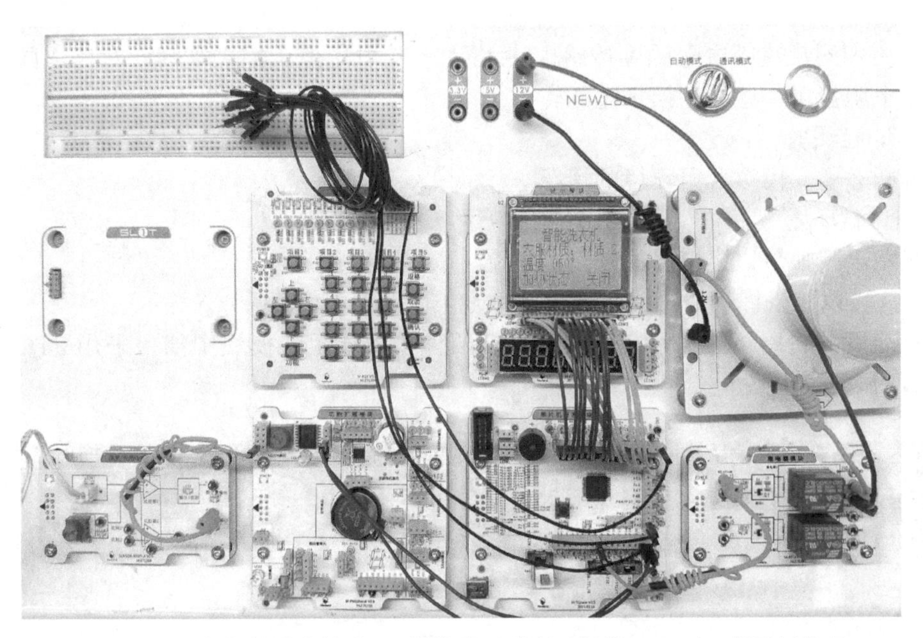

图 2-1-22 衣服材质为材质 2，温度等于或高于阈值 50℃时，指示灯熄灭

任务检查与评价

完成任务后，进行任务检查与评价，任务检查与评价表存放在本书配套资源中。

任务小结

本任务小结如图 2-1-23 所示。

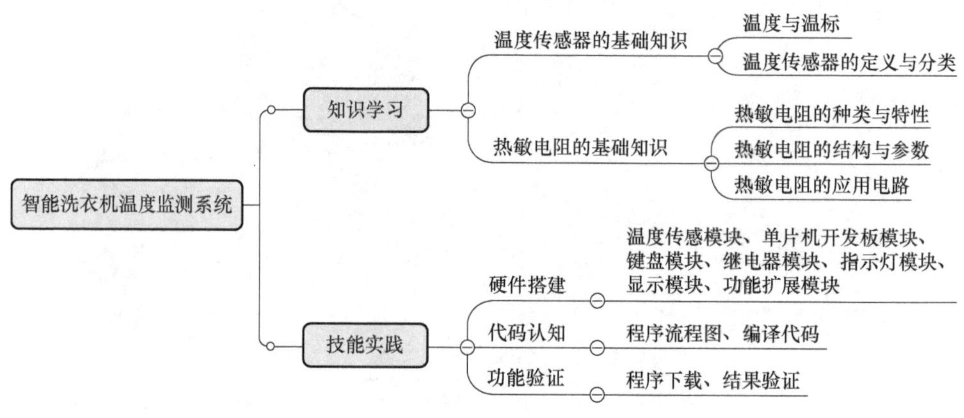

图 2-1-23　任务小结

任务拓展

1. 了解热敏电阻温度传感器的信号输出情况

用万用表测量热敏电阻温度传感模块 J6 对地的电压值，用来观察、对比不同温度情况下，热敏电阻温度传感器的模拟电压输出值。

（1）低温环境

常温状态下，模拟低温环境的情况。

（2）高温环境

给热敏电阻加热，模拟温度较高的情况。

2. 认识热敏电阻传感器

进行温度测量时可以采用 PTC 和 NTC 两种热敏电阻，模块中如果采用 PTC，结果会发生怎么的改变？

任务 2　智能洗衣机重量监测系统

职业能力目标

● 能根据电阻应变片的结构和工作原理、电阻应变片的工作参数和应用领域，正确地查阅相关数据手册，实现对其进行识别和选型。

● 能根据电阻应变式压力传感器的数据手册，结合单片机技术，准确地采集洗衣机的重量数据。

● 能理解继电器和执行器的工作原理，根据单片机开发模块获取电阻应变式压力传感器的状态信息，准确地控制继电器和执行器。

任务描述与要求

任务描述： 现要进行第二个功能的改造设计，即要求能根据电阻应变式压力传感器检测到的衣物重量，控制清洗的供水量，实现有效的清洗效果，节约水资源。

任务要求：

● 检测称重传感模块的重量信息，实现洗衣机的衣服重量的采集，控制风扇开始工作，模拟进水。

● 再次检测称重传感模块的重量信息，实现洗衣机的衣服和水重量的采集，控制风扇停止工作，模拟关闭进水。

● 可以将衣服和水的重量、风扇等状态信息显示在管理中心系统上。

任务分析与计划

根据所学相关知识，制订本次任务的实施计划，见表 2-2-1。

表 2-2-1　任务计划表

项目名称	智能洗衣机
任务名称	智能洗衣机重量监测系统
计划方式	自我设计
计划要求	请分步骤来完整描述如何完成本次任务
序号	任务计划
1	
2	
3	
4	
5	
6	
7	
8	
9	
10	

知识储备

一、压力传感器的基础知识

1. 压力传感器的定义与分类

（1）压力传感器的定义

压力传感器就是将应力或压力等力学量转换成电信号的一类传感器。力学量一般需要弹性敏感元件或其他敏感元件转换，弹性敏感元件是压力传感器中一个重要的部件，它把被测量的力学量转换成应变或位移，再通过转换元件将应变或位移转换成相应的电参量，从而实现对力学量的测量。因此压力传感器的基本组成包括弹性敏感元件、转换元件两大部分。

压力传感器结构简单、响应速度快、高精度、高分辨率、高可靠性、可实现非接触测量，适合用于直接对力（压力）、重量或间接用于对液位、振动、流量、速度等的测量系统中。

（2）压力传感器的分类

压力传感器的分类方法很多，根据力 - 电转换原理的不同可分为电阻应变式压力传感器、压阻式压力传感器、电感式压力传感器、电容式压力传感器、压电式压力传感器、谐振式压力传感器等。其中，电阻应变式压力传感器广泛应用在家用电子产品中，如电子秤，其他压力传感器多用在工业控制系统中。

2. 弹性敏感元件的特性与分类

（1）弹性敏感元件的特性

作为压力传感器的重要部件，弹性敏感元件应具有良好的弹性，足够的精度，并且应保证长期使用和温度变化时的稳定性。它的主要特性有刚度、灵敏度、弹性滞后、弹性后效和固有振荡频率。

刚度是弹性敏感元件在外力作用下变形大小的量度，一般用 k 表示，单位为 N/m，其公式为

$$k=\frac{\mathrm{d}F}{\mathrm{d}x}$$

式中　F——作用在弹性敏感元件上的外力，单位为 N；

　　　x——敏感元件产生变形的情况，单位为 m。

灵敏度是刚度的倒数，也称为柔度，是指弹性敏感元件在单位力作用下产生变形的大小。

弹性敏感元件在加力 / 卸力的正反行程中变形曲线是不重合的，这种现象称为弹性滞后。当载荷从某一数值变化到另一数值时，弹性敏感元件变形不是立即完成的，而是经一定的时间间隔逐渐完成，这种现象称为弹性后效。这两种情况都会引起测量误差。

弹性敏感元件都有自己的固有振荡频率 f_0，它将影响传感器的动态特性。设计传感器的工作频率时应避开弹性敏感元件的固有振荡频率。

（2）弹性敏感元件的分类

弹性敏感元件在形式上有变换力和变换压力两大类。

变换力的弹性敏感元件一般有圆柱式、圆环式、等截面薄板式、悬臂梁式和扭转轴等，

常见结构如图 2-2-1 所示。变换压力的弹性敏感元件一般有弹簧管、波纹管、波纹膜片和膜盒、薄壁圆筒等，常见结构如图 2-2-2 所示。

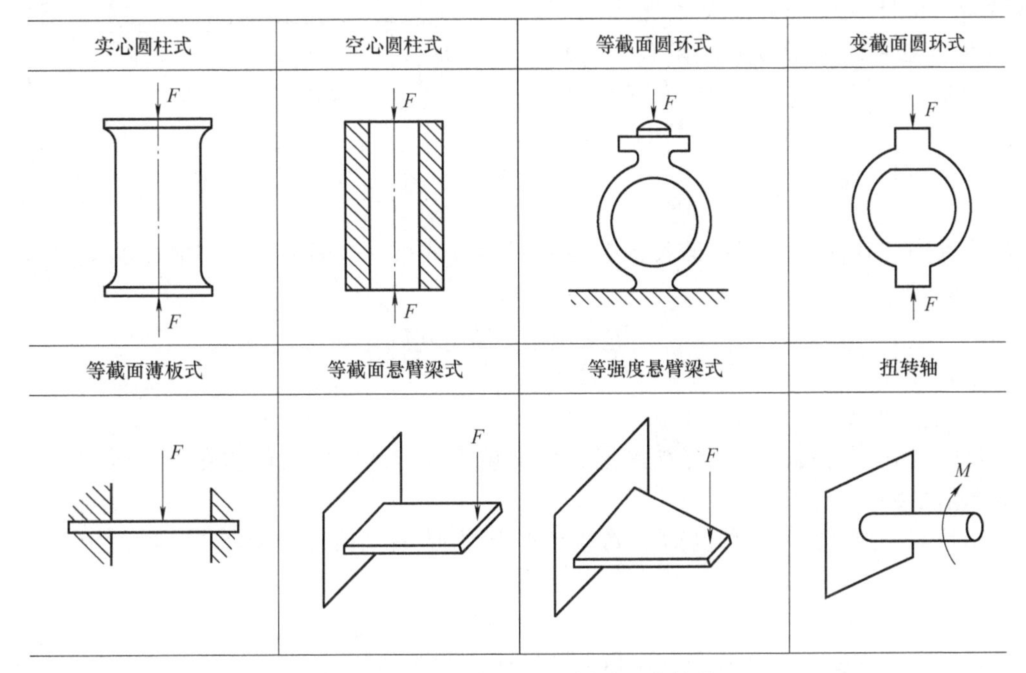

图 2-2-1 变换力的弹性敏感元件结构

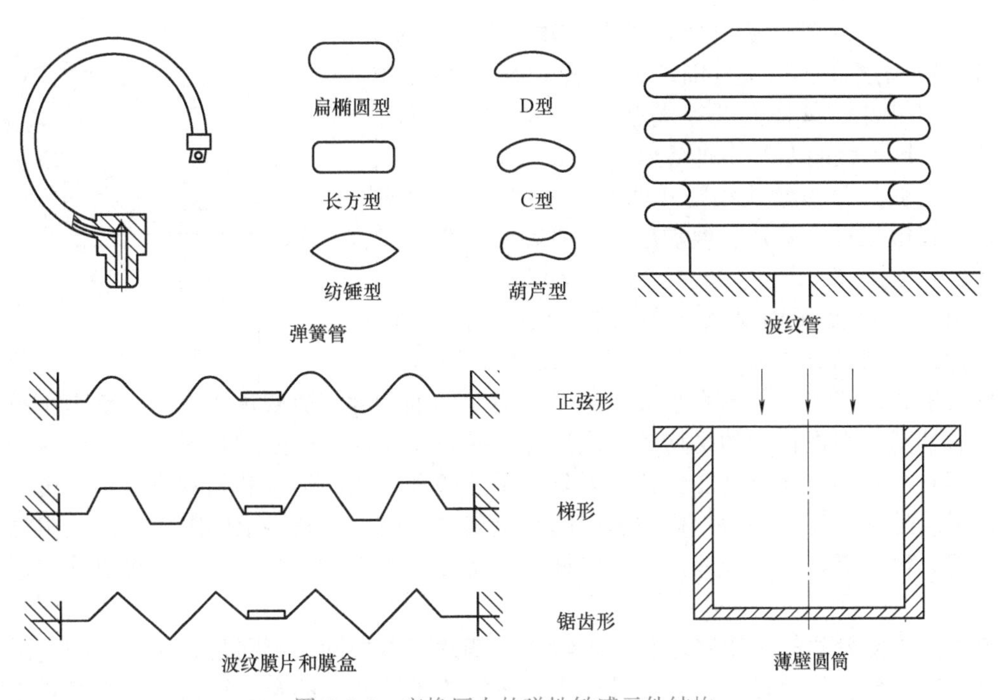

图 2-2-2 变换压力的弹性敏感元件结构

二、电阻应变式压力传感器的基础知识

电阻应变式压力传感器是利用金属和半导体材料的“应变效应”而制作的。

1. 应变效应

金属导体的电阻值随着它受力所产生机械变形（拉伸或压缩）而发生变化的现象称为金属电阻的应变效应。设有一根长度为L、截面积为A、电阻率为ρ的金属丝，如图 2-2-3 所示，在未受力时，其电阻R为

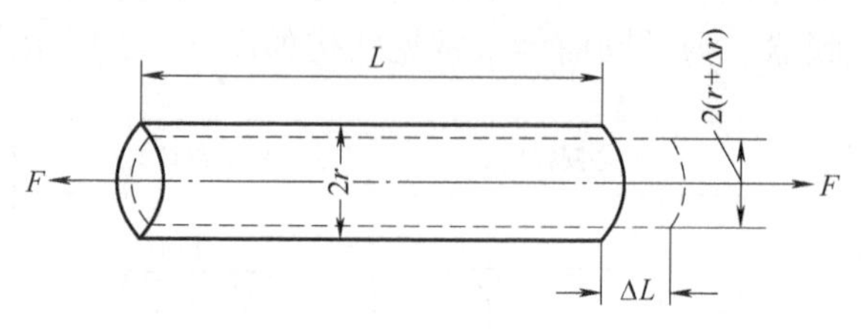

图 2-2-3　导体受拉伸后的参数变化

$$R=\rho\frac{L}{A}$$

当受外力作用时，长度将伸长，横截面积相应减小，电阻率增加，对应的电阻也将发生变化，即

$$\frac{\mathrm{d}R}{R}=\frac{\mathrm{d}\rho}{\rho}+\frac{\mathrm{d}L}{L}-\frac{\mathrm{d}A}{A}$$

2. 电阻应变式压力传感器的分类

电阻应变式压力传感器是将被测量的变化转化为传感器电阻值的变化，再经测量电路转换成电信号的一种传感器。

电阻应变式压力传感器包括金属应变片压力传感器和半导体应变片压力传感器两大类。

3. 应变片的类型与结构

电阻应变片主要分为金属应变片和半导体应变片两类。

（1）金属应变片

金属应变片主要是基于金属的应变效应原理。金属应变片具有精度高、测量范围广、频率应特性较好、结构简单、尺寸小、价格低廉等优点，具有非线性、输出信号较弱、抗干扰能力差等缺点。

金属应变片分为丝式和箔式两类。金属丝式应变片由电阻丝式敏感栅、基片、覆盖层、引线和黏结剂组成，如图 2-2-4 所示。

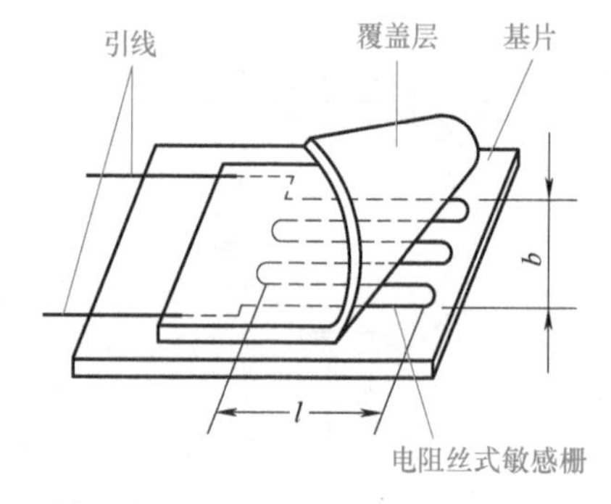

图 2-2-4　金属应变片结构

电阻丝式敏感栅由金属细丝绕制而成，电阻值有 60Ω、120Ω、200Ω 等多种规格，以 120Ω 最为常用，电阻丝式敏感栅工作基长的大小关系到所测应变的准确度，应变片测得的应变大小是敏感栅基长和基宽所在面积内的平均轴向应变量；基片用于保证电阻丝式敏感栅、引线的几何形状和相对位置；覆盖层既能保持电阻丝式敏感栅和引线的形状和相对位置，还可保护敏感栅；引线是从应变片的敏感栅中引出的细金属线，引线材料要求电阻率低、电阻温度系数小、抗氧化性能好、易于焊接；黏结剂用于将敏感栅固定于基底上，并将盖片与基底粘贴在一起。

金属箔式应变片的工作原理与金属丝式应变片基本相同。不同之处在于它的电阻敏感元件不是电阻丝式敏感栅，而是通过光刻、腐蚀等工序制成的金属箔栅，故称箔式电阻应变片，其内部结构如图 2-2-5 所示。金属箔的厚度一般为 0.003~0.010mm，它的基片和盖片多为胶质膜，基片厚度一般为 0.03~0.05mm。

（2）半导体应变片

半导体应变片主要是利用半导体材料（如单晶硅材料等）的压阻效应制作而成的一种

电阻性元件，其内部结构如图 2-2-6 所示。

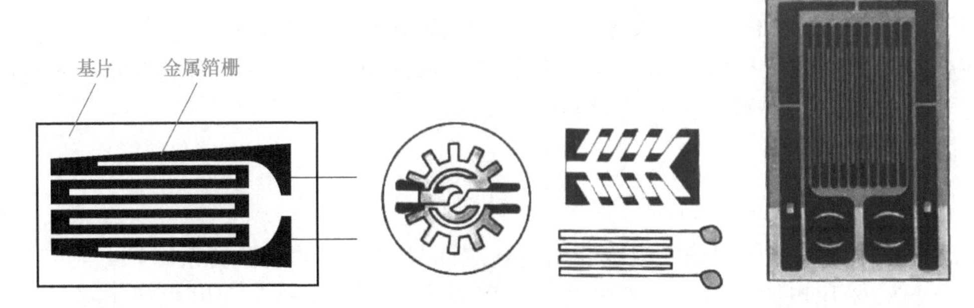

图 2-2-5　金属箔式应变片内部结构

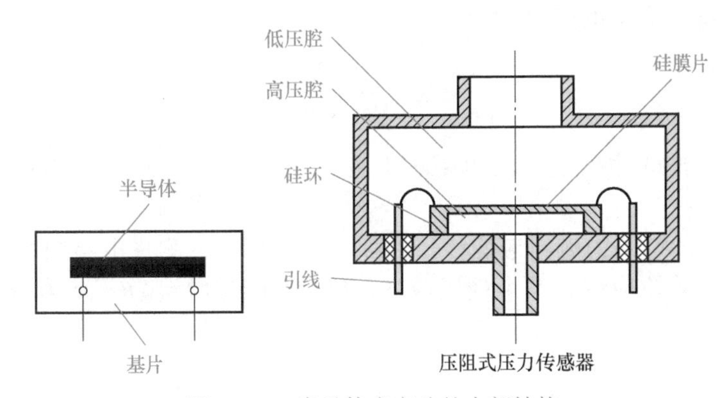

图 2-2-6　半导体应变片的内部结构

压阻效应是指在半导体单易硅材料的某一方向上施加一定外力后，半导体材料的载流子将会发生剧烈变化，进而使得半导体材料的电阻发生剧烈变化的现象。

半导体应变片与金属应变片相比具有更高的灵敏度。

4. 电阻应变式压力传感器的应用电路

要把微小的电阻变化转换成电压或电流的变化提供给电测仪表进行测量，必须进行信号的转换放大。在实际工程应用中，测量压力变化的电桥有直流电桥和交流电桥两种。

常用的直流电桥测量电路如图 2-2-7a 所示、图中 E 为直流电源，R_1、R_2、R_3、R_4，为桥臂电阻，U_O 为输出电压。当负载趋于无穷大时，输出可视为开路，电桥输出电压可表示为

$$U_O=E\left(\frac{R_1}{R_1+R_2}-\frac{R_3}{R_3+R_4}\right)=E\,\frac{R_1R_4+R_2R_3}{(R_1+R_2)(R_3+R_4)}$$

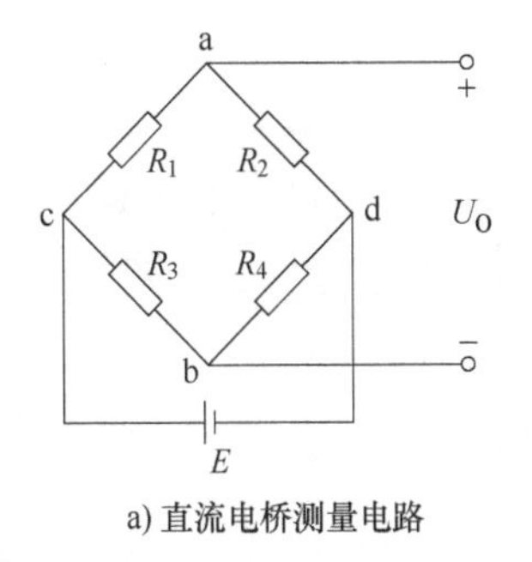

a) 直流电桥测量电路

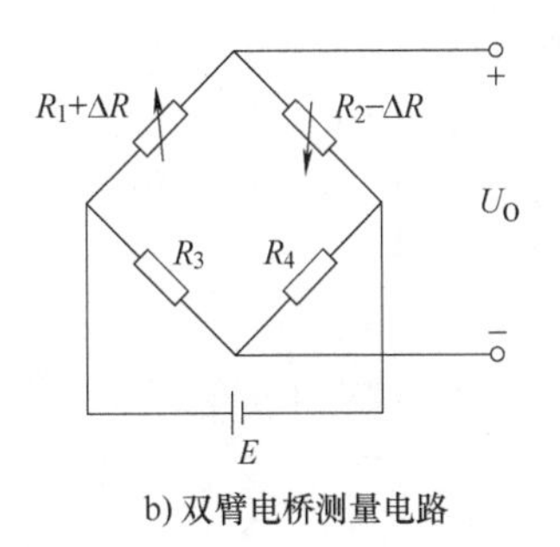

b) 双臂电桥测量电路

c) 差分全桥测量电路

图 2-2-7　电桥测量电路

当电桥平衡时，U_O=0。此时

$$R_1 \cdot R_4 = R_2 \cdot R_3。$$

当 $R_1=R_2=R_3=R_4=R$ 时，称为等臂电桥。实际应用中，若将电桥的其中一个桥臂电阻用电阻应变片，其他三个桥臂电阻均为固定电阻，则成为单臂电桥。当电阻发生应变时，R_1 增大为 $R_1+\Delta R$，对于等臂电桥，此时的输出电压为

$$U_O = \frac{E}{4} \cdot \frac{\Delta R}{R}$$

由此可见，输出电压和输入电阻相对变化之间具有近似的线性关系。

若 R_1、R_2 采用电阻应变片，R_3、R_4，采用固定电阻，则称为双臂电桥（或差分半桥），测量电路如图 2-2-7b 所示。此时，当应变产生时，R_1 增大为 $R_1+\Delta R$，R_2 同时减小为 $R_2-\Delta R$，对于等臂电桥，输出电压为

$$U_O = \frac{E}{2} \cdot \frac{\Delta R}{R}$$

可见，双臂电桥的输出电压与电阻相对变化之间为线性关系，灵敏度是单臂电桥的 2 倍。

若 R_1、R_2、R_3、R_4 均为电阻应变片，则称为差分全桥，测量电路如图 2-2-7c 所示。当应变发生时，两个受拉应变，两个受压应变，则 R_1 和 R_4 增大ΔR，R_2 和 R_3 减小ΔR，此时的输出电压为

$$U_O = E \cdot \frac{\Delta R}{R}$$

可见，差分全桥的输出电压与电阻相对变化之间为线性关系，灵敏度是单臂电桥的 4 倍。

三、智能洗衣机重量监测系统结构分析

1. 重量监测系统的硬件设计框图

图 2-2-8 是智能洗衣机重量监测系统的硬件设计框图，该系统各模块主要功能如下：

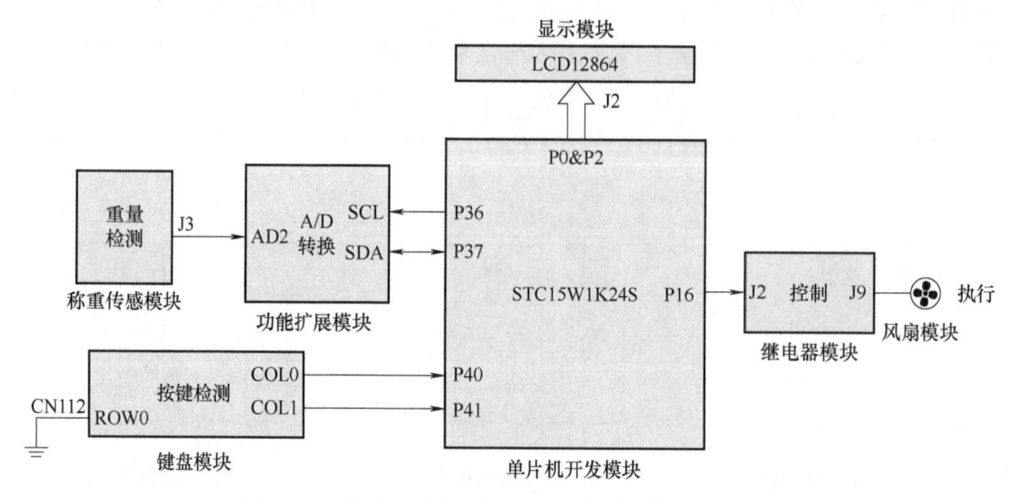

图 2-2-8 智能洗衣机重量监测系统的硬件设计框图

- 称重传感模块用于分析压力传感器采集的重量信息。
- 功能扩展模块用来对采集的重量模拟量进行 A/D 转换，并传送给单片机开发模块。
- 通过选择键盘模块的按键可以检测衣服的重量和洗衣机加水的重量。
- 单片机开发模块对输入的重量信息进行检测。
- 显示模块用于显示智能洗衣机的衣服重量、加水重量、风扇状态。
- 继电器模块用于配合单片机开发模块控制风扇的起动和停止。

2. 称重传感模块的认识

本次任务需要采集重量信息，所以要使用到称重传感模块，如图 2-2-9 所示。

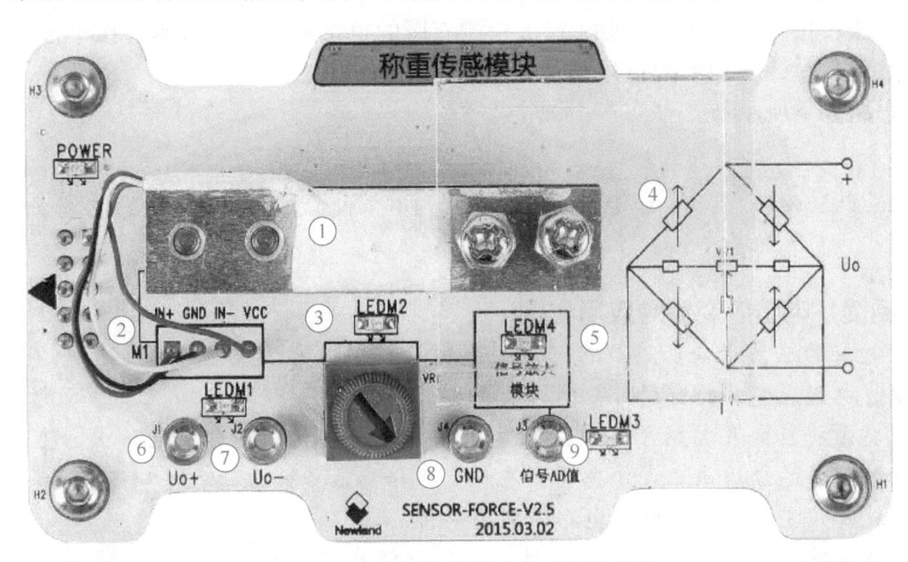

图 2-2-9　称重传感模块电路板结构图

1）图 2-2-9 中数字对应模块情况如下：

①——YZC-1b 称重传感器；

②——称重传感器桥式电路的接口；

③——平衡调节电位器；

④——桥式电阻应变片平衡电路。

⑤——信号放大模块。

⑥——J1 接口，测量直流电桥平衡电路输出的正端电压，即 AD623 正端输入（引脚 3）电压。

⑦——J2 接口，测量直流电桥平衡电路输出的负端电压，即 AD623 负端输入（引脚 2）电压。

⑧——接地 GND 接口 J4。

⑨——信号 AD 值接口 J3，测试经信号放大模块放大后电路输出的电压，该电压由 AD623（引脚 6）输出，经 R_3 和 R_7 分压后采集 R_7 的电压。

调节电位器可以实现电桥的平衡，当传感器受到应力时，电路输出相应的电压，理论上可以将应力与输出的电压视为线性关系，但在实际测量时需要考虑误差。

2）YZC-1b 称重传感器的检测方法为 YZC-1b 称重传感器的输入端接入 5V 电源，将万用表调到电压档，并将万用表的红表笔和黑表笔分别搭接在 YZC-1b 称重传感器的两端，信号电压幅度随着被测物体的重量变化产生相应的变化，重量越大，YZC-1b 称重传感器输出的电压幅度越大。

3. 执行器的认识

本次任务中，使用风扇模块作为执行器，用来代表智能洗衣机的进水与停止进水操作。当风机起动时，智能洗衣机进行进水；当风机停止时，智能洗衣机停止进水。

四、压力传感器系统功能代码分析

需求：要求能根据电阻应变式压力传感器检测到的衣物重量，控制清洗的供水量，实现有效的清洗效果，节约水资源。

解决方法：按下按键 1，智能洗衣机检测衣服的重量后，开始进水；按下按键 2，检测洗衣机加水的重量，当加水的重量到达阈值后，关闭进水。

开发思路如下所示：

```
如果 adc.adcresult_clothes！=0 时,智能洗衣机检测衣服的重量不为 0 时,Relay2On( );
如果 adc.adcresult_water>WaterLimit 时,智能洗衣机加水的重量到达阈值时,Relay2Off( );
```

扩展阅读：电阻应变片的应用实例

应变效应的应用十分广泛，它可以用来测量应变应力、弯矩、扭矩、加速度、位移等物理量。电阻应变片的应用可分为两大类。

第一类是将应变片粘贴于某些弹性体上，并将其接到测量转换电路中，这样就构成测量各种物理量的专用应变式传感器。在应变式传感器中，敏感元件一般为各种弹性体，转换元件就是应变片，测量转换电路一般为电桥。

第二类是将应变片粘贴于被测试件上，然后将其连接到应变仪上，这样就可直接从应变仪上读取测试件的应变量。电子秤、人体秤、扭矩测量仪就是其典型的应用，如图 2-2-10 所示。

电子秤

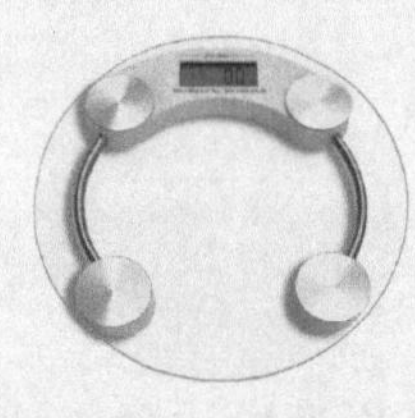
人体秤

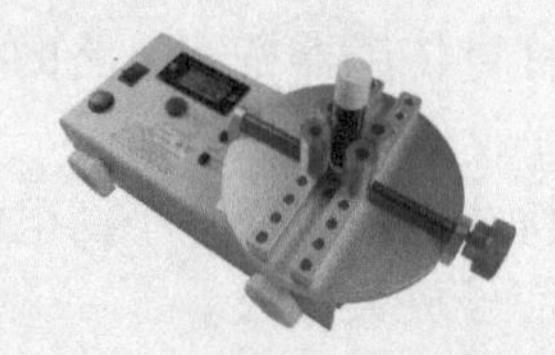
扭矩测量仪

图 2-2-10　典型应用

任务实施

任务实施前必须先准备好的设备和资源见表 2-2-2。

任务实施导航

- 搭建本任务的硬件平台，完成传感器之间的通信连接。
- 打开项目工程文件。

- 对工程里的代码进行补充，使之完整。
- 对代码进行编译生成下载所需的 HEX 文件。
- 通过计算机将 HEX 文件下载到单片机开发模块。
- 结果验证。

表 2-2-2 设备清单表

序号	设备 / 资源名称	数量	是否准备到位（√）
1	称重传感模块	1	
2	继电器模块	1	
3	风扇模块	1	
4	单片机开发模块	1	
5	显示模块	1	
6	功能扩展模块	1	
7	键盘模块	1	
8	杜邦线（数据线）	若干	
9	杜邦线转香蕉线	若干	
10	香蕉线	若干	
11	项目 2 任务 2 的代码包	1	

具体实施步骤

1. 硬件环境搭建

1）给 NEWLab 实验平台插上电源适配器，用串口线将实验平台与 PC 连接起来。

2）利用杜邦线（数据线）完成整个系统的接线，智能洗衣机重量监测系统硬件连接表见表 2-2-3。

智能洗衣机重量监测系统（硬件环境搭建）

表 2-2-3 智能洗衣机重量监测系统硬件连接表

模块名称及接口号	硬件连接模块及接口号
称重传感模块 J3	功能扩展模块 AD2
功能扩展模块 SCL	单片机开发模块 P36
功能扩展模块 SDA	单片机开发模块 P37
继电器模块 J2	单片机开发模块 P16
键盘模块 COL0	单片机开发模块 P40
键盘模块 COL1	单片机开发模块 P41
键盘模块 ROW0	单片机开发模块 J8（GND）
显示模块数据端口 DB0~DB7	单片机开发模块 P00~P07
显示模块背光 LCD_BL	单片机开发模块 P27
显示模块复位 LCD_RST	单片机开发模块 P26

（续）

模块名称及接口号	硬件连接模块及接口号
显示模块片选 LCD_CS2	单片机开发模块 P25
显示模块片选 LCD_CS1	单片机开发模块 P24
显示模块使能 LCD_E	单片机开发模块 P23
显示模块读写 LCD_RW	单片机开发模块 P22
显示模块数据 / 命令选择 LCD_RS	单片机开发模块 P21

智能洗衣机重量监测系统硬件接线图如图 2-2-11 所示。

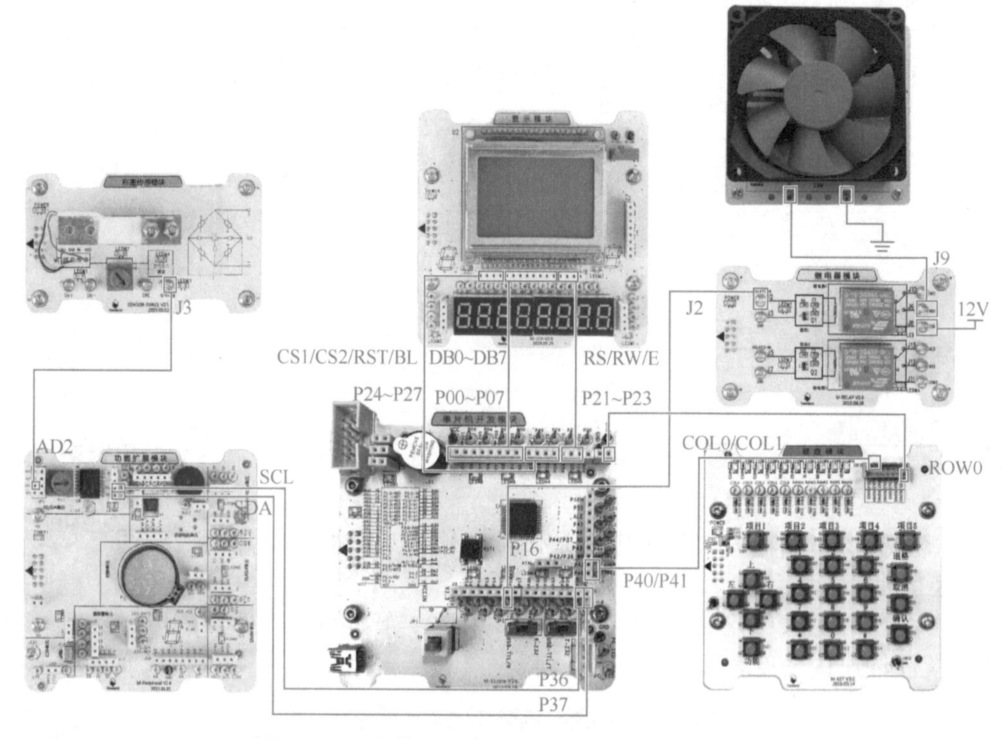

图 2-2-11　智能洗衣机重量监测系统硬件接线图

智能洗衣机重量监测系统（代码完善）

2. 打开项目工程

单击“Project → Open Project”菜单项，进入本次任务的工程代码文件夹，打开 project 目录下的工程文件“washer.uvproj”。

3. 代码完善

结合图 2-2-12、图 2-2-13 和图 2-2-14 所示的代码程序流程图，完善代码功能。

打开 pcf8591/PCF8591.c 文件，设置功能扩展模块的接口定义，功能扩展模块串行时钟输入端 AD_SCL 对应的是接口 P36，功能扩展模块串行数据输入端 AD_SDA 对应的是接口 P37。

```
1. sbit AD_SCL=P3^6;                    //PCF8591 功能扩展模块串行时钟输入端
2. sbit AD_SDA=P3^7;                    //PCF8591 功能扩展模块串行数据输入端
```

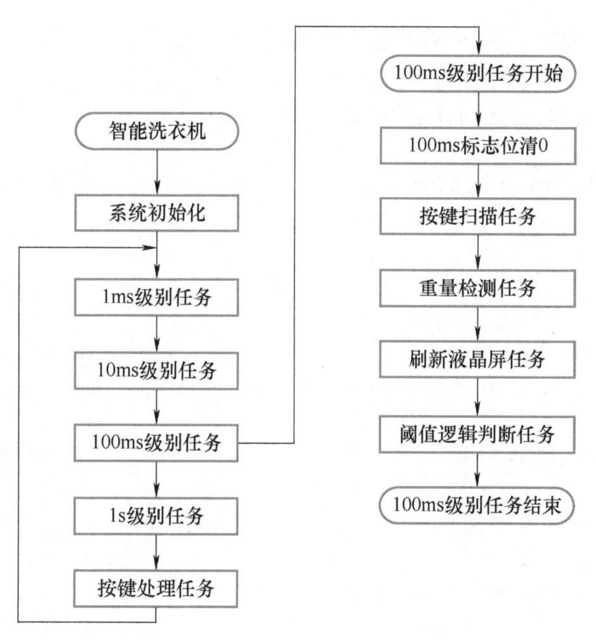

图 2-2-12　代码程序流程图（1）

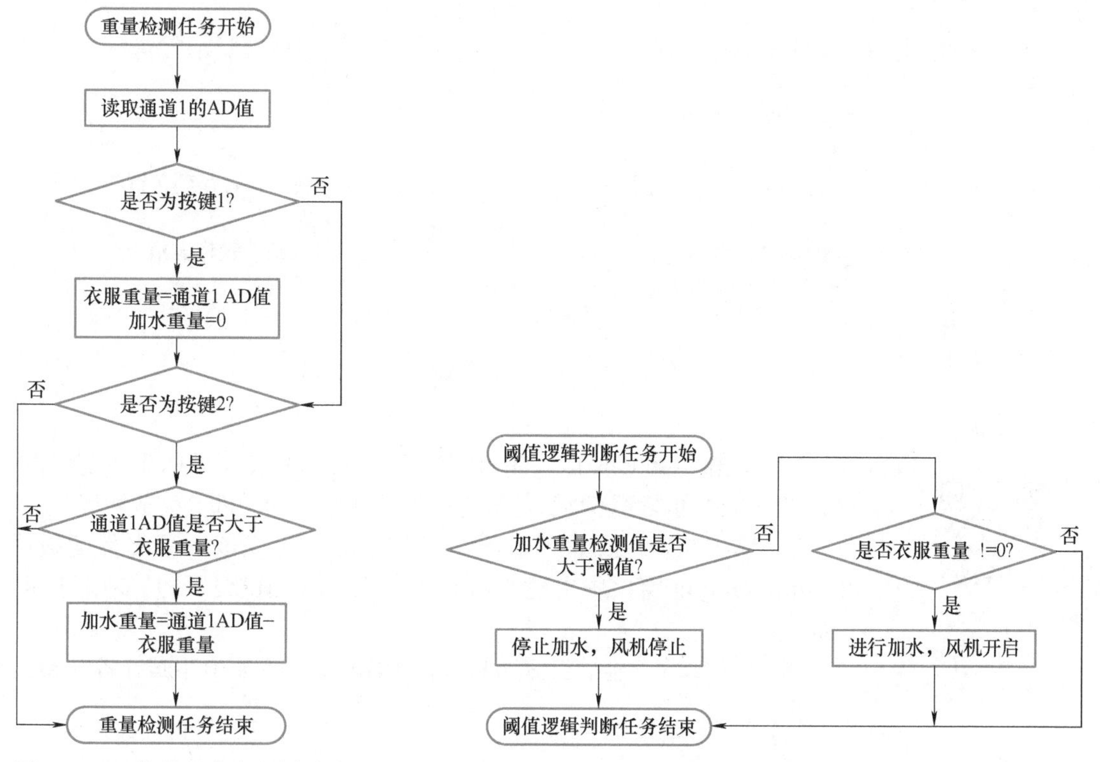

图 2-2-13　代码程序流程图（2）

图 2-2-14　代码程序流程图（3）

打开 Relay/Relay.c 文件，设置继电器模块的 RELAYPORT1 对应接口 P17。

```
1. #define  RELAYPORT_ON     1      //继电器的实际驱动电平:高电平,1 有效
2. #define  RELAYPORT_OFF    0      //继电器的实际驱动电平:低电平,0 无效
3. #define  RELAYDELAY       30     //继电器吸合延时时间:30×0.1s=3s
4. #define  RELAY2PORT       P16    //继电器连接的物理端口地址,风扇控制
```

打开 App/Main.c 文件，完善系统逻辑控制代码，要求程序每 0.1s 检测判断一次按键状态。按下按键 1，智能洗衣机检测衣服的重量后，继电器开始进水；按下按键 2，检测洗衣机加水的重量，当加水的重量到达阈值后，关闭进水。

```
1.    if(SystemTime.sec10f==1)                        //时间过去 0.1s 了吗
2.    {
3.       SystemTime.sec10f=0;
4.       KeyScan( );
5.       GetAdcVale( );
6.       Lcd_Display( );                              //刷新液晶屏显示内容
7.     if(adc.adcresult_water > WaterLimit)           //加水量 > 阈值
8.       {
9.          Relay2Off( );                             //继电器断开,停止进水
10.      }
11.      else
12.      {
13.         if(adc.adcresult_clothes! =0)
14.         {Relay2On( );}                            //继电器闭合,开始进水
15.      }
16.   }
17.   if(SystemTime.sec1f==1)                         //时间过去 1s 了吗
18.   {
19.      SystemTime.sec1f=0;
20.   }
21.   if(keyinformation.keyget==1)                    //判断是否得到按键
22.   {
23.      keyinformation.keyget=0;                     //得到按键标志清 0
24.      key_deal(keyinformation.keyvalue);           //按键处理
25.   }
26. }
```

4. 代码编译

智能洗衣机重量监测系统（编译代码和效果演示）

1）单击“Options for Target”按钮，进入 HEX 文件的生成配置对话框，具体操作可参考本项目任务 1 中的“代码编译”部分完成配置。

2）单击工具栏上程序编译按钮“”，完成该工程文件的编译。在 Build Output 窗口中出现“0 Error（s），0 Warning（s）”时，表示编译通过。

编译通过后，会在工程的 project/Objects 目录中生成 1 个 washer.hex 的文件。

5. 程序下载

使用 STC-ISP 下载工具进行程序下载，具体步骤如下所示：

1）将 NEWLab 实训平台旋钮旋转至通信模式。

2）将单片机开发模块上的 JP2 和 JP3 开关拨至左侧。

3）选择单片机型号为 STC15W1K24S。

4）设置串口号，串口号可通过查看 PC 设备管理器获得。

5）单击“打开程序文件”，找到工程项目文件夹下的 washer.hex 文件。

6）设置 IRC 频率为 11.0592MHz。

7）弹起自锁开关 SW1，以断开单片机开发模块的电源。

8）单击“下载 / 编程”按钮，按下自锁开关 SW1，以给单片机开发模块供电，这样程序便开始下载到单片机中，当提示操作成功时，此次程序下载完成。

6. 结果验证

按键 1 为键盘模块的 S105，按键 2 为键盘模块的 S104。

1）按下按键 1，开始检测衣服的重量，液晶屏显示出衣服的重量，进水状态显示开始进水，风扇开启。这时 LCD 液晶显示衣服重量、进水状态，如图 2-2-15 所示。

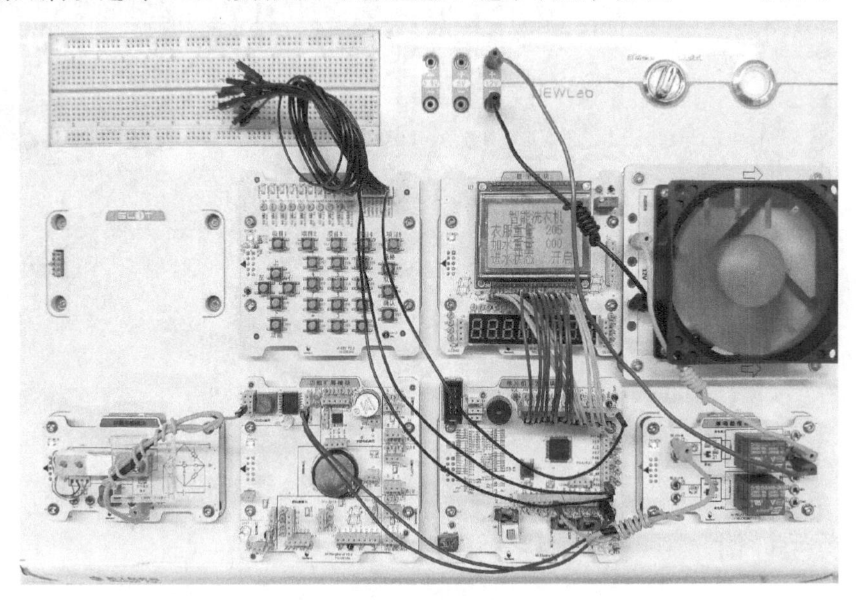

图 2-2-15　按下按键 1，检测衣服重量，风扇开启

2）按下按键 2，开始检测加水重量，加水重量低于阈值 15 时，处于进水状态，风扇开启。这时 LCD 液晶显示衣服重量、加水重量、进水状态，如图 2-2-16 所示。

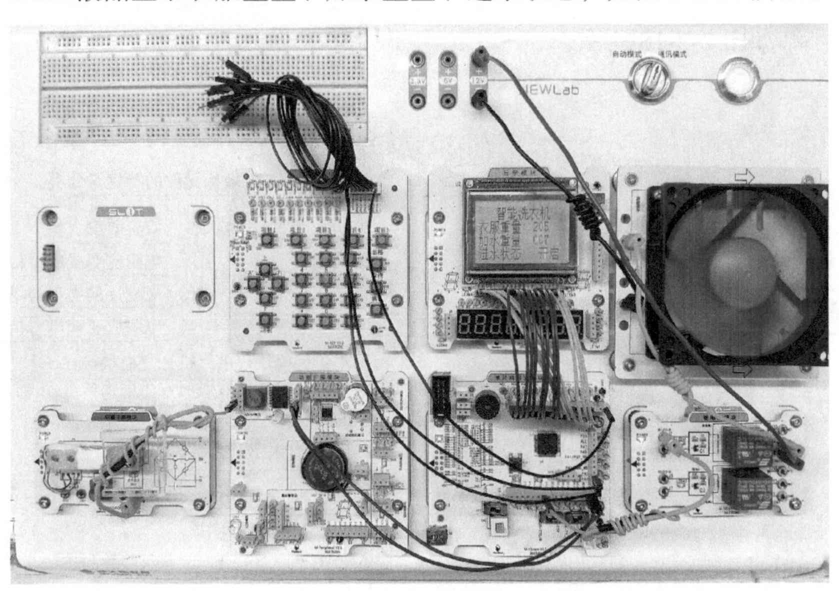

图 2-2-16　按下按键 2，加水的重量低于阈值 15 时，风扇开启

3）当加水重量到达阈值 15 后，关闭进水，风扇停止。这时 LCD 液晶显示衣服重量、加水重量、进水状态，如图 2-2-17 所示。

图 2-2-17　按下按键 2，加水的重量到达阈值 15 时，风扇停止

任务检查与评价

完成任务后，进行任务检查与评价，任务检查与评价表存放在本书配套资源中。

任务小结

本任务小结如图 2-2-18 所示。

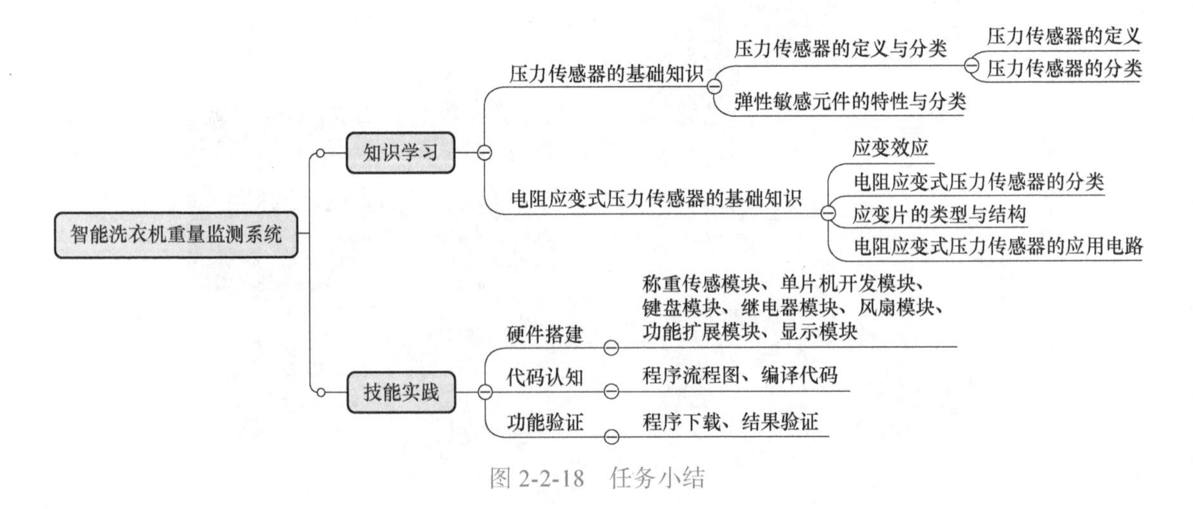

图 2-2-18　任务小结

任务拓展

1. 了解电阻式应变片的在不同重量下输出信号变化情况

不同的重量强度下，称重传感模块电桥平衡电路的输出信号会发生相应改变。托盘放置不同重量物品，用万用表测量 J1 与 J2 两端的电压值。

2. 了解电路中信号放大电路的作用

在托盘上放置物品进行测量，用万用表分别测量称重传感模块 J1 与 J2 两端的电压值和 J6 对地的电压值，分析造成两者差异的原因。

任务 3 智能洗衣机监测系统

职业能力目标

- 能正确使用热敏电阻和电阻应变式压力传感器，运用单片机技术，采集洗衣机的温度和重量数据。
- 能理解继电器和执行器的工作原理，根据单片机开发模块获取传感器的状态信息，准确控制继电器和执行器。

任务描述与要求

任务描述：完成智能洗衣机项目的最终样品输出，要求洗衣机能同时根据热敏电阻和电阻应变式压力传感器的信息以及衣物的重量和温度情况，采用相应的水量和温度进行衣物的清洗，使洗衣机既能节约水资源又能达到最佳的清洗效果。

任务要求：

- 按键选择称重传感模块检测重量信息，温度传感模块检测温度信息，指示灯进行加热控制，风扇进行进水管理。
- 先确认好衣服重量，然后控制进水量。当进水量足够时，开始控制清洗温度。
- 可以将衣服和水的重量、温度、指示灯、风扇等状态信息显示在管理中心系统上。

任务分析与计划

根据所学相关知识，制订本次任务的实施计划，见表 2-3-1。

表 2-3-1 任务计划表

项目名称	智能洗衣机
任务名称	智能洗衣机监测系统
计划方式	自我设计
计划要求	请分步骤来完整描述如何完成本次任务

（续）

序号	任务计划
1	
2	
3	
4	
5	
6	
7	
8	

知识储备

一、温度传感模块工作原理

温度传感模块电路图如图 2-3-1 所示。由 R_1 和热敏电阻 R_t 构成分压电路，当温度发生变化时，热敏电阻的电阻值会发生相应改变，从而影响 R_t 两端的电压，温度传感模块可采用 NTC 热敏电阻，当温度较低时，热敏电阻的阻值较高，热敏电阻两端的输出电压高，当温度上升时，热敏电阻的阻值下降，热敏电阻两端的电压降低。采集热敏电阻两端的电压可以作为 LM393 的比较电压，也可以直接通过 J6 输出。

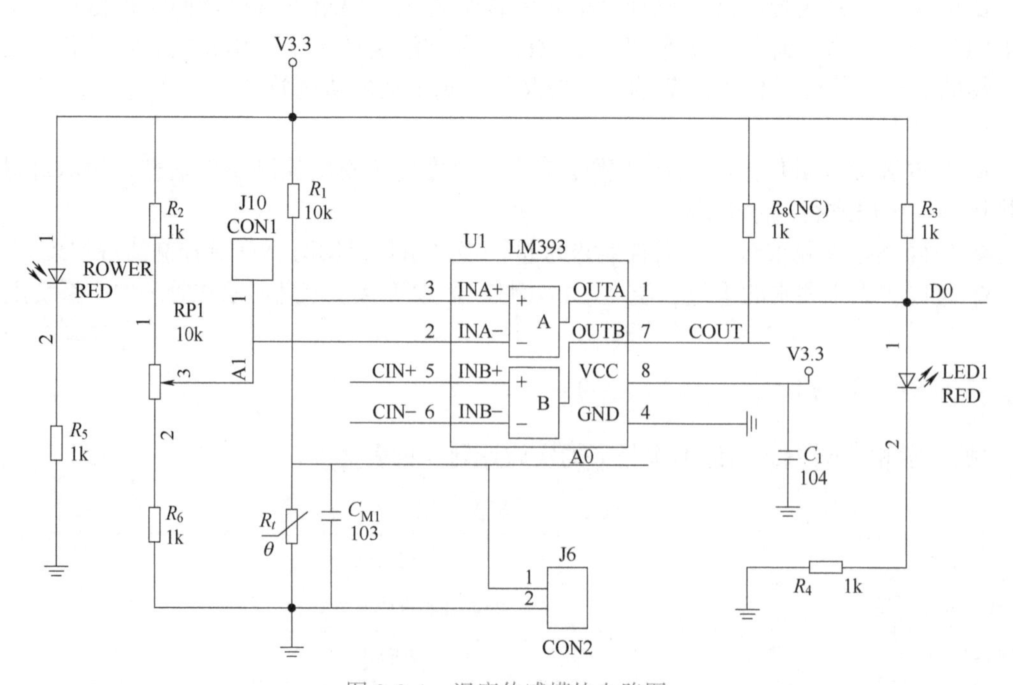

图 2-3-1　温度传感模块电路图

二、称重传感模块工作原理

在实际应用中，四个电阻应变片阻值不可能做到绝对相等，导线电阻和接触电阻也有差异，增加补偿措施使得电路结构相对麻烦，因此电阻应变式压力传感器构成的电桥在实际测量时必须调节电阻平衡。常用的电阻平衡调节电路如图 2-3-2 所示。

其中 RP 和 R 组成电桥的平衡网络，通过调节 RP 可使得输出为 0，实现电桥电路平衡。

当传感器受应力时，电桥电路中 4 个应变片阻值发生相应变化，电桥失去平衡，电路输出差动信号 U_o。应力及其引起的电压变化是线性的关系。在实际应用中，四个应变片的阻值变化不一定相等，且也会因为阻值的变化产生微小偏差，因此应力及其引起的电压变化是非线性关系，要注意误差的分析。

由于差动信号较小，可以利用信号放大模块的电路进行差动放大，图 2-3-3 所示为利用 AD623 构成的差动放大电路。

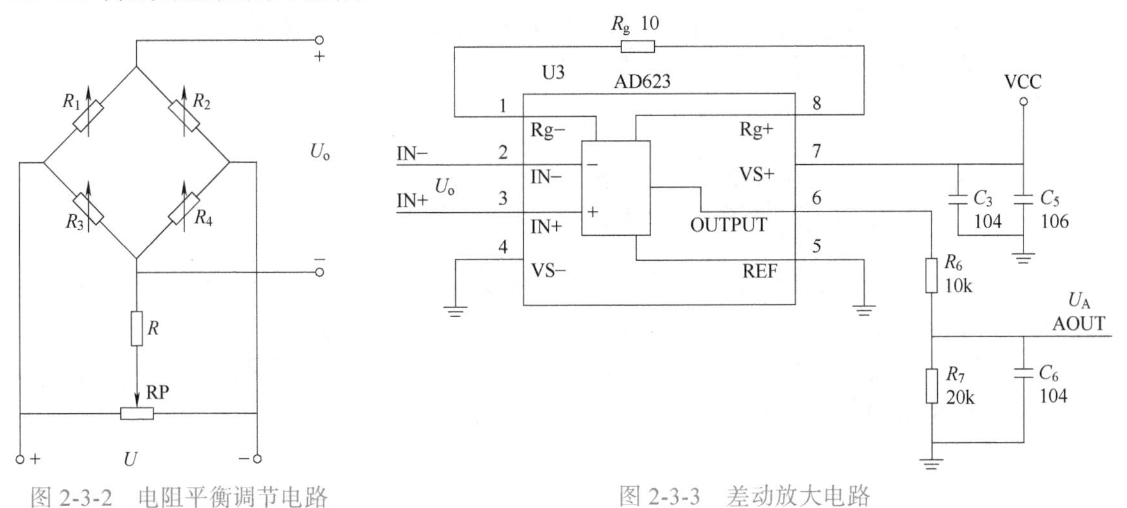

图 2-3-2　电阻平衡调节电路

图 2-3-3　差动放大电路

三、智能洗衣机监测系统结构分析

图 2-3-4 是智能洗衣机监测系统的硬件设计框图，该系统各模块主要功能如下：

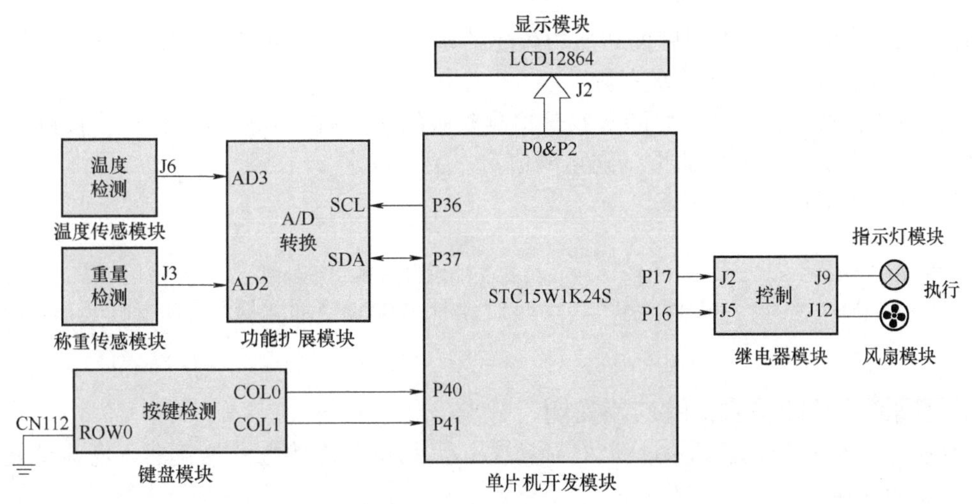

图 2-3-4　智能洗衣机监测系统的硬件设计框图

- 温度传感模块用于分析温度传感器采集的温度信息。
- 称重传感模块用于分析压力传感器采集的重量信息。
- 功能扩展模块用来对采集的温度模拟量、重量模拟量进行 A/D 转换，并传送给单片机开发模块。
- 通过选择键盘模块的按键可以检测衣服的重量和洗衣机加水的重量。
- 单片机开发模块对输入的温度信息和重量信息进行检测。
- 显示模块用于显示智能洗衣机的加水重量、温度、加热状态、进水状态。
- 继电器模块用于配合单片机开发模块控制加热指示灯的亮灭，继电器模块 2 用于配合单片机开发模块控制风机的起动和停止。

四、智能洗衣机监测系统功能代码分析

需求 1：可以通过程序代码来初始化温度阈值和进水量阈值，在主程序文件中，温度阈值初始化为 34°；进水量阈值初始化为 15。根据设计需要，分别修改两个阈值。

解决方法：在主程序文件中，直接设定温度和进水量的两个阈值。

开发思路如下：

```
int8u TempLimit=34; 设置智能洗衣机的温度阈值为 34℃
int8u WaterLimit=15; 设置智能洗衣机的进水量阈值为 AD 值 15。
```

需求 2：当智能洗衣机的温度高于设定的阈值时，指示灯熄灭，洗衣机停止加热；当智能洗衣机的温度低于设定的阈值时，指示灯点亮，洗衣机开始加热。

解决方法：判断温度变量是否超过阈值，当温度低于阈值时，继电器闭合；当温度超过阈值时，继电器断开。

开发思路如下：

```
如果 temperature.temp_value>=TempLimit 时，智能洗衣机的温度高于设定的阈值时，Relay1Off( );
如果 temperature.temp_value<=TempLimit 时，智能洗衣机的温度低于设定的阈值时，Relay1On( );
```

需求 3：要求能根据电阻应变式压力传感器检测到的衣物重量，控制清洗的供水量，既实现有效的清洗效果，又节约水资源。

解决方法：按下按键 1，智能洗衣机检测衣服的重量后，开始进水；按下按键 2，检测洗衣机加水的重量，当加水的重量到达阈值后，关闭进水。

开发思路如下：

```
如果 adc.adcresult_clothes！=0 时，智能洗衣机检测衣服的重量不为 0 时，Relay2On( );
如果 adc.adcresult_water>WaterLimit 时，智能洗衣机加水的重量到达阈值时，Relay2Off( );
```

扩展阅读：智能洗衣机的应用实例

智能洗衣机与传统洗衣机相比有新的亮点，能给人们带来一些便利，也能给洗衣带来一种新的体验。

智能洗衣机可以实现远程操控，不管是在家还是外出，都可以实现启停洗衣程序，并能随时获知洗衣剩余时间，这样能够帮助人们腾出更多时间和精力去享受生活。智能投放功能，可以让洗衣更便捷高效，也更好解决如何选择的烦恼。传感技术、显示技术的应用，让洗衣机的使用更直观、更简单、更便捷。

任务实施

任务实施前必须先准备好的设备和资源见表 2-3-2。

表 2-3-2 设备清单表

序号	设备 / 资源名称	数量	是否准备到位（√）
1	温度传感模块	1	
2	称重传感模块	1	
3	继电器模块	1	
4	指示灯模块	1	
5	风扇模块	1	
6	显示模块	1	
7	功能扩展模块	1	
8	键盘模块	1	
9	单片机开发模块	1	
10	显示模块	1	
11	杜邦线（数据线）	若干	
12	杜邦线转香蕉线	若干	
13	香蕉线	若干	
14	项目 2 任务 3 的代码包	1	

任务实施导航

- 搭建本任务的硬件平台，完成传感器之间的通信连接。
- 打开项目工程文件。
- 对工程里的代码进行补充，使之完整。
- 对代码进行编译生成下载所需的 HEX 文件。
- 通过计算机将 HEX 文件下载到单片机开发模块。
- 结果验证。

具体实施步骤

1. 硬件环境搭建

1）给 NEWLab 实验平台插上电源适配器，用串口线将实验平台与 PC 连接起来。

2）利用杜邦线（数据线）完成整个系统的接线，智能洗衣机监测系统硬件连接表见表 2-3-3。

表 2-3-3　智能洗衣机监测系统硬件连接表

模块名称及接口号	硬件连接模块及接口号
温度传感模块 J6	功能扩展模块 AD3
称重传感模块 J3	功能扩展模块 AD2
功能扩展模块 SCL	单片机开发模块 P36
功能扩展模块 SDA	单片机开发模块 P37
继电器模块 J2	单片机开发模块 P17
继电器模块 J5	单片机开发模块 P16
键盘模块 COL0	单片机开发模块 P40
键盘模块 COL1	单片机开发模块 P41
键盘模块 ROW0	键盘模块 GND
显示模块数据端口 DB0~DB7	单片机开发模块 P00~P07
显示模块背光 LCD_BL	单片机开发模块 P27
显示模块复位 LCD_RST	单片机开发模块 P26
显示模块片选 LCD_CS2	单片机开发模块 P25
显示模块片选 LCD_CS1	单片机开发模块 P24
显示模块使能 LCD_E	单片机开发模块 P23
显示模块读写 LCD_RW	单片机开发模块 P22
显示模块数据 / 命令选择 LCD_RS	单片机开发模块 P21

智能洗衣机监测系统硬件接线图如图 2-3-5 所示。

2. 打开项目工程

打开本次任务的初始代码工程，具体操作步骤可参考本项目任务 1 中的“打开项目工程”部分。

3. 代码完善

结合图 2-3-6、图 2-3-7、图 2-3-8 和图 2-3-9 所示的代码程序流程图，完善代码功能。

打开 pcf8591/PCF8591.c 文件，设置功能扩展模块的接口定义，功能扩展模块串行时钟输入端 AD_SCL 对应的是接口 P36，功能扩展模块串行数据输入端 AD_SDA 对应的是接口 P37。

```
1. sbit AD_SCL=P3^6;                //PCF8591 功能扩展模块串行时钟输入端
2. sbit AD_SDA=P3^7;                //PCF8591 功能扩展模块串行数据输入端
```

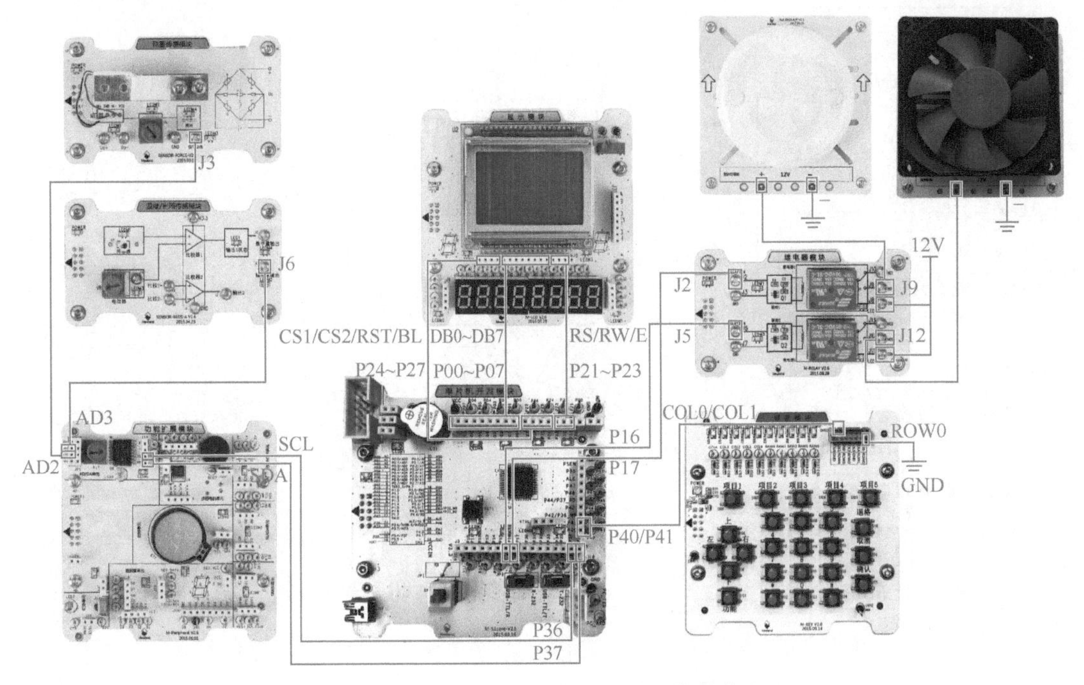

图 2-3-5　智能洗衣机监测系统硬件接线图

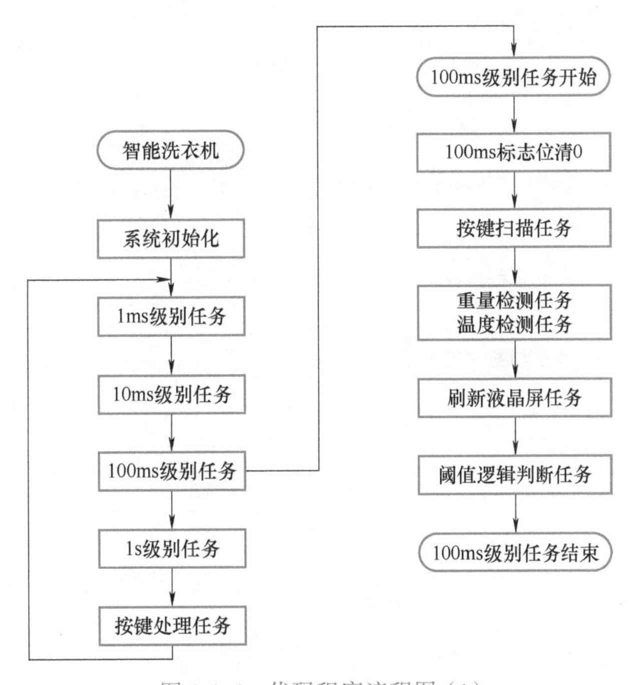

图 2-3-6　代码程序流程图（1）

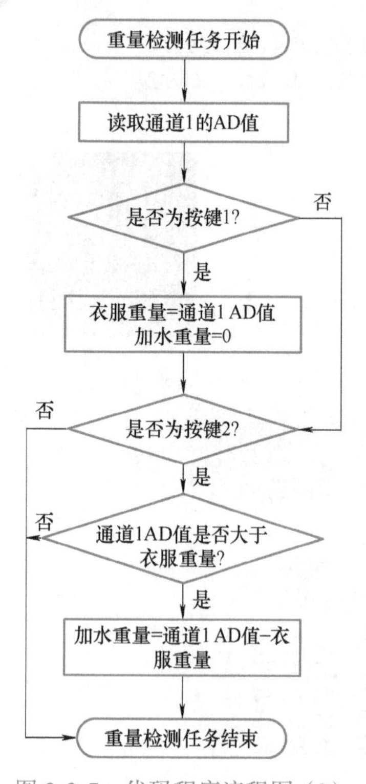

图 2-3-7 代码程序流程图（2）

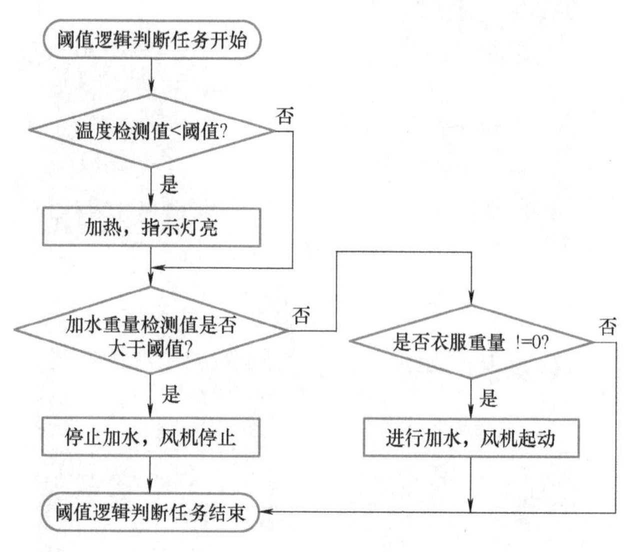

图 2-3-8 代码程序流程图（3）

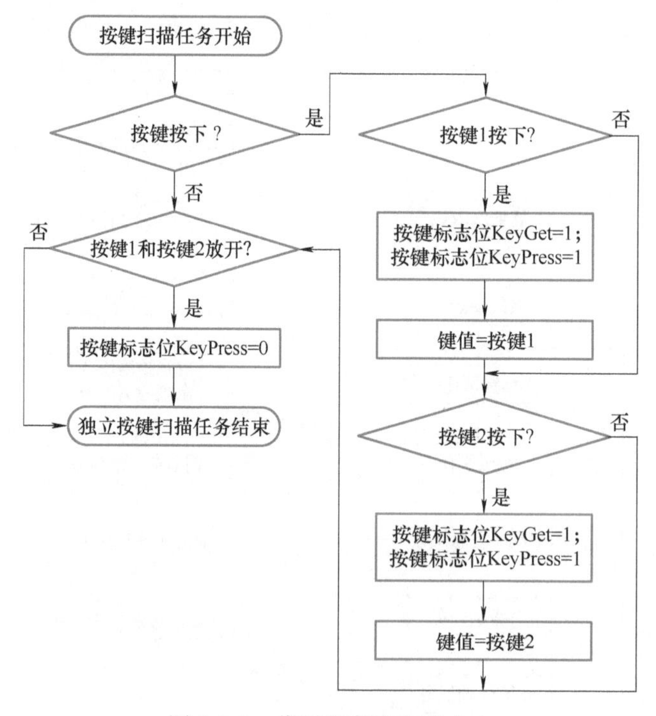

图 2-3-9 代码程序流程图（4）

打开 Relay/Relay.c 文件，设置继电器模块的 RELAYPORT1 对应接口 P17。

```
1. #define RELAYPORT_ON    1        //继电器的实际驱动电平:高电平,1 有效
2. #define RELAYPORT_OFF   0        //继电器的实际驱动电平:低电平,0 无效
```

```
3. #define RELAYDELAY      30     //继电器吸合延时时间:30×0.1s=3s
4. #define RELAY1PORT      P17    //继电器连接的物理接口地址,指示灯
5. #define RELAY2PORT      P16    //继电器连接的物理接口地址
```

打开 App/Main.c 文件，完善系统逻辑控制代码，要求程序每 0.1s 检测判断一次温度传感器的状态。当智能洗衣机的温度高于设定的阈值时，继电器断开，指示灯熄灭，洗衣机停止加热；当智能洗衣机的温度低于设定的阈值时，继电器闭合，指示灯点亮，洗衣机开始加热。

按下按键 1，智能洗衣机检测衣服的重量后，继电器开始进水；按下按键 2，检测洗衣机加水的重量，当加水的重量到达阈值后，关闭进水。

```
1.    if(SystemTime.sec10f==1)                    //时间过去 0.1s 了吗
2.    {
3.        SystemTime.sec10f=0;
4.        KeyScan( );
5.        GetAdcVale( );
6.        temperature.temp_value=getTemperature( );
7.        Lcd_Display( );                          //刷新液晶屏显示内容
8.       if(temperature.temp_value >=TempLimit)  //温度≥阈值
9.        {
10.           Relay1Off( );                       //继电器断开,停止加热,指示灯熄灭
11.       }
12.       else
13.       {
14.           Relay1On( );                        //继电器闭合,开始加热,指示灯点亮
15.       }
16.       if(adc.adcresult_water > WaterLimit)    //加水的重量>阈值
17.       {
18.           Relay2Off( );                       //继电器断开,停止进水
19.       }
20.       else
21.       {
22.           if(adc.adcresult_clothes!=0)
23.           {Relay2On( );}                      //继电器闭合,开始进水
24.       }
25.   }
26.   if(SystemTime.sec1f==1)                     //时间过去 1s 了吗
27.   {
28.     SystemTime.sec1f=0;
29.   }
30.   if(keyinformation.keyget==1)                //判断是否得到按键
31.   {
32.     keyinformation.keyget=0;                  //得到按键标志清 0
33.     key_deal(keyinformation.keyvalue); //按键处理
34.   }
35. }
```

4. 代码编译

1）单击“Options for Target”按钮，进入 HEX 文件的生成配置对话框，可参考本项目

任务 1 中的代码编译部分完成配置。

2）单击工具栏上程序编译按钮“”，完成该工程文件的编译。在 Build Output 窗口中出现“0 Error（s），0 Warning（s）”时，表示编译通过，可参考本项目任务 1 中的“代码编译”部分完成编译。

编译通过后，会在工程的 project/Objects 目录中生成 1 个 washer.hex 的文件。

5. 程序下载

使用 STC-ISP 下载工具进行程序下载，具体步骤如下：

1）将 NEWLab 实训平台旋钮旋转至通信模式。

2）将单片机开发模块上的 JP2 和 JP3 开关拨至左侧。

3）选择单片机型号为 STC15W1K24S。

4）设置串口号，串口号可通过查看 PC 设备管理器获得。

5）单击“打开程序文件”，找到工程项目文件夹下的 washer.hex 文件。

6）设置 IRC 频率为 11.0592MHz。

7）弹起自锁开关 SW1，以断开单片机开发模块的电源。

8）单击“下载 / 编程”按钮，按下自锁开关 SW1，以给单片机开发模块供电，这样程序便开始下载到单片机中，当提示操作成功时，此次程序下载完成。

6. 结果验证

下载 HEX 文件成功后开机。

液晶初始显示衣服重量、加水重量、温度、进水关闭、加热开启。

按键 1 为键盘模块的 S105，按键 2 为键盘模块的 S104。

1）按下按键 1，开始检测衣服的重量，液晶显示衣服重量，开始进水，风扇开启。这时 LCD 液晶显示衣服重量、加水重量、温度、进水开启、加热开启，如图 2-3-10 所示。

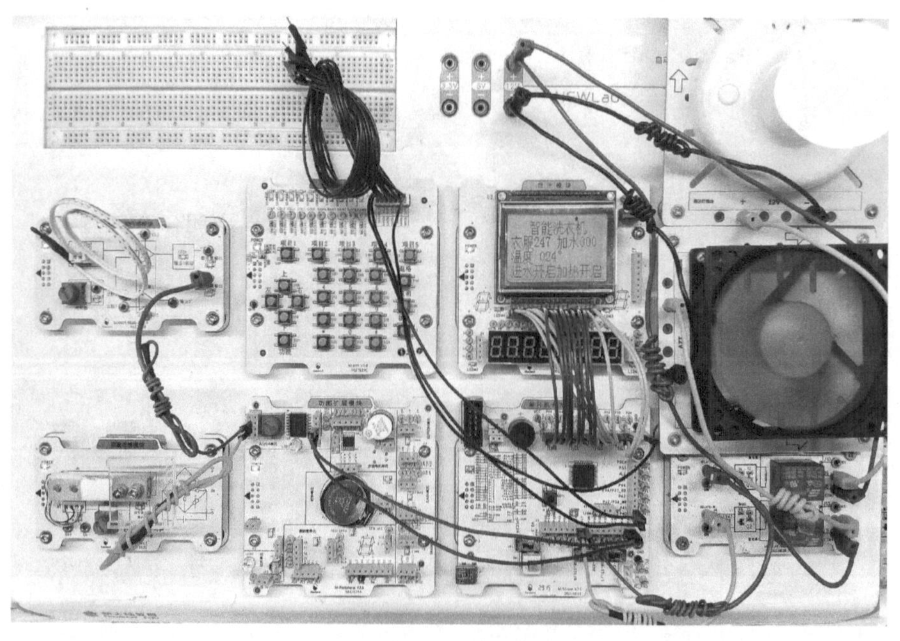

图 2-3-10　按下按键 1，检测衣服的重量，风扇开启

2）按下按键 2，开始检测加水重量，加水重量低于阈值 15 时，开始进水，风扇开启。

LCD 液晶显示衣服重量、加水重量、温度、进水开启、加热开启，如图 2-3-11 所示。

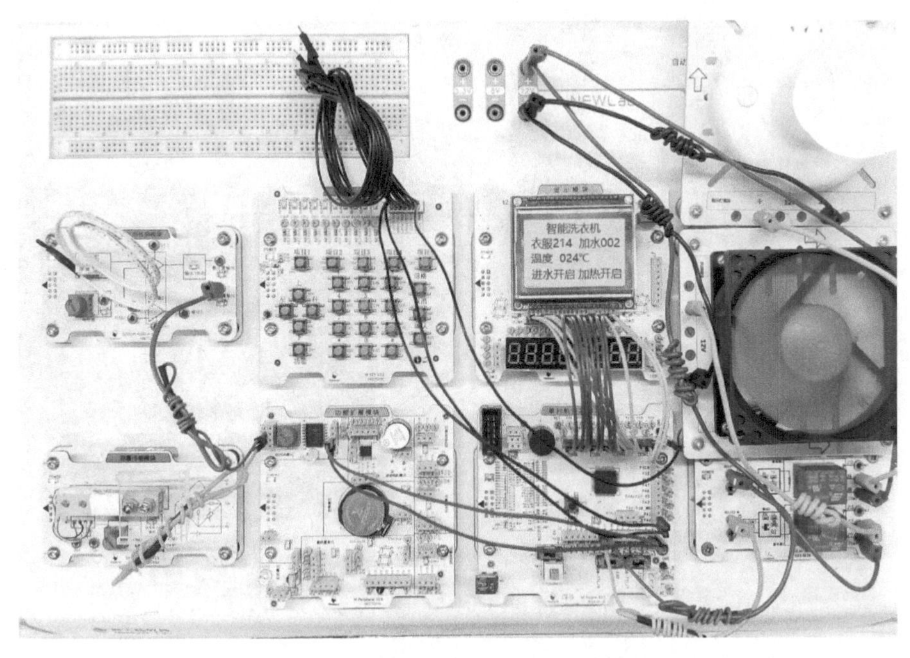

图 2-3-11　按下按键 2，加水的重量低于阈值 15 时，风扇开启

3）当检测到加水重量到达阈值 15 后，关闭进水，风扇停止。LCD 液晶显示衣服重量、加水重量、温度、进水关闭、加热开启，如图 2-3-12 所示。

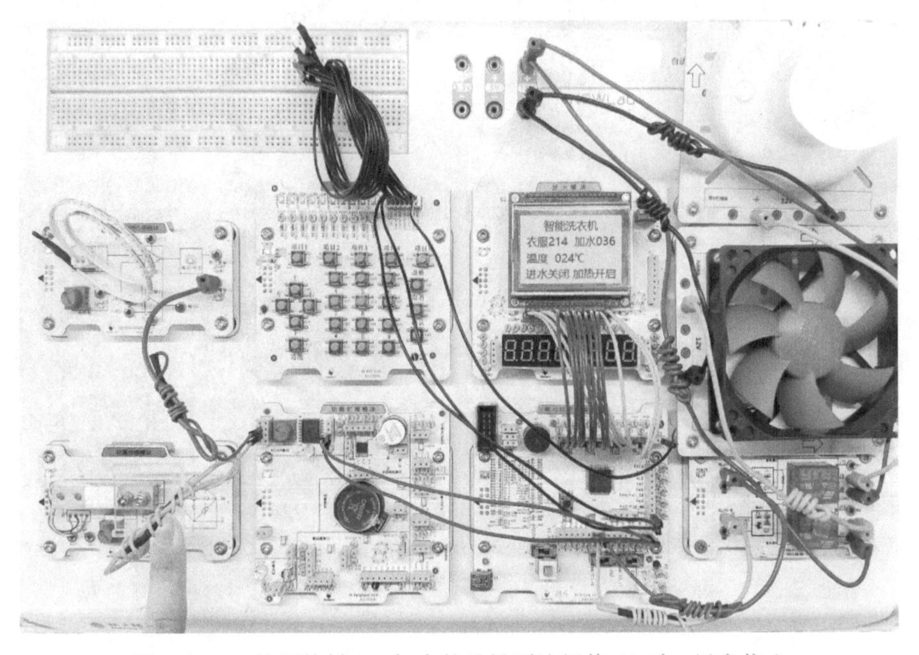

图 2-3-12　按下按键 2，加水的重量到达阈值 15 时，风扇停止

4）如果温度低于阈值 34℃时，LCD 液晶屏显示实际温度值，加热状态为开启，同时指示灯点亮，如图 2-3-13 所示。

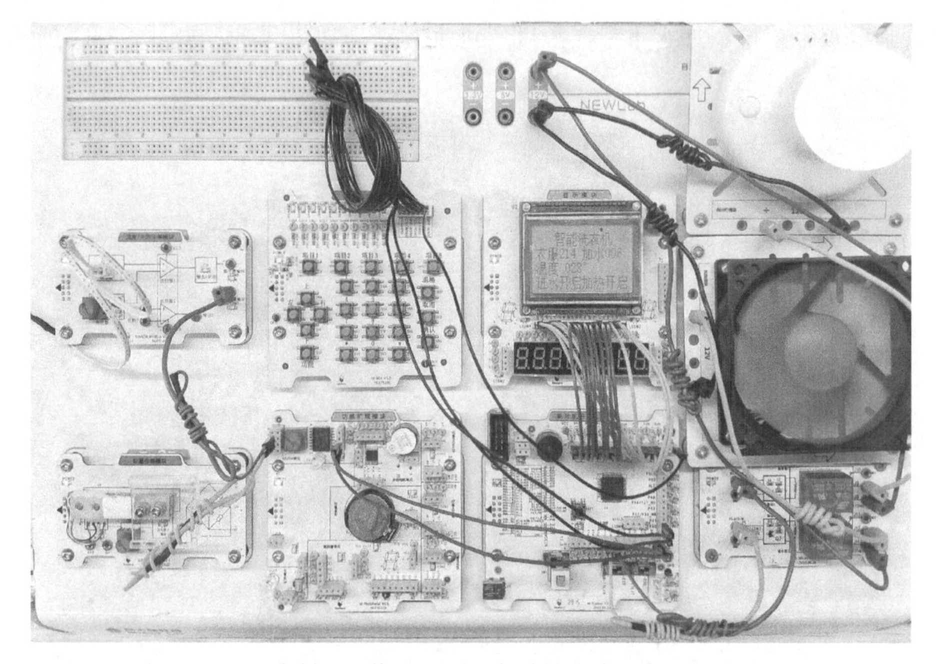

图 2-3-13　温度低于阈值 34℃时，加热状态为开启，指示灯点亮

5）如果温度等于或超过阈值 34℃，LCD 液晶屏显示温度为实际温度值，加热状态为关闭，指示灯熄灭，如图 2-3-14 所示。

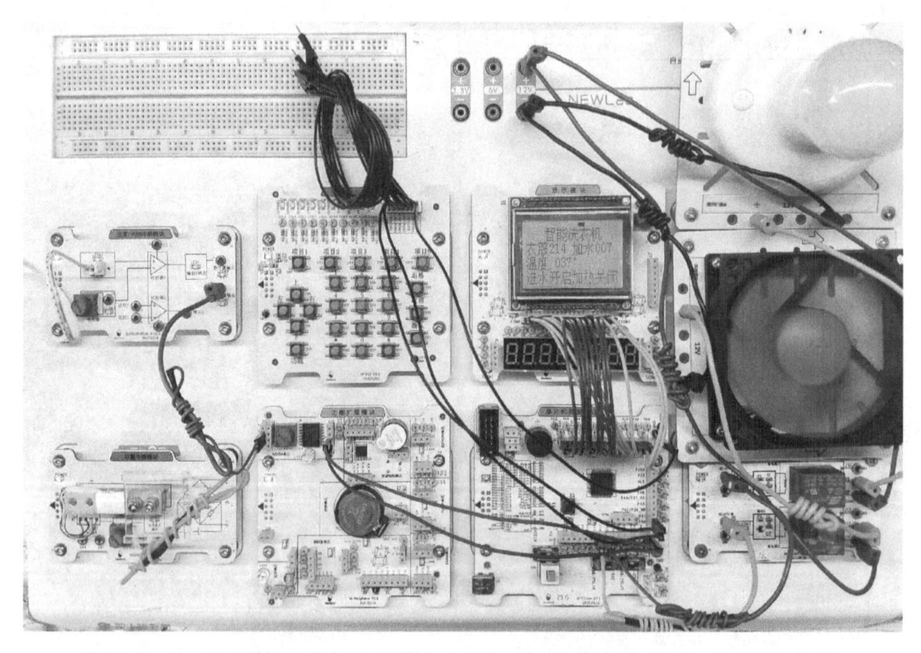

图 2-3-14　温度等于或高于阈值 34℃时，加热状态为关闭，指示灯熄灭

任务检查与评价

完成任务后，进行任务检查与评价，任务检查与评价表存放在本书配套资源中。

任务小结

本任务小结如图 2-3-15 所示。

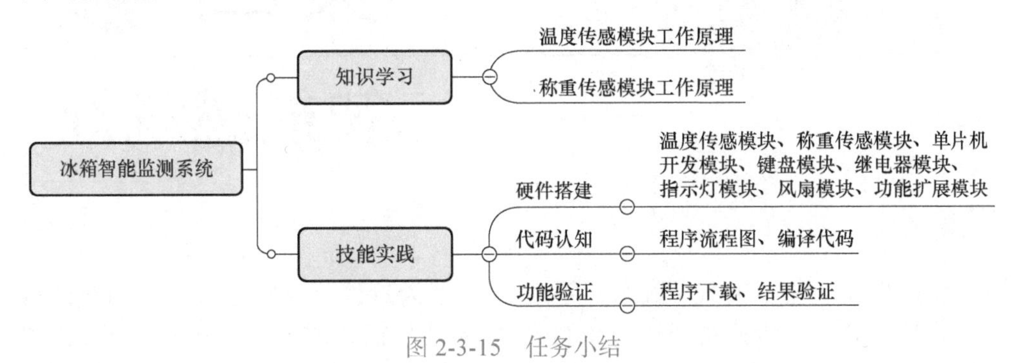

图 2-3-15　任务小结

任务拓展

1. 认识不同热敏电阻在电路的应用

如图 2-3-1 所示，如果 R_t 分别使用 PTC 和 NTC 两种热敏电阻，在温度升高的过程中，R_t 两端的电压变化有何不同？

2. 认识 A/D 转换的作用

如果将称重传感模块 J3 输出的信号直接接到单片机的 I/O 接口，单片机能否识别该信号？电路能否正常工作？通过功能扩展模块的转换，信号会发生怎样变化？

项目3

智能燃气灶

引导案例

燃气灶是指以液化石油气（液态）、人工煤气、天然气等燃料进行直火加热的厨房用具。燃气灶与人们的生活关系密切，20世纪80年代以前，国内燃气灶处于起步阶段，产品结构简单，功能单一，没有电点火装置，工艺也处在比较原始的状态。随着技术的发展，家用燃气灶具品种增多，款式新颖，安全措施增强，材质、功能和性能等均有所改善，在智能化方面的设计也是与时俱进。通过定时熄火功能，在时间调控键上设定限定时间范围可实现自动熄火；采用防干烧技术和温度探头，可以及时发现干烧状态，并立即关闭燃气；在开火之后自动检测有无锅具，如检测到无锅具，燃气灶就会自动关闭，防止空烧；当火意外熄灭时，熄火保护装置会自动关闭气阀，防止燃气泄漏造成危险。智能燃气灶安全性更高，有更好的用户体验。图3-1-1是智能燃气灶功能图。

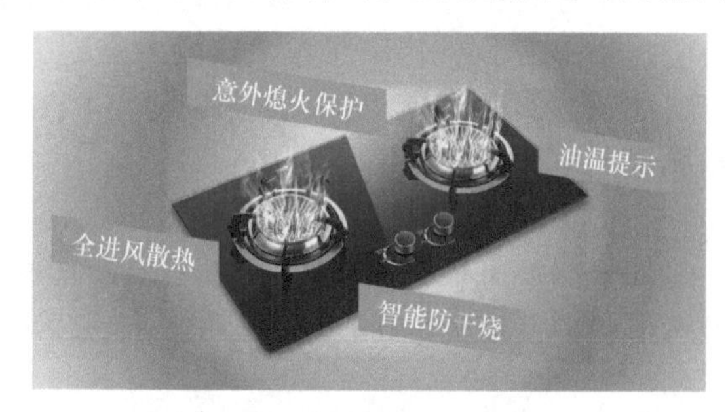

图3-1-1　智能燃气灶功能图

任务1　智能燃气灶热量监测系统

职业能力目标

- 能根据热电偶的结构、特性、工作参数和应用领域，正确地查阅相关的数据手册，实现对其进行识别和选型。
- 能根据热电偶传感器的数据手册，结合单片机技术，准确地采集燃气灶的温度。
- 能理解继电器和执行器的工作原理，根据单片机开发模块获取热电偶传感器的信息，准确地控制继电器和执行器。

任务描述与要求

任务描述：××公司承接了一个燃气灶改造项目，客户要求在现有功能的基础上进行升级，对燃气灶进行智能控制，实现异常熄火保护和气体泄漏检测。现要进行第一个功能的改造设计，要求异常熄火时能自动断气，防止燃气泄漏。

任务要求：

- 检测热电偶的温度信息，实现异常熄火保护并亮起指示灯。
- 可以将温度等状态信息显示在管理中心系统上。

任务分析与计划

根据所学相关知识，制订本次任务的实施计划，见表 3-1-1。

表 3-1-1　任务计划表

项目名称	智能燃气灶
任务名称	智能燃气灶热量监测系统
计划方式	自我设计
计划要求	请分步骤来完整描述如何完成本次任务
序号	任务计划
1	
2	
3	
4	
5	
6	
7	
8	

知识储备

一、热电偶的结构与分类

1. 热电偶的结构

热电偶（thermocouple）是温度测量仪表中常用的测温元件，它直接测量温度，并将温度转换成热电动势信号，通过电气仪表将热电动势信号转换成被测介质的温度。热电偶是一种被广泛应用的温度传感器，在不同的应用场景中，虽然其外形不相同，但基本结构却大致相同，一般由热电极、绝缘套保护管和接线盒等主要部分组成，并与显示仪表、记录仪表等配套使用。

2. 热电偶的分类

通常情况下，热电偶被分为标准热电偶和非标准热电偶两大类。标准热电偶是指其材料化学成分、热电性质和允许偏差等技术要求都有统一的标准，并具有统一的标准分度表。

标准热电偶主要有 8 种，见表 3-1-2。

表 3-1-2　标准热电偶分类

热电偶类型	热电偶的特点及应用
铂铑 10- 铂热电偶（S 型）	S 型热电偶又叫单铂铑热电偶，属于贵金属热电偶。长期使用温度范围为 0~1300℃，短期为 0~1600℃
铂铑 13- 铂热电偶（R 型）	属于贵金属热电偶，适用场合同 S 型热电偶
铂铑 30- 铂铑 6 热电偶（B 型）	准确度高，稳定性好，测温温区宽，使用寿命长，测温上限高。长期使用温度范围为 0~1600℃，短期为 0~1800℃
镍铬 - 镍硅热电偶（K 型）	目前用量最大的廉金属热电偶，测温范围一般为 -200~1200℃
镍铬硅 - 镍硅热电偶（N 型）	抗氧化性能强，稳定性好。测温范围为 0~1300℃
镍铬 - 康铜热电偶（E 型）	适用于氧化及弱还原性气氛中测温，测温范围为 -200~900℃
铁 - 康铜热电偶（J 型）	适用于氧化及还原性气氛中和真空中测温，一般测温范围为 0~750℃
铜 - 康铜热电偶（T 型）	其主要特点是精度高、稳定性好、低温灵敏度高，价格低廉。测温范围为 -200~350℃

非标准热电偶没有统一分度表，主要用于某些特殊场合的测量，与标准热电偶相比，其使用范围较小。

二、热电偶的工作原理

1. 热电效应

热电效应

将两种不同材料的导体两端相互紧密地连接在一起组成一个闭合回路，当闭合回路的两个接点处在不同温度场时，回路中将产生一个方向和大小与导体材料及两个接点的温度有关的电动势，该电动势也称为热电动势，这种现象称为热电效应，也称为塞贝克效应。热电偶就是利用热电效应来进行温度测量的。

2. 热电动势的组成

热电动势主要由两个方面组成，一是两种导体的接触电动势，二是单一导体的温差电动势，如图 3-1-2 所示。

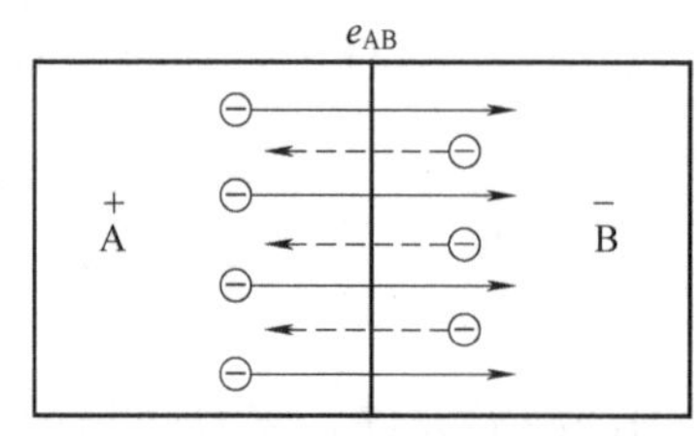

a) 两种导体的接触电动势

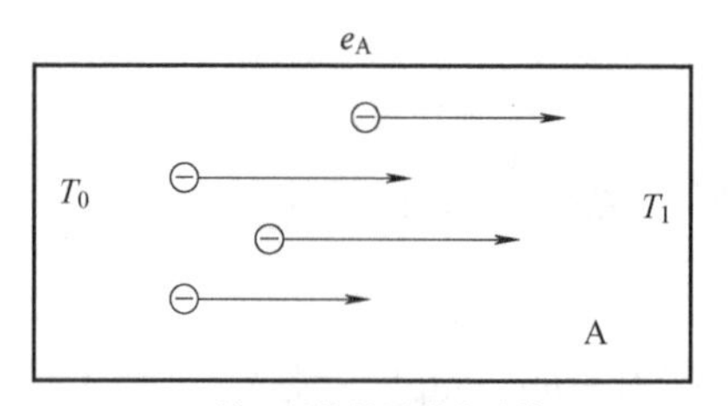

b) 单一导体的温差电动势

图 3-1-2　热电动势

（1）两种导体的接触电动势

如图 3-1-2a 所示，假设 A、B 两种不同导体内部的自由电子密度不同，且 A 的密度大于 B，当两者连接在一起时，其接触处就会发生电子的扩散，且 A 扩散到 B 的电子比 B 扩散到 A 的电子多，从而使得 A、B 两导体分别带上正、负电荷，从而使得接触面形成电场，该电场阻止电子继续扩散，形成了稳定的电势差，即两种导体的接触电动势。接触电动势的大小与导体的材料、接点的温度有关。

（2）单一导体的温差电动势

如图3-1-2b所示，当单一金属导体两端处在不同温度 T_0、T_1 时，假设 $T_0>T_1$，两端将产生一个由 T_0 端指向 T_1 端的静电场，从而使得高温端带正电，低温端带负电，两端产生电势差，称为单一导体的温差电动势。温差电动势的大小取决于导体材料和两端的温度。

热电偶回路总共存在四个电动势，即两个接触电动势、两个温差电动势。实践表明，温差电动势比接触电动势小很多，因此热电偶回路中所产生的热电动势主要是由接触电动势引起的。

3. 热电偶的基本定律

（1）中间导体定律

若在热电偶测温回路内接入第三种导体，如果该导体两端温度相同，则热电偶的总电动势没有改变，这就是我们通常所说的中间导体定律。该定律的意义在于：在实际的热电偶测温应用中，测量仪表和连接导线可以看作中间导体，其接入不影响测量精度。

（2）中间温度定律

若热电偶接点温度为 T_0、T_1，中间温度为 T，则导体两端的热电动势 $E_{AB(T_0、T_1)}$ 等于它在 T_0、T 及 T、T_1 时的热电动势 $E_{AB(T_0、T)}$ 与 $E_{AB(T、T_1)}$ 的代数和。依此定律，只要给出自由端0℃时的“热电动势-温度”关系（即分度表），就可以求出冷端（参考端）为任意温度 T_0 时热电偶的热电动势，或者对参考端温度不为0℃的热电动势进行修正。

（3）参考电极定律

三种材料不同的热电极A、B、C分别组成三对热电偶，接点温度都是 T_0、T_1，如果热电极A、B分别与热电极C组成热电偶，所产生的热电动势分别是 $E_{AC(T_0、T_1)}$、$E_{BC(T_0、T_1)}$，则由热电极A和B组成的热电偶的热电动势为

$$E_{AB(T_0、T_1)}=E_{AC(T_0、T_1)}-E_{BC(T_0、T_1)}$$

热电极C则作为参考电极，该定律的意义在于：只要已知任意两种电极分别与参考电极配对的热电偶的热电动势，即可求出这两种热电极配对的热电偶的热电动势，而不再需要测定。

（4）均质导体定律

由同一均质导体组成的热电偶，无论接点的温度是否相同，热电偶回路中的总电动势均为零。

三、热电偶冷端补偿

热电偶输出的电动势与冷热两端的温度有关，其分度表是冷端温度不变时给出的。实际应用中，热电偶冷端可能离被测物很近，其温度受到被测物和周围环境温度变化的影响，温度难以保持恒定，从而在测量计算时引起误差，因此需要采取措施进行冷端温度补偿修正。

1. 补偿导线法

为了使热电偶的冷端不受被测物的温度影响，可利用特殊的补偿导线将热电偶的冷端延伸到温度较恒定的地方，远离被测物，消除冷端温度变化对温度测量的影响。

2. 冷端温度校正法

使用补偿导线将冷端延伸到温度基本恒定的地方，如果新冷端不恒为0℃，使用分度表获得的数据就有误差，根据中间温度定律可以对温度进行校正，可预先将有零位调整功能的、有分度表刻度的显示仪表的指针从刻度的初始值调至已知的冷端温度值。

3. 冷端恒温法

一般用于科学实验中，把热电偶的冷端置于某些温度不变的装置中，以保证冷端温度不受热端测量温度的影响。恒温装置可以是电热恒温器或冰点槽（称为冰浴法，此时两个连接点分别置于两个玻璃试管中）。

4. 自动补偿法

也称电桥补偿法，在热电偶与仪表间加上一个补偿电桥，当热电偶冷端温度升高，导致回路总电动势降低时，这个电桥感受自由端温度的变化，产生一个电位差，其数值刚好与热电偶降低的电动势相同，两者互相补偿。这样，测量仪表上所测得的电动势将不随自由端温度的变化而变化。

四、K 型热电偶

镍铬 - 镍硅热电偶，分度号 K，正热电极为镍 - 铬合金，不亲磁，负热电极为镍 - 硅，稍亲磁。K 型热电偶适用于氧化性和中性气氛中测温，测温范围 -200~1200℃，在氧化性或中性介质中长期使用时，测量温度可达 900℃左右，在还原性介质中，测量温度小于 500℃，热电动势与温度关系近似线性，热电动势大，价格低，是廉金属热电偶中性能最稳定的一种。如图 3-1-3 所示为 K 型热电偶。

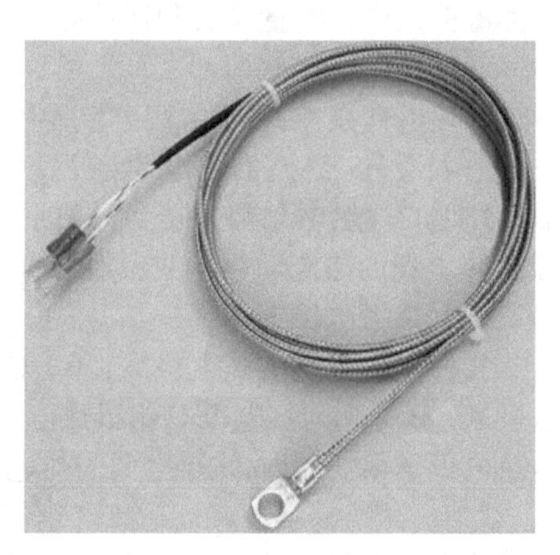

图 3-1-3　K 型热电偶

在实际应用中，热电动势和温度之间的关系是通过热电偶分度表来确定的。分度表是在参考端（冷端）温度为 0℃时，通过实验建立的热电动势与工作端温度之间的数位对应关系，见表 3-1-3。一般地，分度表中的工作端温度会精确到摄氏度，而分度表中数据之外的中间值可按内插法计算，即将小范围区间内近似成线性关系，计算的公式为

$$t_M = t_L + \frac{E_M - E_L}{E_H - E_L}(t_H - t_L)$$

式中　t_M——被测温度值，单位为℃；

t_H——较高的温度值，单位为℃；

t_L——较低的温度值，单位为℃；

E_M、E_H、E_L——温度 t_M、t_H、t_L 对应的热电动势，单位为 V。

表 3-1-3　K 型热电偶分度表（部分）

温度 /℃	电压 /mV	温度 /℃	电压 /mV	温度 /℃	电压 /mV	温度 /℃	电压 /mV	温度 /℃	电压 /mV
0	0.000	50	2.023	100	4.096	150	6.138	200	8.138
10	0.397	60	2.436	110	4.509	160	6.540	210	8.539
20	0.798	70	2.851	120	4.920	170	6.941	220	8.940
30	1.203	80	3.267	130	5.328	180	7.340	230	9.343
40	1.612	90	3.682	140	5.735	190	7.739	240	9.747

（续）

温度/℃	电压/mV	温度/℃	电压/mV	温度/℃	电压/mV	温度/℃	电压/mV	温度/℃	电压/mV
250	10.153	300	12.209	350	14.293	400	16.397	450	18.516
260	10.561	310	12.624	360	14.713	410	16.820	460	18.941
270	10.971	320	13.040	370	15.133	420	17.243	470	19.366
280	11.382	330	13.457	380	15.554	430	17.667	480	19.792
290	11.795	340	13.874	390	15.975	440	18.091	490	20.218

五、智能燃气灶热量监测系统结构分析

1. 热量监测系统的硬件设计框图

本任务要求能对燃气灶进行智能控制，实现异常熄火保护。这就需要利用热电偶来监测温度，当热电偶监测到温度低于阈值时，燃气灶就自动关闭气阀，达到异常保护的目的。通过单片机对热电偶传感器进行监测，根据监测到的温度情况进行后续控制。用指示灯的开和关来模拟气阀的开和关，单片机和继电器模块配合来控制指示灯的开和关。温度、热电偶和指示灯的状态显示在 LCD12864 显示模块上。图 3-1-4 所示是智能燃气灶热量监测系统硬件设计框图。

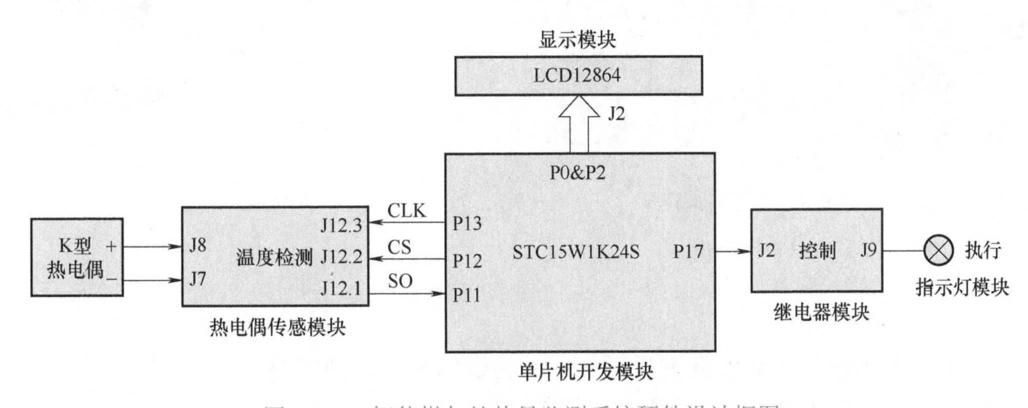

图 3-1-4 智能燃气灶热量监测系统硬件设计框图

2. 热电偶传感模块的认识

本任务需要采集几百摄氏度的温度信号，因此要使用到热电偶传感模块，如图 3-1-5 所示。

1）图 3-1-5a 中数字对应模块情况如下：

①——K 型热电偶传感器接口；

②——热电偶补偿放大电路；

③——调零 / 工作状态选择开关，开关拨到调零一侧，可通过调节 VR1 电位器，对信号放大电路进行调零操作，调零完成后，将开关拨回到工作状态一侧，进入热电偶测温正常工作状态；

④——信号放大电路，由 OP07 集成放大电路对热电偶补偿放大信号进行二级放大；

⑤——信号转换电路，将二级放大信号转换为 3.3V 单片机可识别的模拟信号；

⑥——零上温度 / 零下温度选择档位，用于选择是测量零上温度还是测量零下温度；

⑦——接地 GND 接口 J4；

⑧——档位信号 J2，用于测量电路处于零上温度 / 零下温度中的哪个档位；

⑨——断线信号 J3，用于测量 K 型热电偶处于连接状态还是断开状态；

⑩——10V 升压电路，用于热电偶补偿放大电路正常工作时所需的 10V 电压；

⑪——数字式热电偶测量电路，直接通过数字芯片采集热电偶温度数字，并通过 SPI 方式输出。

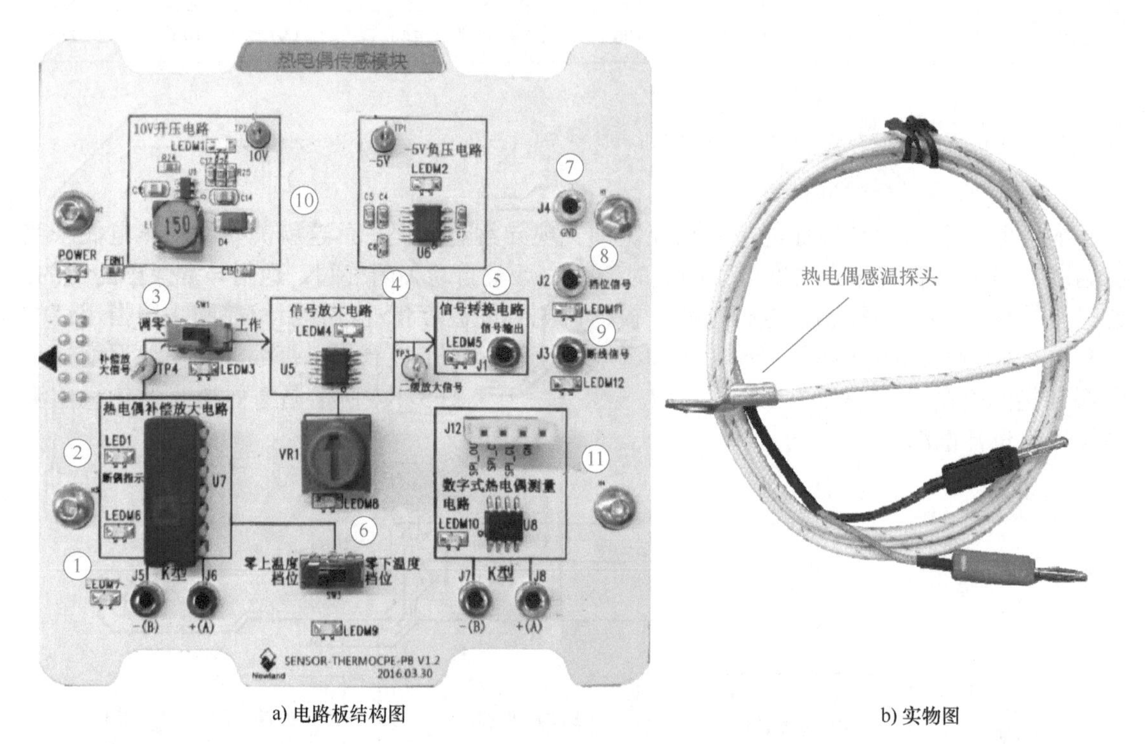

a) 电路板结构图

b) 实物图

图 3-1-5　热电偶传感模块

其中①~⑩为模拟式热电偶测量部分，⑪为数字式热电偶部分电路。

图 3-1-6 所示为模拟式热电偶测量电路框图。

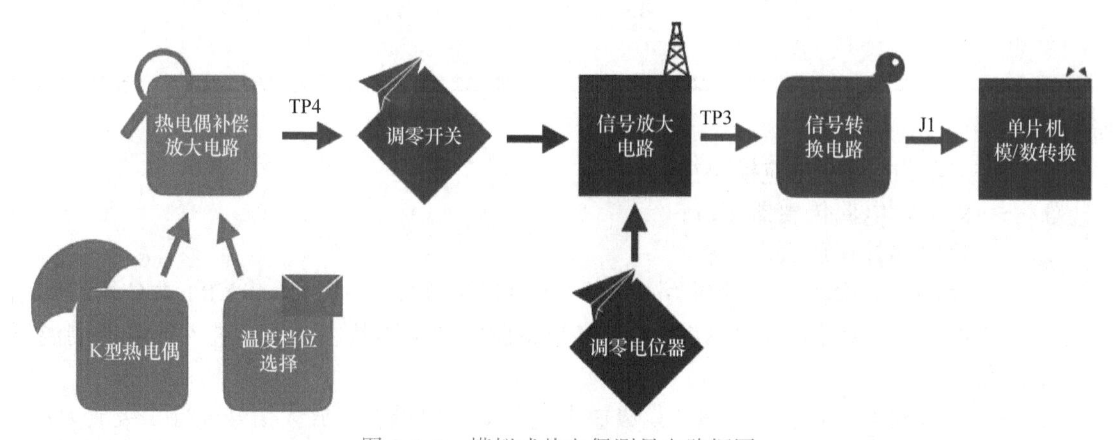

图 3-1-6　模拟式热电偶测量电路框图

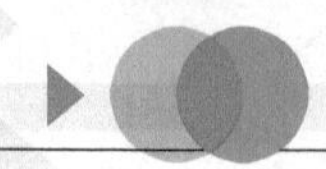

数字式热电偶测量电路由 MAX6675 构成，MAX6675 是 MAXIM 公司生产的带有冷端补偿、线性校正、热电偶断线监测的串行 K 型热电偶模 / 数转换器，可以将 K 型热电偶信号转换成数字信号，它的温度分辨能力为 0.25℃，可读取温度达 1024℃，冷端补偿范围为 −20~+80℃，工作电压为 3.0~5.5V。数据输出分辨率为 12 位，数据输出格式如见表 3-1-4，用只读的 SPI 接口读取。数字式热电偶测量电路可以满足绝大多数工业应用场合。

表 3-1-4　MAX6675 的数据输出格式

含义	符号位	热电偶模拟电压的数字转换量	断线检测	器件标识符	状态
位	D15	D14~D3	D2	D1	D0
值	0	根据实际的温度情况变化	1：断开；0：接入	0	高阻态

2）热电偶感温探头的检测方法为正常的热电偶感温探头两个接线端之间的电阻很小，接近短路。将万用表调到电阻档，用万用表两表笔分别搭接在热电偶两端，若万用表上显示的电阻值很大，说明热电偶内部连接开路，热电偶损坏，需用同类型的热电偶进行更换。

六、温度传感器系统功能代码分析

需求：本任务需通过单片机对热电偶传感器进行监测，根据监测到的温度情况进行后续控制。当温度低于阈值或热电偶断线时，报警灯亮（表示气阀关）；温度高于阈值时，报警灯灭（表示气阀开）。

解决办法：热电偶温度读取，利用热电偶传感模块上的数字式热电偶测量电路来完成，单片机用 SPI 接口直接读取 MAX6675 的 16 位数据 dat，即可得到温度值和热电偶断线情况。

具体如下：

```
取 dat [14:5]这 10 位数据作为温度值,因 MAX6675 的温度范围最大是 1024℃。
通过 dat [2]可进行热电偶断线监测,该位为 1 表示热电偶未接入,即断线。
```

扩展阅读：热电偶传感器的应用实例

1）与测量仪器配套使用。一般与仪表、记载仪表、计算机等一起使用，进行高温或是低温的测量，根据不同的应用，选择相应的热电偶型号。

2）热电偶在生产过程中的应用。在石油、化工、钢铁、造纸、热电、核电等生产行业中，作为高温测量的仪器，将热信号转化为热电动势信号，便于生产时控制温度和测量温度，为生产的精度提供了保障。

3）安全监测、楼宇自动化等温度控制，为自动化设备温度感应起到了重要的作用。

4）在有色金属、军事、航天等领域的生产过程中测量 −200~1800℃的温度参数。

任务实施

任务实施前必须先准备好的设备和资源见表 3-1-5。

表 3-1-5　设备清单表

序号	设备 / 资源名称	数量	是否准备到位（√）
1	热电偶传感模块	1	
2	K 型热电偶	1	
3	继电器模块	1	
4	指示灯模块	1	
5	单片机开发模块	1	
6	显示模块	1	
7	杜邦线（数据线）	若干	
8	杜邦线转香蕉线	若干	
9	香蕉线	若干	
10	项目 3 任务 1 的代码包	1	

任务实施导航

- 搭建本任务的硬件平台，完成个设备之间的通信连接。
- 打开项目工程文件。
- 对工程里的代码进行补充，使之完整。
- 对代码进行编译，生成下载所需的 HEX 文件。
- 通过计算机将 HEX 文件下载到单片机开发模块。
- 结果验证。

具体实施步骤

1. 硬件环境搭建

本任务的硬件接线图如图 3-1-7 所示。

根据图 3-1-7，选择相应的设备模块，进行电路连接，智能燃气灶热量监测系统硬件连接表见表 3-1-6。

表 3-1-6　智能燃气灶热量监测系统硬件连接表

模块名称及接口号	硬件连接模块及接口号
热电偶传感模块 J8	热电偶的正极“+”
热电偶传感模块 J7	热电偶的负极“−”
热电偶传感模块 SO	单片机开发模块 P11
热电偶传感模块 CS	单片机开发模块 P12
热电偶传感模块 SCK	单片机开发模块 P13
继电器模块 J2	单片机开发模块 P17
继电器模块 J9	指示灯模块正极“+”
继电器模块 J8	NEWLab 平台 12V 的正极“+”

（续）

模块名称及接口号	硬件连接模块及接口号
指示灯模块负极“-”	NEWLab 平台 12V 的负极“-”
显示模块数据端口 DB0~DB7	单片机开发模块 P00~P07
显示模块背光 LCD_BL	单片机开发模块 P27
显示模块复位 LCD_RST	单片机开发模块 P26
显示模块片选 LCD_CS2	单片机开发模块 P25
显示模块片选 LCD_CS1	单片机开发模块 P24
显示模块使能 LCD_E	单片机开发模块 P23
显示模块读写 LCD_RW	单片机开发模块 P22
显示模块数据 / 命令选择 LCD_RS	单片机开发模块 P21

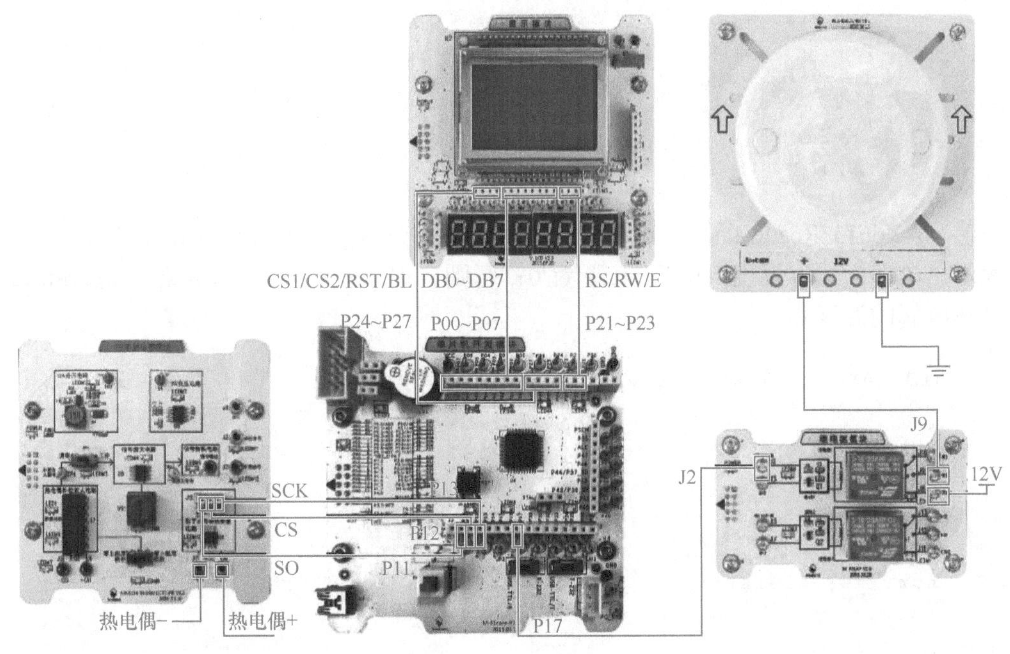

图 3-1-7　硬件接线图

2. 打开项目工程

进入本任务的工程文件夹中，打开 project 目录，打开工程文件 gas stove，如图 3-1-8 所示。

Listings
Objects
gas stove.uvgui.Administrator
gas stove.uvopt
gas stove

图 3-1-8　打开 gas stove 工程文件

3. 代码完善

结合图 3-1-9 所示智能燃气灶热量监测系统的代码程序流程图，完善代码功能，其中热电偶温度每秒读取一次。

打开 Max6675/Max6675.c 文件，完善热电偶温度的读取过程，设置 SPI 接口与单片机的接口连接定义。

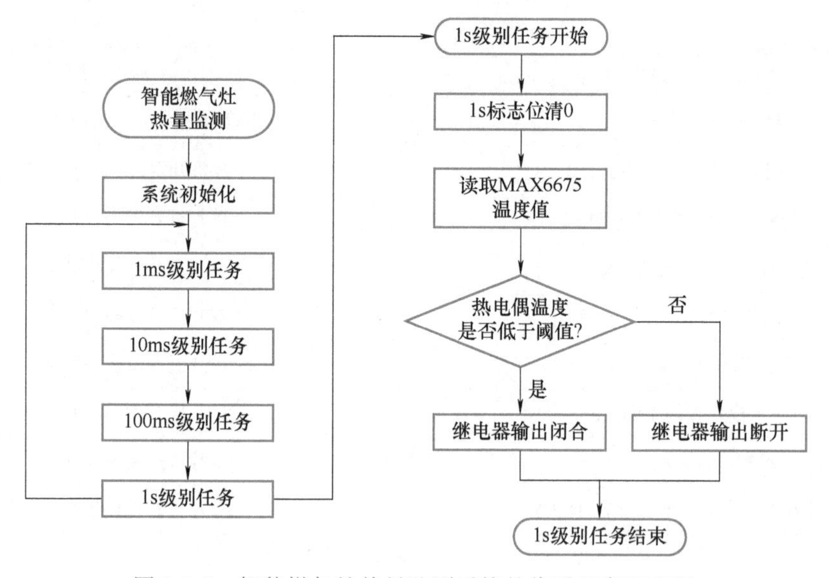

图 3-1-9　智能燃气灶热量监测系统的代码程序流程图

```
1. sbit CS=P1^2;
2. sbit SCK=P1^3;
3. sbit SO=P1^1;
```

完善 MAX6675_ReadData( ) 函数，通过 SPI 时序接口读出 16 位数据 dat，当 dat[2] 为 1 时，表示热电偶断线，温度 temperature 置 0；否则，把 dat[14:5] 的值给 temperature，即可得到热电偶的温度。

```
1. void MAX6675_ReadData(void)
2. {
3.   int8u  i=0;
4.   int16u dat=0;
5.   CS=0;
6.   SCK=0;
7.   for(i=0;i<16;i++)                  //get D15-D0 from 6675
8.   {
9.       SCK=1;
10.      _nop_( );
11.      dat=dat<<1;
12.      if(SO)
13.          dat=dat|0x01;
14.      SCK=0;
15.      _nop_( );
16.  }
17.   CS=1;
18.   Max6675.temperature=dat;
19.   if(dat&0x0004)
20.   {
21.     Max6675.losemax6675bit=1; // 未监测到热电偶,热电偶没接入,返回 1
22.     Max6675.temperature=0;
```

```
23.     }
24.     else
25.     {
26.         Max6675.losemax6675bit=0;
27.         Max6675.temperature>>=3;    //读出来的数据的 D3~D14 是温度值
28.         Max6675.temperature>>=2;    //MAX6675 的量程是 0~1023.75℃
29.     }                               //而 12bit 表示的范围是 0~4095
30. }
```

4. 代码编译

首先我们在代码编译前要先进行 HEX 程序文件的生成，具体操作步骤如下：

1）单击工具栏中的“魔术棒”。

2）再单击“Output”选项进入 HEX 文件设定。

3）在 Select Folder for Objects 里设定 HEX 文件生成位置。

4）在 HEX 文件的生成配置下进行打钩。

5）单击 OK 完成设定。

接下来在工具栏上单击程序编译按钮“”，编译工程文件。在下方 Build Output 窗口中出现“0 Error（s），0 Warning（s）”时，表示编译通过，如图 3-1-10 所示。

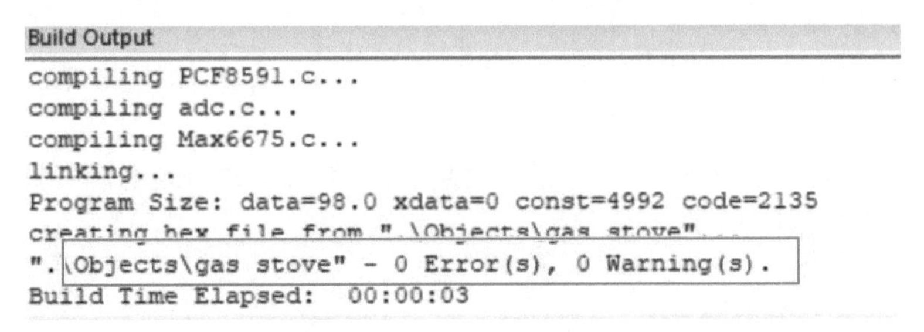

```
Build Output
compiling PCF8591.c...
compiling adc.c...
compiling Max6675.c...
linking...
Program Size: data=98.0 xdata=0 const=4992 code=2135
creating hex file from ".\Objects\gas stove"...
".\Objects\gas stove" - 0 Error(s), 0 Warning(s).
Build Time Elapsed:   00:00:03
```

图 3-1-10　编译成功后显示内容

编译通过后，会在工程的 project/Objects 目录中生成一个 gas.hex 的文件，如图 3-1-11 所示。

adc.obj
Delay.obj
gas
gas.hex
gas.lnp
gas.plg
gas.SBR

图 3-1-11　HEX 文件生成

5. 程序下载

使用 STC-ISP 下载工具进行程序下载，具体步骤如图 3-1-12 所示。

1）将 NEWLab 实训平台旋钮旋转至通信模式。

2）将单片机开发模块上的 JP2 和 JP3 开关拨至左侧。

3）选择单片机型号为 STC15W1K24S。

4）设置串口号，串口号可通过查看 PC 设备管理器获得。

5）单击“打开程序文件”，找到工程项目文件夹下的 gas.hex 文件。

6）设置 IRC 频率为 11.0592MHz。

7）弹起自锁开关 SW1，以断开单片机开发模块的电源。

8）单击“下载 / 编程”按钮，按下自锁开关 SW1，以给单片机开发模块供电，这样程序便开始下载到单片机中，当提示操作成功时，此次程序下载完成。

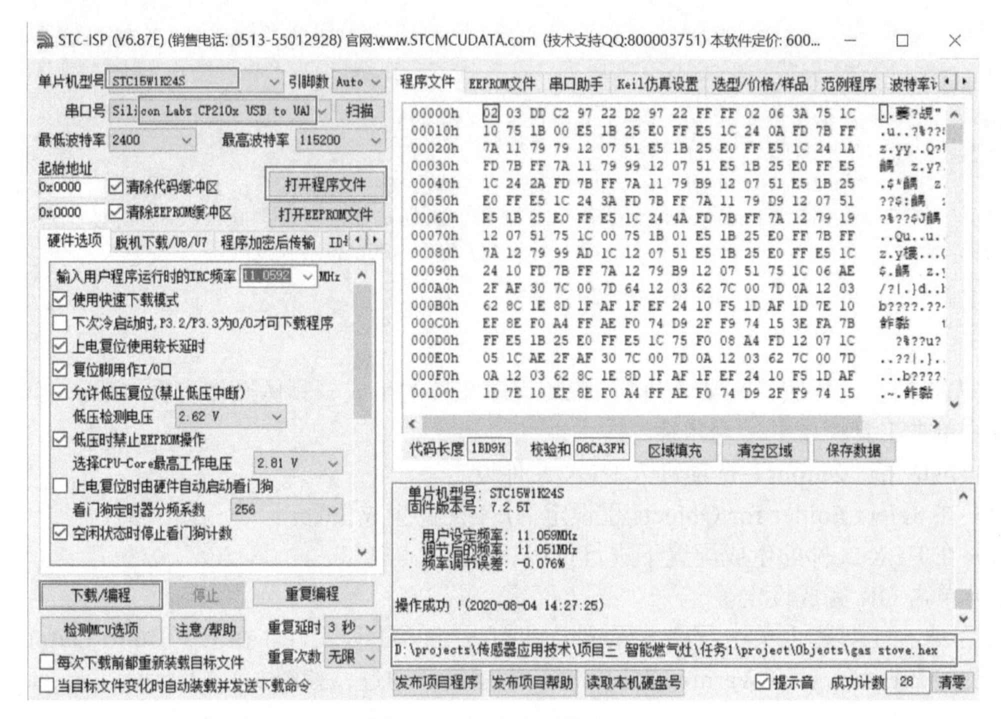

图 3-1-12　程序下载步骤

6. 结果验证

1）模拟燃气灶正常工作状态，监测温度超过阈值 34℃时，表明燃气灶工作正常，因此报警灯灭，如图 3-1-13 所示。

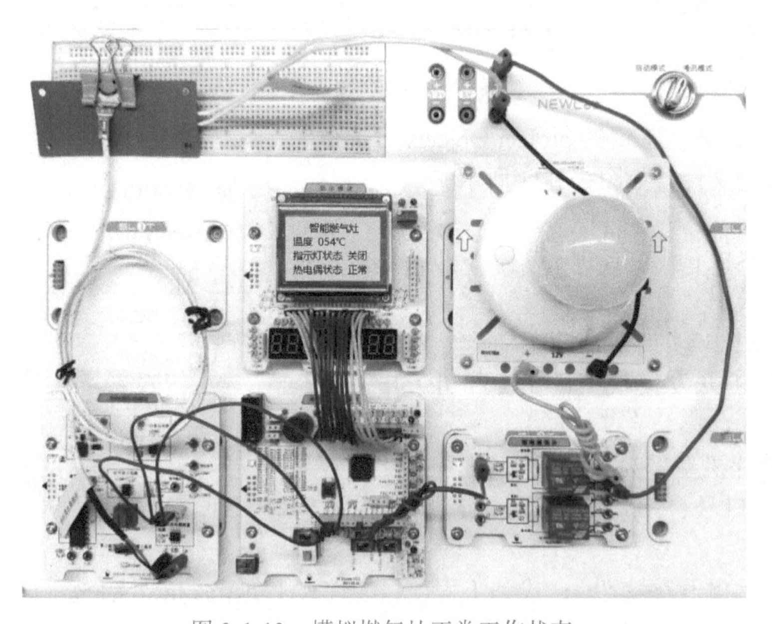

图 3-1-13　模拟燃气灶正常工作状态

2）模拟燃气灶异常熄火状态，这时监测到的温度低于阈值 34℃，因此报警灯点亮，如图 3-1-14 所示。

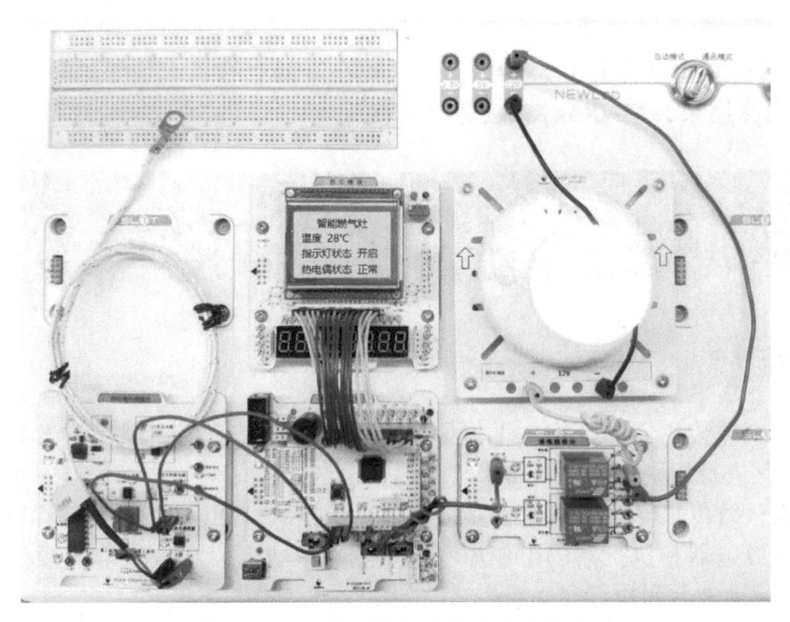

图 3-1-14　模拟燃气灶异常熄火状态

任务检查与评价

完成任务后，进行任务检查与评价，任务检查与评价表存放在本书配套资源中。

任务小结

本任务小结如图 3-1-15 所示。

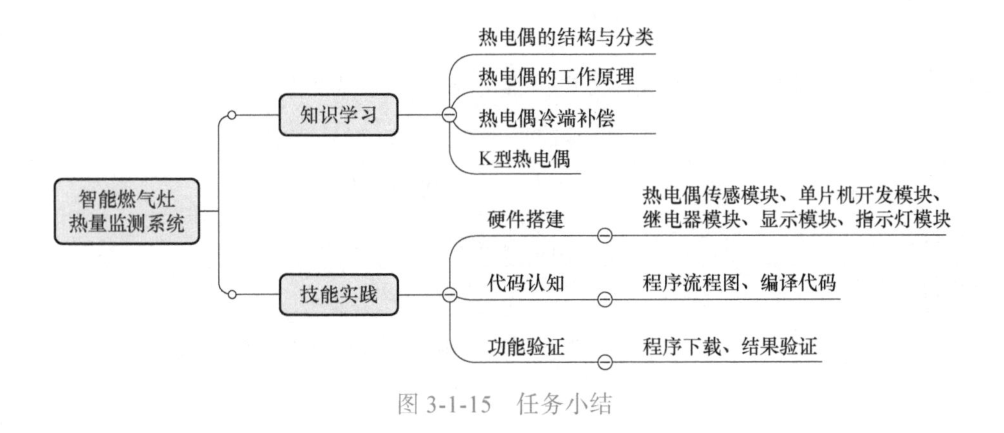

图 3-1-15　任务小结

任务拓展

1. 了解热电偶传感器的信号输出情况

将热电偶放到加热片上，改变热电偶热端的温度，用万用表测量热电偶两端的电压、TP4 的电压和二级放大信号 TP3 的电压。

2. 了解数字式热电偶测量电路

1）MAX6675 的分辨率是 0.25℃，修改代码在屏幕上的显示温度，保留 2 位小数。

2）热电偶芯片除了 MAX6675，还有哪些芯片？

任务 2 智能燃气灶煤气监测系统

职业能力目标

● 能根据气敏传感器的结构、工作原理、工作参数和应用领域，正确地查阅相关数据手册，实现对其进行识别和选型。

● 能根据气敏传感器的数据手册，结合单片机技术，准确地采集气体的浓度。

● 能理解继电器和执行器的工作原理，根据单片机开发模块获取气敏传感器的状态信息，准确地控制继电器和执行器。

任务描述与要求

任务描述：现要进行第二个功能的改造设计，即要求能根据气敏传感器检测到的有害气体实现燃气泄漏报警。

任务要求：

● 当气敏传感器检测有害气体浓度达到阈值时，开启风扇排气。

● 可以将检测信息等状态显示在管理中心系统上。

任务分析与计划

根据所学相关知识，制订本次任务的实施计划，见表 3-2-1。

表 3-2-1 任务计划表

项目名称	智能燃气灶
任务名称	智能燃气灶煤气监测系统
计划方式	自我设计
计划要求	请分步骤来完整描述如何完成本次任务
序号	任务计划
1	
2	
3	
4	
5	

（续）

序号	任务计划
6	
7	
8	

知识储备

一、气敏传感器的基础知识

1. 气敏传感器的定义与作用

（1）气敏传感器的定义

气敏传感器是一种把气体中的特定成分检测出来，并把它转换为电信号的器件。它具有结构简单，使用方便，性能稳定、可靠，灵敏度高等诸多优点。

（2）气敏传感器的作用

早期主要用于可燃性气体泄漏报警，用于安全监督。目前气敏传感器广泛应用于民用、日常生活和工业控制等领域。比如，使用甲醛传感器、VOC 传感器和空气质量传感器对甲醛、苯、甲苯等挥发性有机化合物（VOC）进行独立的气体检测；用一氧化碳传感器、PM2.5 传感器等监测空气质量；管道和容器的检漏、锅炉和汽车的燃烧检测与控制、工业过程控制（工业生产中的成分和物性参数都是直接的控制指标）等。

（3）气敏传感器的性能要求

气敏传感器主要用于检测气体浓度，其主要性能要求有高灵敏度，选择性好；性能稳定，工作可靠；动态特性好；抗干扰性好；成本低，精度高等。

2. 气敏传感器的分类与参数

（1）气敏传感器的分类

气敏传感器的种类很多，按照气敏传感器的结构特性，一般可以分为半导体气敏传感器、固体电解质气敏传感器、接触燃烧式气敏传感器、光化学型气敏传感器、电化学型气敏传感器和红外吸收式气敏传感器等，其中半导体气敏传感器应用甚广。

（2）气敏传感器的主要参数

1）灵敏度是指气敏传感器在一定的气体浓度下的输出（电压、电流、电阻等）与在正常空气中的输出的差值或比值。

2）响应时间是指传感器接触的气体浓度发生阶跃变化时，其输出变化达到稳定值规定的百分比时所需的时间。

3）选择性是指气敏传感器在多种气体共存的条件下，对气体种类的识别能力。

4）稳定性是指当被测气体浓度不变时，若其他条件发生改变，在规定的时间内气敏传感器输出不超过允许误差的能力。

5）分辨率是指传感器在规定测量范围内可能检测出的被测量的最小变化量。

6）线性度是指传感器的实际输出值曲线与某一规定直线的偏离程度。

7）初始稳定特性是指传感器在存放后（非工作状态），其初始输出达到稳定值的时间。

8）寿命是指在工作条件稳定的情况下，传感器的输出变化超过允许误差的时间。

二、半导体气敏传感器的基础知识

1. 半导体气敏传感器的分类与特性

半导体型气体传感器按照半导体变化的物理特性分为电阻式和非电阻式。电阻式是利用半导体接触气体时其阻值的改变来检测气体的成分或浓度，大多数用氧化锡、氧化锌等金属氧化物半导体材料制作气体传感器，根据半导体与气体的相互作用是发生在表面还是体内，又分为表面控制型与体控制型；而非电阻式则是根据对气体的吸附和反应，使半导体的某些特性发生变化，从而对气体进行直接或间接检测，主要用金属 / 半导体结型二极管和 MOS-FET 等。半导体气体传感器的分类见表 3-2-2。

表 3-2-2　半导体气体传感器的分类

主要物理特性		传感器举例	典型被测气体
电阻式	表面控制型	氧化锌、三氧化钨、氧化锡	可燃性气体、氨气等
	体控制型	氧化钛、氧化钴、氧化镁	酒精、氧气、可燃性气体
非电阻式	二极管整流特性	铂 / 硫化镉、铂 / 氧化钛	氢气、一氧化碳、酒精
	晶体管特性	铂栅 MOS 场效应晶体管	氢气、硫化氢

2. 电阻型半导体气敏传感器的原理与结构

半导体气敏传感器的元件材料为金属氧化物或金属半导体氧化物，其作用原理是半导体气敏元件与气体相互作用时产生表面吸附或反应，引起以载流子运动为特征的电导率、伏安特性或表面电位变化，利用该半导体性质变化来检测特定气体的成分或者测量其浓度，并将其变换成电信号输出。

电阻型气敏元件按其结构可分为烧结型，薄膜型和厚膜型三种，目前使用较广泛。非电阻型主要有二极管型和 MOS 场效应晶体管型。

（1）烧结型

烧结型气敏元件的制作以氧化物半导体材料为基体，将测量电极和加热器埋入金属氧化物中，用传统的制陶方法进行烧结，最后将加热器和测量电极焊在管座上，加特制外壳构成。制作方法简单，寿命长，但是误差较大。这种元件一般分为直热式和旁热式两种结构，如图 3-2-1 和图 3-2-2 所示。

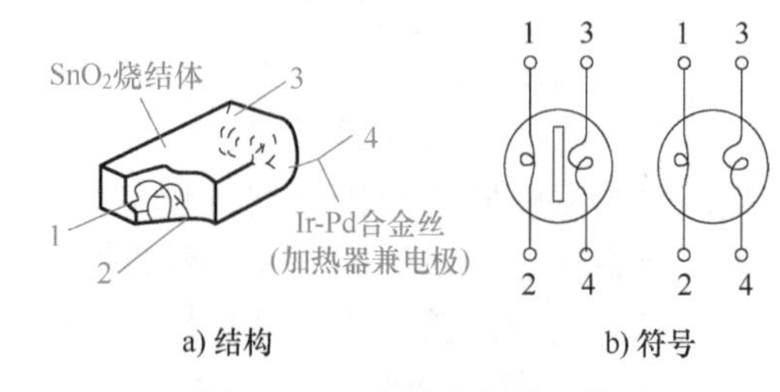

图 3-2-1　直热式气敏元件

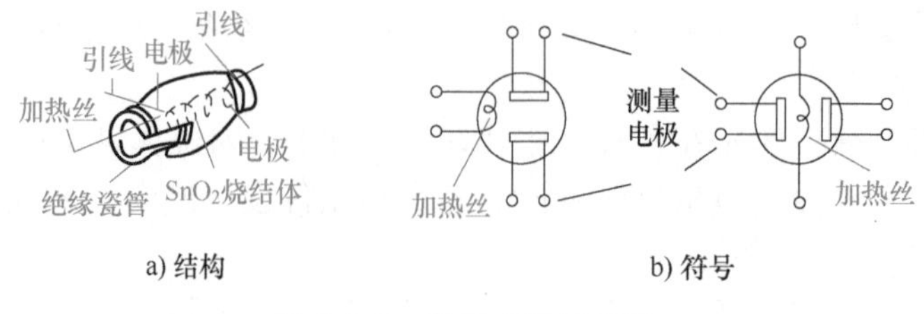

图 3-2-2　旁热式气敏元件

（2）薄膜型

薄膜型气敏元件的制作首先须处理绝缘基片，焊接电极，之后采用蒸发或溅射的方法在石英基片上形成氧化物半导体薄膜。灵敏度高，响应速度快，实验测得 SnO_2 和 ZnO 薄膜的气敏特性较好。

薄膜型元件结构图如图 3-2-3 所示，这种元件具有较高的机械强度，而且具有互换性好、产量高、成本低等优点。

（3）厚膜型

为解决元件一致性问题，1977 年发展了厚膜型元件。它是由 SnO_2 和 ZnO 等材料与 3%～15%（重量）的硅凝胶混合制成能厚膜胶，把厚膜胶用丝网印制到事先安装有铂电极的 Al_2O_3 基片上，以 400~800℃烧结 1h 制成，其结构如图 3-2-4 所示。厚膜工艺制成的元件一致性较好，机械强度高，适于批量生产，是一种有前途的元件。

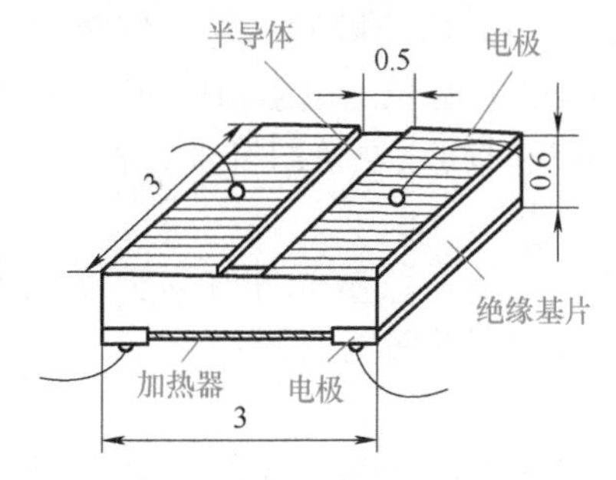

图 3-2-3　薄膜型元件结构图

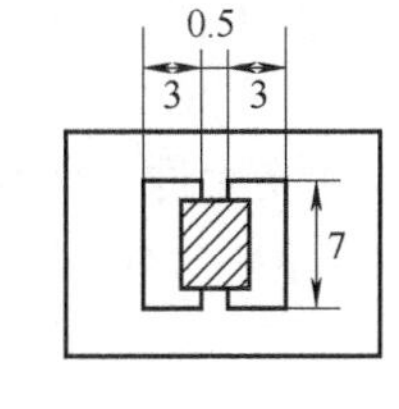

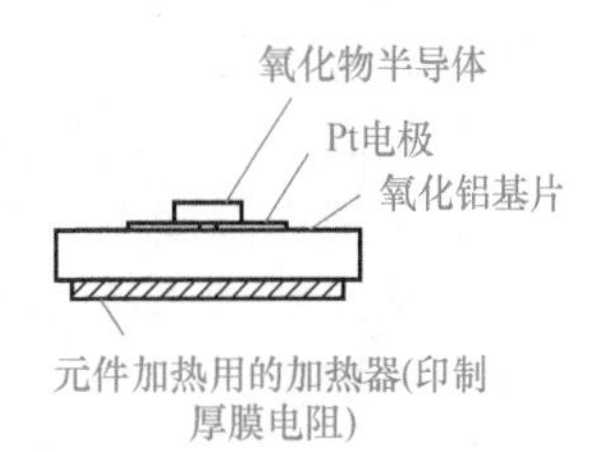

图 3-2-4　厚膜型元件的结构

这种气敏元件的优点是工艺简单，价格便宜，使用方便；对气体浓度变化时的响应快；即使在低浓度（3000mg/kg）下，灵敏度也很高。其缺点在于稳定性差，老化较快，气体识别能力不强，各元件之间的特性差异大等。

以上三种气敏元件都附有加热器。在实际应用时，加热器能将附着在测控部分上的油雾、尘埃等烧掉，同时加速气体的吸附，从而提高了元件的灵敏度和响应速度，一般加热到 200~400℃，具体温度视所掺杂质不同而异。

3. 电阻型气敏传感器的主要参数

（1）气敏元件的固有电阻值

将电阻型气敏元件在常温下洁净空气中的电阻值，称为气敏元件（电阻型）的固有电阻值，表示为 R_a。一般其固有电阻值为 10^3~$10^5\Omega$。

（2）气敏元件的灵敏度

表征气敏元件对于被测气体的敏感程度的指标。它表示气体敏感元件的电参量（如电阻型气敏元件的电阻值）与被测气体浓度之间的依从关系。气敏元件灵敏度的表示方法有三种。

1）电阻比灵敏度 K

$$K=\frac{R_a}{R_g}$$

式中　R_a——气敏元件在洁净空气中的电阻值，单位为 Ω；

R_g——气敏元件在规定浓度的被测气体中的电阻值，单位为 Ω。

2）气体分离度 α

$$\alpha=\frac{R_{c1}}{R_{c2}}$$

式中　R_{c1}——气敏元件在浓度为 c_1 的被测气体中的阻值，单位为 Ω；

R_{c2}——气敏元件在浓度为 c_2 的被测气体中的阻值，单位为 Ω，通常 $c_1>c_2$。

3）输出电压比灵敏度 K_V

$$K_V=\frac{V_a}{V_g}$$

式中　V_a——气敏元件在洁净空气中工作时，负载电阻上的电压输出，单位为 V；

V_g——气敏元件在规定浓度的被测气体中工作时，负载电阻上的电压输出，单位为 V。

（3）气敏元件的分辨率

表示气敏元件对被测气体的识别（选择）以及对干扰气体的抑制能力。

气敏元件的分辨率 S 表示为

$$S=\frac{\Delta V_g}{\Delta V_{gi}}=\frac{V_g-V_a}{V_{gi}-V_a}$$

式中　V_{gi}——气敏元件在 i 种气体浓度为规定值中工作时，负载电阻上的电压，单位为 V；

（4）气敏元件的响应时间

表示在工作温度下，气敏元件对被测气体的响应速度。一般从气敏元件与一定浓度的被测气体接触时开始计时，直到气敏元件的阻值达到在此浓度下的稳定电阻值的 63% 时为止，所需的时间称为气敏元件在此浓度下的被测气体中的响应时间，通常用符号 t_r 表示。

（5）气敏元件的恢复时间

表示在工作温度下，被测气体由该元件上解吸的速度，一般从气敏元件脱离被测气体时开始计时，直到其阻值恢复到在洁净空气中阻值的 63% 时所需的时间。

（6）初期稳定时间

长期在非工作状态下存放的气敏元件，因表面吸附空气中的水分或者其他气体，导致其表面状态变化，在加上电负荷后，随着元件温度的升高，发生解吸现象。因此，气敏元件恢复到正常工作状态需要一定的时间，称为气敏元件的初期稳定时间。

（7）气敏元件的加热电阻和加热功率

气敏元件一般工作在 200℃以上高温环境。为气敏元件提供必要工作温度的加热电路的电阻（指加热器的电阻值）称为加热电阻，用 R_H 表示。直热式的加热电阻值一般小于 5Ω；旁热式的加热电阻大于 20Ω。

气敏元件正常工作所需的加热电路功率，称为加热功率，用 P_H 表示。一般在 0.5~2.0W 范围内。

4. 气敏传感器的测试电路

图 3-2-5 是气敏传感器基本测试电路。该传感器需要施加两个电压：加热器电压（V_H）和测试电压（V_C）。其中 V_H 用于为传感器提供特定的工作温度，V_C 则是用于测定与传感器串联的负载电阻（R_L）上的电压（V_{RL}）。这种传感器具有轻微的极性，V_C 需用直流电源，在满足传感器电性能要求的前提下，V_C 和 V_H 可以共用同一个电源电路。为保证传感器的性能，需要选择恰当的 R_L 值。

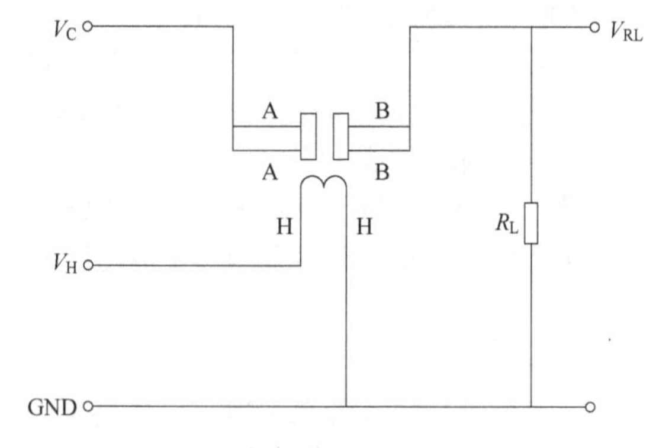

图 3-2-5　气敏传感器基本测试电路

三、智能燃气灶煤气监测系统结构分析

1. 煤气监测系统的硬件设计框图

本任务要求能监测有害气体实现燃气泄漏报警，利用气敏传感器对有害气体进行监测，当有害气体浓度达到阈值时，开启风扇排气。对气敏传感器的输出电压实时监测，单片机开发模块监测气敏传感器模块的浓度电压，并显示在显示模块上。智能燃气灶煤气监测系

统硬件设计框图如图 3-2-6 所示。

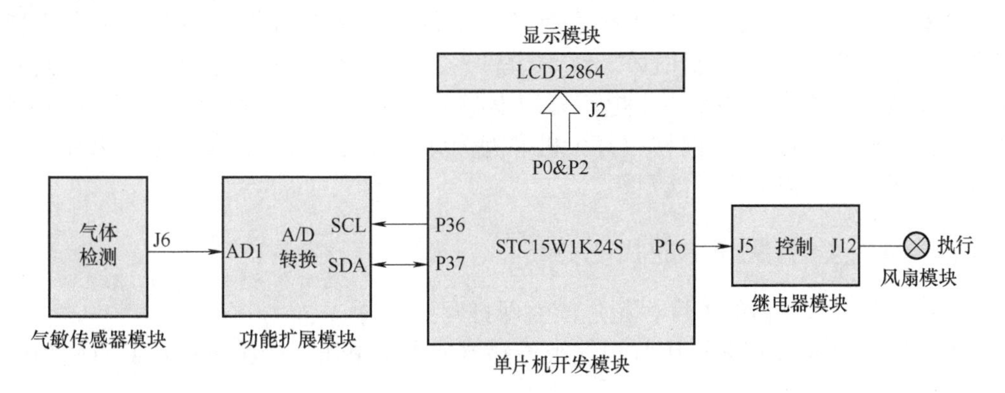

图 3-2-6　智能燃气灶煤气监测系统硬件设计框图

2. 气敏传感器模块的认识

本任务需要采集煤气信号，所以要使用到气敏传感器模块，如图 3-2-7 所示。

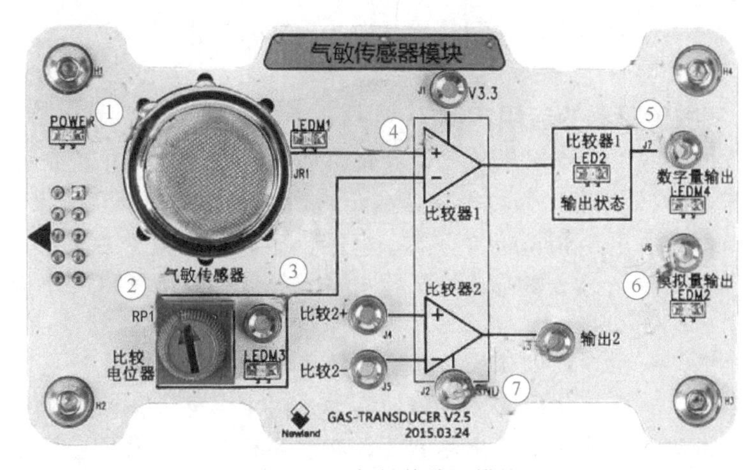

图 3-2-7　气敏传感器模块

1）图 3-2-7 中数字对应模块情况如下：

①——MQ-2 气敏传感器；

②——灵敏度调节电位器；

③——灵敏度电压测试接口 J10，测试有害气体浓度阈值电压，即比较器 1 负端（引脚 3）电压；

④——比较器电路；

⑤——数字量输出接口 J7，测试比较器 1 输出电平电压；

⑥——模拟量输出接口 J6，测试气敏传感器感应电压，即比较器 1 正端电压；

⑦——接地 GND 接口 J2。

MQ-2 是一个多种气体探测器，适宜于液化气、苯、烷、酒精、氢气、烟雾等的探测，具有灵敏度高、响应快、稳定性好、寿命长、驱动电路简单等优点。MQ-2 气敏传感器使用的气敏材料是电导率比较低的二氧化锡，被测气体浓度越大，电导率越大，输出电阻越低，其输出的电压信号就越大。在使用之前须先通电预热一段时间，否则其输出的电阻和电压不准确。

2）MQ-2气敏传感器的检测方法为正确搭建图3-2-5所示电路并通电后，使用万用表的电压档测试V_{RL}的值，用打火机靠近传感器放出小部分气体，如果万用表所测的电压值没有变化，则传感器可能损坏。对于如图3-2-7所示的气敏传感器模块，将其安放至NEWLab实验平台上，实验平台上电。万用表调至电压档，万用表的黑表笔接J2（GND），红表笔接J6（模拟量输出），同样用打火机靠近传感器放出小部分气体，如果万用表所测的电压值没有变化，则传感器可能损坏。

四、气敏传感器系统功能代码分析

需求：监测有害气体的浓度，超过阈值即打开排气扇。

解决办法：单片机开发模块监测气敏传感器的浓度电压，当浓度电压超过阈值时，就打开排气扇。

具体如下：

```
定义阈值 TempLimit 为 100,数字量表示相当于电压 100×3.25/255V=1.27V,其中 3.25 为电源电压实测值,255 是 8 位 AD 最大值。
判断 AD 采样值 adc.AdcVale1 大于 TempLimit,就打开排气扇。
```

扩展阅读：气敏传感器的应用实例

在民用领域，厨房里，检测天然气、液化石油气和城市煤气等民用燃气的泄漏；通过检测微波炉中食物烹调时产生的气体，从而自动控制微波炉烹调食物；住房、大楼、会议室和公共娱乐场所用二氧化碳传感器、烟雾传感器、臭氧传感器等，控制空气净化器或电风扇的自动运转；在一些高层建筑物中，气敏传感器还可以用于检测火灾苗头并报警。

在石化工业中，一些二氧化碳传感器、氨气传感器、一氧化氮传感器等都能用在检测二氧化碳、氨气、一氧化氮等有害气体的具体应用中。电力工业方面，氢气传感器能够检测电力变压器油变质过程中产生的氢气；在食品行业，气敏传感器也可以检测肉类等易腐败食物的新鲜度；在果蔬保鲜应用中，气敏传感器检测保鲜库中的氧气、乙烯、二氧化碳的浓度以保证水果的新鲜安全；在汽车和窑炉工业，检测废气中氧气；公路交通中，检测驾驶员呼气中乙醇气浓度等。

在环境监测领域，也离不开气敏传感器。例如，用传感器检测氮的氧化物、硫的氧化物、氯化氢等引起酸雨的气体；二氧化碳传感器、臭氧传感器、氟利昂传感器等检测温室效应气体等。

任务实施

任务实施前必须先准备好的设备和资源见表3-2-3。

表3-2-3　设备清单表

序号	设备/资源名称	数量	是否准备到位（√）
1	气敏传感器模块	1	
2	继电器模块	1	

（续）

序号	设备 / 资源名称	数量	是否准备到位（√）
3	风扇模块	1	
4	功能扩展模块	1	
5	单片机开发模块	1	
6	显示模块	1	
7	杜邦线（数据线）	若干	
8	杜邦线转香蕉线	若干	
9	香蕉线	若干	
10	项目 3 任务 2 的代码包	1	

任务实施导航

- 搭建本任务的硬件平台，完成个设备之间的通信连接。
- 打开项目工程文件。
- 对工程里的代码进行补充，使之完整。
- 对代码进行编译，生成下载所需的 HEX 文件。
- 通过计算机将 HEX 文件下载到单片机开发模块。
- 结果验证。

具体实施步骤

1. 硬件环境搭建

本任务的硬件接线图如图 3-2-8 所示。

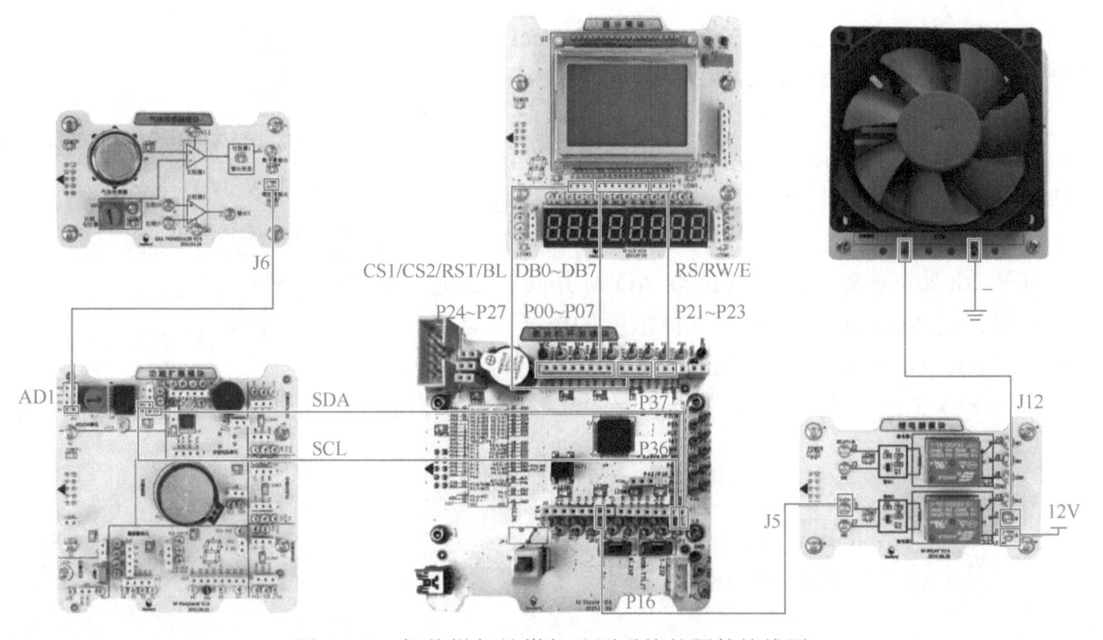

图 3-2-8　智能燃气灶煤气监测系统的硬件接线图

根据图 3-2-8 选择相应的设备模块，进行电路连接，智能燃气灶煤气监测系统硬件连接表见表 3-2-4。

表 3-2-4　智能燃气灶煤气监测系统硬件连接表

模块名称及接口号	硬件连接模块及接口号
气敏传感器模块 J6	功能扩展模块 AD1
功能扩展模块 SCL	单片机开发模块 P36
功能扩展模块 SDA	单片机开发模块 P37
继电器模块 J5	单片机开发模块 P16
继电器模块 J12	风扇模块的正极“+”
继电器模块 J11	NEWLab 平台 12V 的正极“+”
风扇模块的负极“-”	NEWLab 平台 12V 的负极“-”
显示模块数据端口 DB0~DB7	单片机开发模块 P00~P07
显示模块背光 LCD_BL	单片机开发模块 P27
显示模块复位 LCD_RST	单片机开发模块 P26
显示模块片选 LCD_CS2	单片机开发模块 P25
显示模块片选 LCD_CS1	单片机开发模块 P24
显示模块使能 LCD_E	单片机开发模块 P23
显示模块读写 LCD_RW	单片机开发模块 P22
显示模块数据 / 命令选择 LCD_RS	单片机开发模块 P21

2. 打开项目工程

进入本任务的工程文件夹中，打开 project 目录，打开工程文件 gas stove，如图 3-2-9 所示。

Listings
Objects
gas stove.uvgui.Administrator
gas stove.uvgui.yue
gas stove.uvopt
gas stove

图 3-2-9　打开 gas stove 工程文件

3. 代码完善

结合图 3-2-10 所示智能燃气灶煤气监测系统的代码程序流程图，完善代码功能，其中煤气浓度电压每 0.1s 读取一次。

打开 adc/adc.c 文件，完善读取 AD 值并转化成电压的过程，读 AD 的通道 0 获得气体浓度的电压值对应的数字量 adc.AdcVale1，由于是 8 位的 AD 值，将数字量 AdcVale1 × 3.25/255 转成模拟量 adc.result，其中 3.25 是万用表测量实际电源的电压值。

```
1. void GetAdcVale(void)
2. {
3.     adc.AdcVale1=PCF8591_Readch(0x00);//
4.     adc.result=(adc.AdcVale1*3.25/255*100);//
5. }
```

打开 App/Main.c 文件，完善主程序的控制流程，任务 GetAdcVale( ) 每 0.1s 执行一次。浓度电压监测每 1s 执行一次，TempLimit 为 100（浓度电压阈值为 100×3.25/255V=1.27V），当浓度电压小于阈值 TempLimit 时，关闭风扇，反之则打开风扇。阈值 TempLimit 根据实际环境自行进行设置，阈值的取值范围为 1~254。

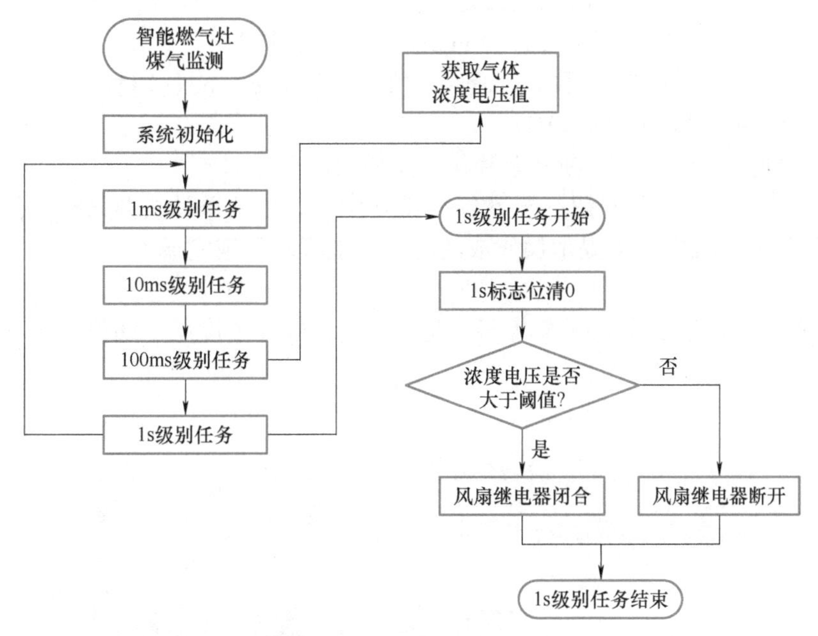

图 3-2-10　智能燃气灶煤气监测系统的代码程序流程图

```
1.   if(SystemTime.sec1f==1)// 时间过去 1s 了吗
2.   {
3.       SystemTime.sec1f=0;
4.       if(adc.AdcVale1 < TempLimit)
5.       {
6.          Relay2Off( );// 浓度电压 < 阈值,风扇关闭
7.       }
8.       else
9.       {
10.         Relay2On( );// 浓度电压≥阈值,风扇开启
11.      }
12.  }
```

4. 代码编译

1）单击“Options for Target”按钮，进入 HEX 文件的生成配置对话框，具体操作可参考本项目任务 1 中的“代码编译”部分完成配置。

2）单击工具栏上程序编译按钮“ ”，完成该工程文件的编译。在 Build Output 窗口中出现“0 Error（s），0 Warning（s）”时，表示编译通过，可参考本项目任务 1 中的“代码编译”部分完成编译。

编译通过后，会在工程的 project/Objects 目录中生成一个 gas.hex 的文件。

5. 程序下载

使用 STC-ISP 下载工具进行程序下载，具体步骤如下：

1）将 NEWLab 实训平台旋钮旋转至通信模式。

2）将单片机开发模块上的 JP2 和 JP3 开关拨至左侧。

3）选择单片机型号为 STC15W1K24S。

4）设置串口号，串口号可通过查看 PC 设备管理器获得。

5）单击“打开程序文件”，找到工程项目文件夹下的 gas.hex 文件。

6）设置 IRC 频率为 11.0592MHz。

7）弹起自锁开关 SW1，以断开单片机开发模块的电源。

8）单击“下载 / 编程”按钮，按下自锁开关 SW1，以给单片机开发模块供电，这样程序便开始下载到单片机中，当提示操作成功时，此次程序下载完成。

6. 结果验证

1）模拟燃气灶正常工作无漏气状态，监测到有害气体浓度低于阈值，排气扇关闭，如图 3-2-11 所示。

图 3-2-11 模拟燃气灶正常工作无漏气状态

2）模拟燃气灶煤气泄漏状态，监测到有害气体浓度高于阈值，排气扇打开，如图 3-2-12 所示。

任务检查与评价

完成任务后，进行任务检查与评价，任务检查与评价表存放在本书配套资源中。

任务小结

本任务小结如图 3-2-13 所示。

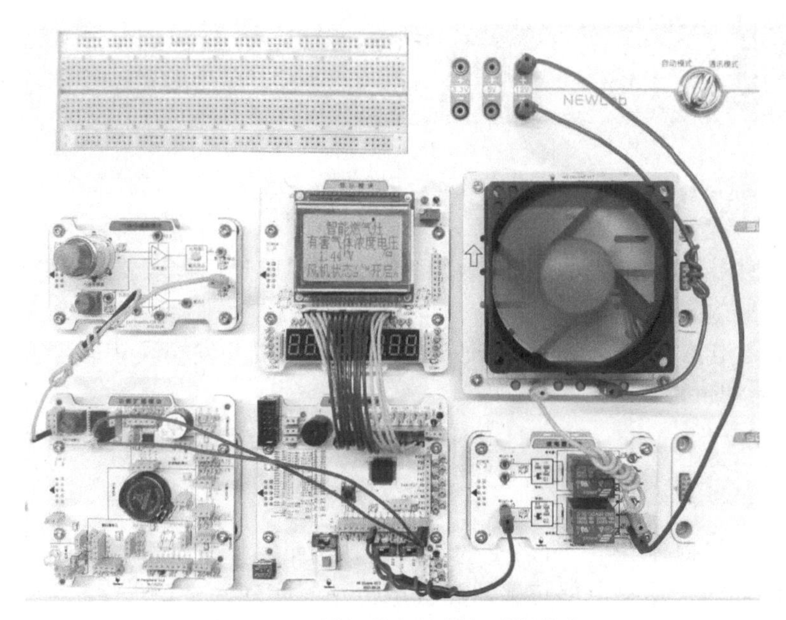

图 3-2-12　模拟燃气灶煤气泄漏状态

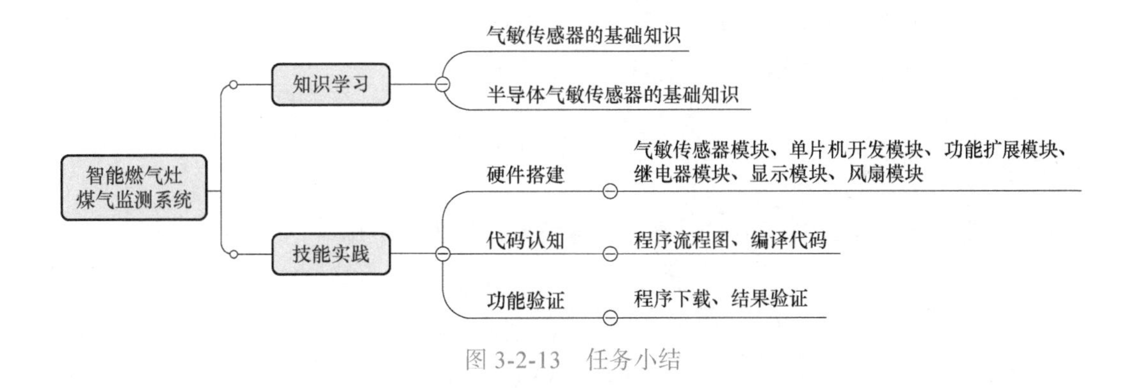

图 3-2-13　任务小结

任务拓展

1. 了解气敏传感器在不同气体中输出情况的变化

不同的气体，气敏传感器输出电压会有所不同。

1）用酒精测试，用万用表测量气敏传感器的输出电压值。

2）利用嘴巴吐气进行测试，用万用表测量气敏传感器的输出电压值。

3）用打火机的燃气测试，用万用表测量气敏传感器的输出电压值。

2. 了解在电路中气敏传感器的灵敏度设置

调节 RP1 的值，观察、对比气敏传感器测量不同浓度气体时模块的输出情况。

任务3 智能燃气灶监测系统

职业能力目标

● 能正确使用热电偶传感器和气敏传感器，运用单片机技术，采集燃气灶的温度和燃气漏气状态信息。

● 能理解继电器和执行器的工作原理，根据单片机开发模块获取传感器的状态信息，准确控制继电器和执行器。

任务描述与要求

任务描述：根据任务 1、任务 2 的改造设计结果，完成智能燃气灶项目的最终样品输出，要求能同时根据热电偶传感器和气敏传感器实现异常熄火保护和燃气泄漏预警，使得燃气灶更安全。

任务要求：

● 检测热电偶的温度信息，实现异常熄火保护并亮起指示灯。

● 当气敏传感器检测到有害气体浓度达到阈值时，开启风扇排气。

● 可以将燃气灶的状态显示在管理中心系统上。

任务分析与计划

根据所学相关知识，制订本次任务的实施计划，见表 3-3-1。

表 3-3-1 任务计划表

项目名称	智能燃气灶
任务名称	智能燃气灶监测系统
计划方式	自我设计
计划要求	请分步骤来完整描述如何完成本次任务
序号	任务计划
1	
2	
3	
4	
5	
6	
7	
8	

知识储备

一、热电偶传感模块的工作原理

1. 热电偶放大器 AD595

AD595 是完整的单芯片仪表放大器和热电偶补偿器，主要用于 K 型热电偶，通过将冰点基准源与预校准放大器相结合，可直接从热电偶信号转换为高电平（10mV/℃）输出。它可用于直接放大补偿电压，从而成为提供低阻抗电压输出的独立摄氏温度传感器。如图 3-3-1 所示，测量热电偶时，需注意热电偶的正负热电极，正热电极（红色端子）连接 +IN（J6），负热电极（蓝色端子）连接 –IN（J5）；接口 J3 连接过载检测信号，可用于报警指示（LED1 亮灯报警）；SW3 开关用于选择 AD595 的负端供电是 −5V 还是直接接地，相应的接口 J2 用于判断 AD595 是单电源供电还是双电源供电（高电平：双电源；低电平：单电源）；接口 TP4 是输出电压。

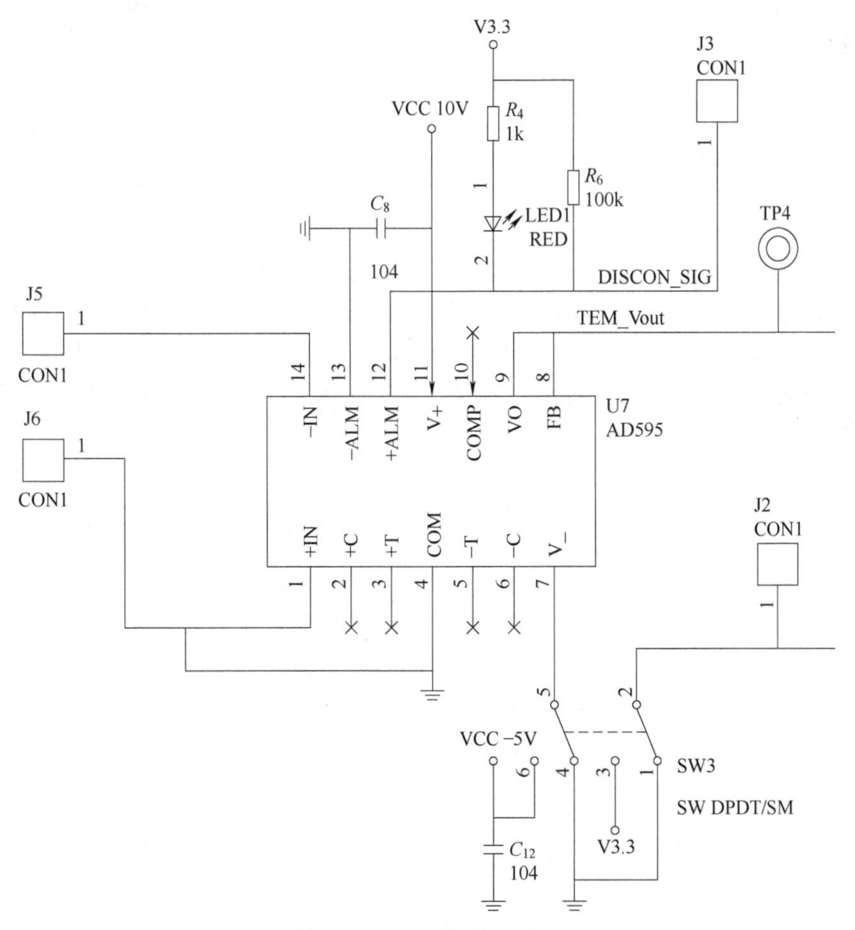

图 3-3-1　热电偶放大电路

芯片 AD595 工作温度为 +25℃，双电源供电时，即 V_+（引脚 11）为 +5V，V_-（引脚 7）为 −5V，AD595 的输出电压与被测热电偶温度的对照表见表 3-3-2，如热电偶为 25℃时，AD595 的输出电压为 250mV；当用 V_+ 为 +5V，V_- 为 0 的单电源供电时，AD595 的典型测

温范围为0~300℃，如果需要测量更高的温度，则需要相应的更高的正电源，如果需要测量零下温度，则需要给芯片的 V_-（引脚7）提供负电源。

表3-3-2　AD595的输出电压与被测热电偶温度对照表

热电偶温度/℃	K型热电偶的电压/mV	AD595输出/mV	热电偶温度/℃	K型热电偶的电压/mV	AD595输出/mV
-10	-0.392	-94	100	4.095	1015
0	0	2.7	120	4.919	1219
10	0.397	101	140	5.733	1420
20	0.798	200	160	6.539	1620
25	1.000	250	180	7.338	1817
30	1.203	300	200	8.137	2015
40	1.611	401	220	8.938	2213
50	2.022	503	240	9.745	2413
60	2.436	605	260	10.560	2614
80	3.266	810	280	11.381	2817

2. 放大及调零电路

经AD595调制过的热电动势还需进行放大，此处使用OP07作为放大器。同时设置了调零电路，在测温之前，先将万用表调到直流200mV档，将模块上的开关SW1拨到“调零”位置，用万用表测量二级放大输出TP3对地GND的电压，同时调节电位器RP1，使万用表的读数为零。调零完成后，将开关SW1拨回“工作”位置。放大及调零电路如图3-3-2所示。

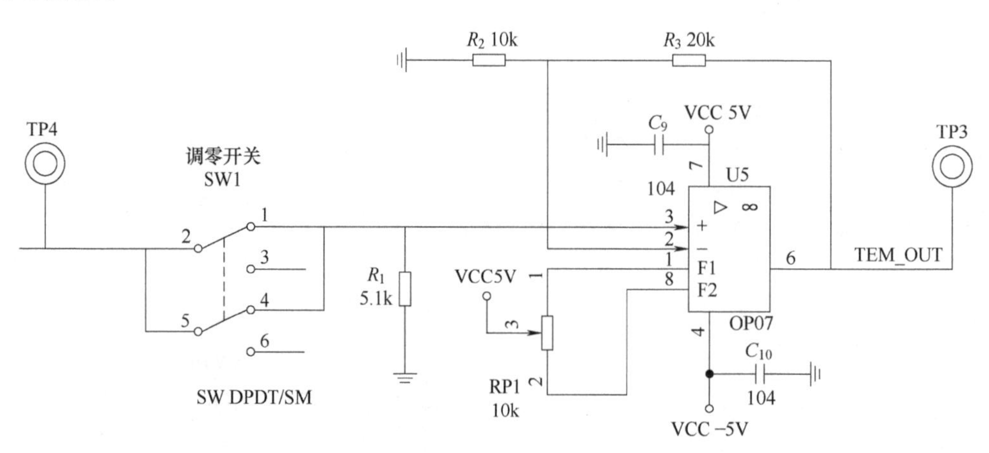

图3-3-2　放大及调零电路

3. 数字式热电偶测量电路

数字式热电偶测量电路如图3-3-3所示，使用MAX6675芯片完成测量，使用SPI接口，与单片机互连，SPI_OUT为MAX6675的数据输出，SPI_CS为片选信号，低电平有效，SPI_CLK为时钟信号，频率不超过4.3MHz。J7接热电偶的负极，J8接热电偶的正极。

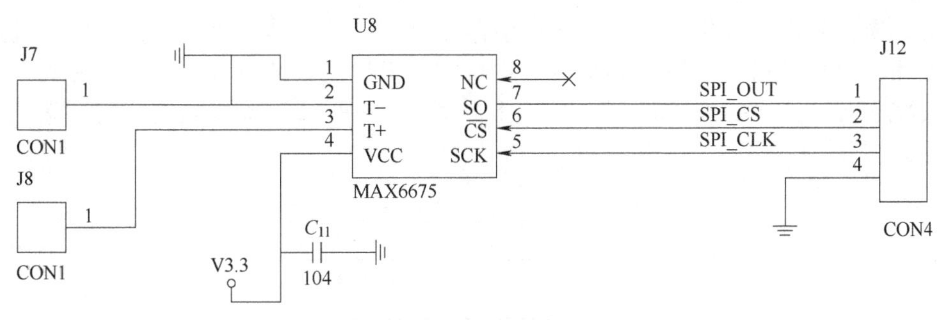

图 3-3-3 数字式热电偶测量电路

二、气敏传感器模块的工作原理

气敏传感器模块工作电路图如图 3-3-4 所示，JR1 气敏传感器引脚 1、3 的电压受空气中有害气体的浓度影响，输出相应的电压信号，该点作为 LM393 中比较器 A 的正端（引脚 3）输入电压。采集电位器（RP1）调节端的电压作为比较器 A 负端（引脚 2）输入电压。比较器 A 根据两个电压的情况进行对比，输出端（引脚 1）输出相应的电平信号。

调节 RP1，调节比较器 A 正端的输入电压，设置对应的有害气体浓度灵敏度，即阈值电压。当气体正常或有害气体浓度较低时，传感器的输出电压小于阈值电压，比较器 A 输出端（引脚 1）输出为低电平电压；当出现有害气体（液化气等）且浓度超过阈值时，传感器的输出电压增大，传感器输出电压增大大于阈值电压，比较器 A 输出端（引脚 1）输出为高电平。

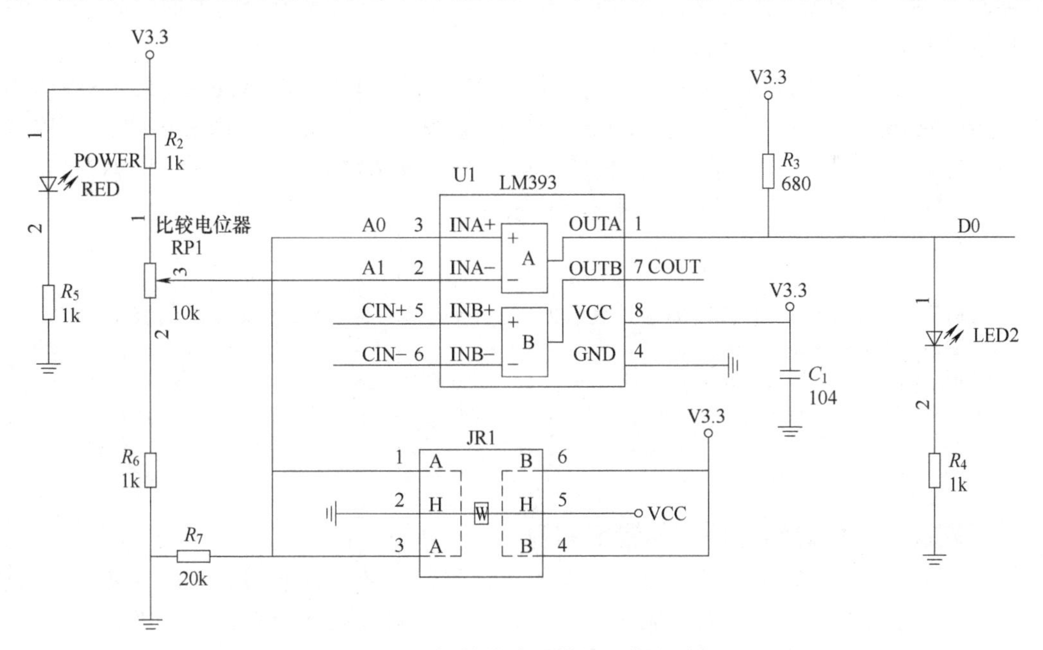

图 3-3-4 气敏传感器模块工作电路图

三、智能燃气灶监测系统结构分析

本任务要求能同时根据热电偶传感器和气敏传感器实现异常熄火保护和燃气泄漏预警，使燃气灶更加安全。需要通过单片机对热电偶传感器和气敏传感器两个传感器同时监测，根据监测到的传感器状态进行后续控制。监测热电偶的温度信息，当温度低于阈值时，指示灯点亮，模拟异常熄火保护，当气敏传感器监测到有害气体浓度达到阈值时，开启风扇排气。因此需要单片机开发模块和继电器模块配合来控制楼道灯和风扇的开和关。最后将燃气灶的状态显示在LCD12864显示模块上。图3-3-5所示是智能燃气灶监测系统硬件设计框图。

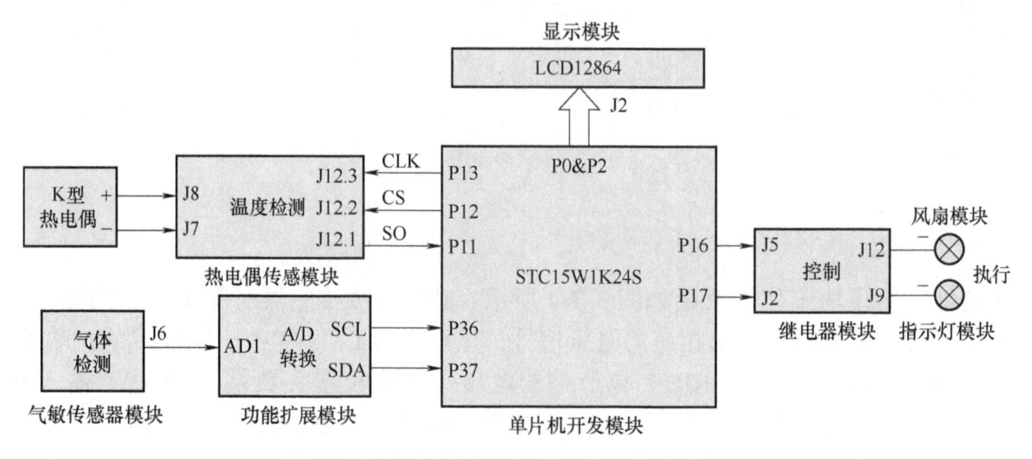

图3-3-5　智能燃气灶监测系统硬件设计框图

四、智能燃气灶监测系统功能代码分析

需求：同时监测热电偶的温度和有害气体的浓度，当温度低于阈值时，报警灯点亮；当气体浓度超过阈值时，打开排气扇。

解决办法：单片机开发模块监测气敏传感器的浓度电压adc.AdcVale1，当浓度电压超过阈值TempLimit时，单片机控制继电器打开排气扇。单片机用SPI接口直接读取MAX6675的16位数据，即可得到热电偶的温度值Max6675.temperature，当温度值低于阈值TempLimit2时，单片机控制继电器点亮指示灯。

具体如下：

定义阈值TempLimit为150,数字量表示相当于电压150×3.25/255V=1.9V,其中3.25为电源电压实测值,255是8位AD最大值。

判断AD采样值adc.AdcVale1 大于TempLimit,调用Relay2On打开排气扇。

定义TempLimit2为35℃,当Max6675.temperature小于TempLimit2时,调用Relay1On亮灯。

扩展阅读：燃气灶智能控制的应用实例

传统燃气灶大多都是采用机械式的开关进行控制，开关只能够打火或者是调节火焰的大小。触屏智能燃气灶可调节火焰的大小，可以开启或关闭燃气，定时开关机，锅温可自动控制，可设定倒计时长，主动通知使用者，防干烧和防火灾以及防燃气泄漏等，安全性能大大提高，用户体验更好。

任务实施

任务实施前必须先准备好的设备和资源见表3-3-3。

表 3-3-3 设备清单表

序号	设备 / 资源名称	数量	是否准备到位（√）
1	热电偶传感模块	1	
2	K 型热电偶	1	
3	气敏传感器模块	1	
4	继电器模块	1	
5	指示灯模块	1	
6	风扇模块	1	
7	功能扩展模块	1	
8	单片机开发模块	1	
9	显示模块	1	
10	杜邦线（数据线）	若干	
11	杜邦线转香蕉线	若干	
12	香蕉线	若干	
13	项目 3 任务 3 的代码包	1	

任务实施导航

- 搭建本任务的硬件平台，完成个设备之间的通信连接。
- 打开项目工程文件。
- 对工程里的代码进行补充，使之完整。
- 对代码进行编译，生成下载所需的 HEX 文件。
- 通过计算机将 HEX 文件下载到单片机开发模块。
- 结果验证。

具体实施步骤

1. 硬件环境搭建

本任务的硬件接线图如图 3-3-6 所示。

根据图 3-3-6 选择相应的设备模块，进行电路连接，智能燃气灶监测系统硬件连接表见表 3-3-4。

表 3-3-4 智能燃气灶监测系统硬件连接表

模块名称及接口号	硬件连接模块及接口号
气敏传感器模块 J6	功能扩展模块 AD1
功能扩展模块 SCL	单片机开发模块 P36
功能扩展模块 SDA	单片机开发模块 P37
热电偶传感模块 J8	热电偶的正极“+”
热电偶传感模块 J7	热电偶的负极“–”
热电偶传感模块 SO	单片机开发模块 P11
热电偶传感模块 CS	单片机开发模块 P12
热电偶传感模块 SCK	单片机开发模块 P13
继电器模块 J2	单片机开发模块 P17

（续）

模块名称及接口号	硬件连接模块及接口号
继电器模块 J9	指示灯模块的正极“+”
继电器模块 J8	NEWLab 平台 12V 的正极“+”
指示灯模块的负极“-”	NEWLab 平台 12V 的负极“-”
继电器模块 J5	单片机开发模块 P16
继电器模块 J12	风扇模块的正极“+”
继电器模块 J11	NEWLab 平台 12V 的正极“+”
风扇模块的负极“-”	NEWLab 平台 12V 的负极“-”
显示模块数据端口 DB0~DB7	单片机开发模块 P00~P07
显示模块背光 LCD_BL	单片机开发模块 P27
显示模块复位 LCD_RST	单片机开发模块 P26
显示模块片选 LCD_CS2	单片机开发模块 P25
显示模块片选 LCD_CS1	单片机开发模块 P24
显示模块使能 LCD_E	单片机开发模块 P23
显示模块读写 LCD_RW	单片机开发模块 P22
显示模块数据 / 命令选择 LCD_RS	单片机开发模块 P21

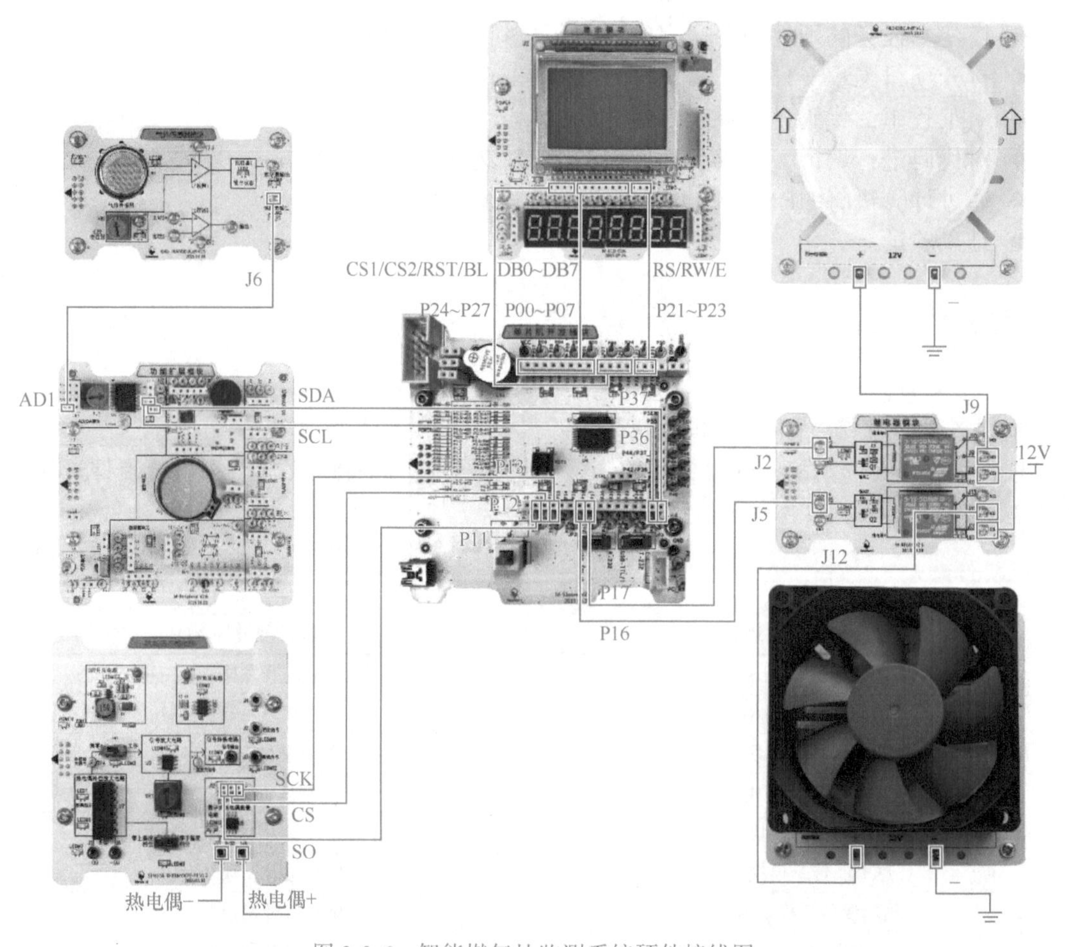

图 3-3-6　智能燃气灶监测系统硬件接线图

2. 打开项目工程

打开本任务的初始代码工程，具体操作步骤可参考本项目任务 1 中的“打开项目工程”部分。

3. 代码完善

结合图 3-3-7 所示智能燃气灶监测系统的代码程序流程图，完善代码功能，其中煤气浓度电压每 0.1s 读取一次，浓度判断及温度判断都是每秒执行一次。

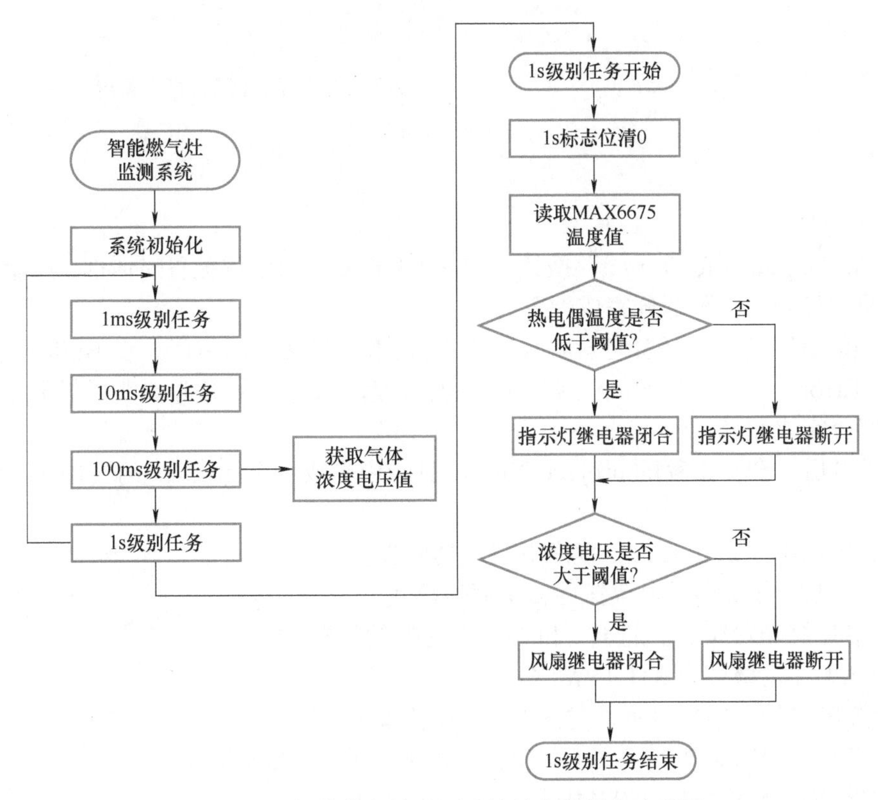

图 3-3-7　智能燃气灶监测系统的代码程序流程图

打开 App/Main.c 文件，完善主程序的控制流程，任务 GetAdcVale( ) 每 0.1s 执行一次。浓度电压监测每 1s 执行一次，TempLimit 为 150（浓度电压阈值为 150×3.25/255V=1.9V，其中 3.25 为实测电源电压值，注：此阈值可根据实际情况进行修改），当浓度电压小于阈值 TempLimit 时，关闭风扇，反之则打开风扇。温度阈值 TempLimit2 设为 35℃，当监测到温度低于 35℃时，报警灯点亮。

```
1.  if(SystemTime.sec1f==1)              //时间过去 1s 了吗
2.  {
3.      SystemTime.sec1f=0;
4.      MAX6675_ReadData( );             //读取热电偶的温度
5.      if(Max6675.temperature > TempLimit2)
6.      {
7.          Relay1Off( );                //温度≤阈值,指示灯熄灭
8.      }
9.      else
```

```
10.     {
11.         Relay1On( );                    // 温度≤阈值,指示灯点亮
12.     }
13.     if(adc.AdcVale1 < TempLimit)
14.     {
15.         Relay2Off( );                   // 浓度电压 < 阈值,关闭风扇
16.     }
17.     else
18.     {
19.         Relay2On( );                    // 浓度电压≥阈值,打开风扇
20.     }
21. }
```

4. 代码编译

1）单击“Options for Target”按钮，进入 HEX 文件的生成配置对话框，可参考本项目任务 1 中的“代码编译”部分完成配置。

2）单击工具栏上程序编译按钮“”，完成该工程文件的编译。在 Build Output 界面中出现“0 Error（s），0 Warning（s）”时，表示编译通过，可参考本项目任务 1 中的“代码编译”部分完成编译。

编译通过后，会在工程的 project/Objects 目录中生成一个 gas.hex 的文件。

5. 程序下载

使用 STC-ISP 下载工具进行程序下载，具体步骤如下所示：

1）将 NEWLab 实训平台旋钮旋转至通信模式。

2）将单片机开发模块上的 JP2 和 JP3 开关拨至左侧。

3）选择单片机型号为 STC15W1K24S。

4）设置串口号，串口号可通过查看 PC 设备管理器获得。

5）单击打开程序文件，找到工程项目文件夹下的 gas.hex 文件。

6）设置 IRC 频率为 11.0592MHz。

7）弹起自锁开关 SW1，以断开单片机开发模块的电源。

8）单击“下载 / 编程”按钮，按下自锁开关 SW1，以给单片机开发模块供电，这样程序便开始下载到单片机中，当提示操作成功时，此次程序下载完成。

6. 结果验证

模拟燃气灶正常工作状态，监测到有害气体浓度低于阈值时，排气扇关闭，温度高于阈值 35℃时，报警灯熄灭，如图 3-3-8 所示。

模拟燃气灶异常熄火状态，监测到温度低于阈值 35℃时，报警灯点亮，如图 3-3-9 所示。

模拟燃气灶煤气泄漏状态，监测有害气体浓度高于阈值时，排气扇打开，如图 3-3-10 所示。

任务检查与评价

完成任务后，进行任务检查与评价，任务检查与评价表存放在本书配套资源中。

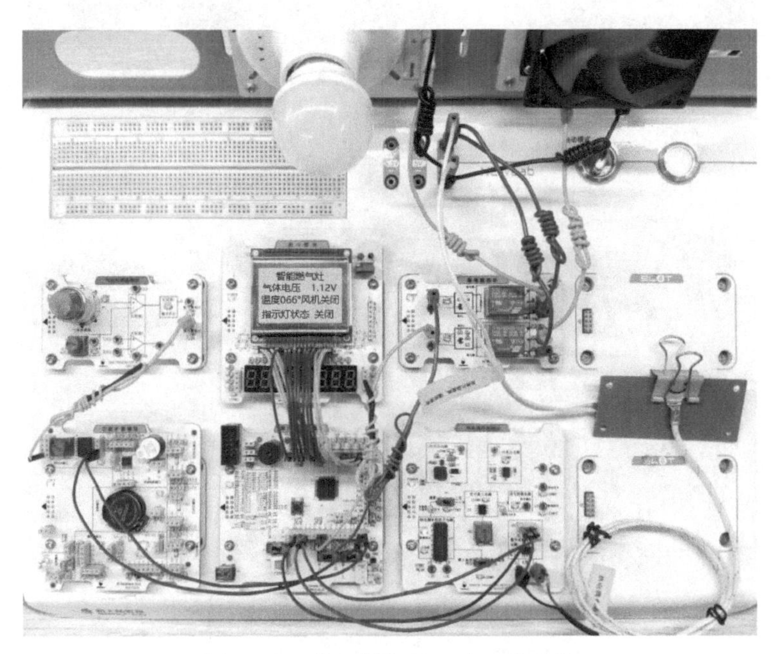

图 3-3-8 模拟燃气灶正常工作状态

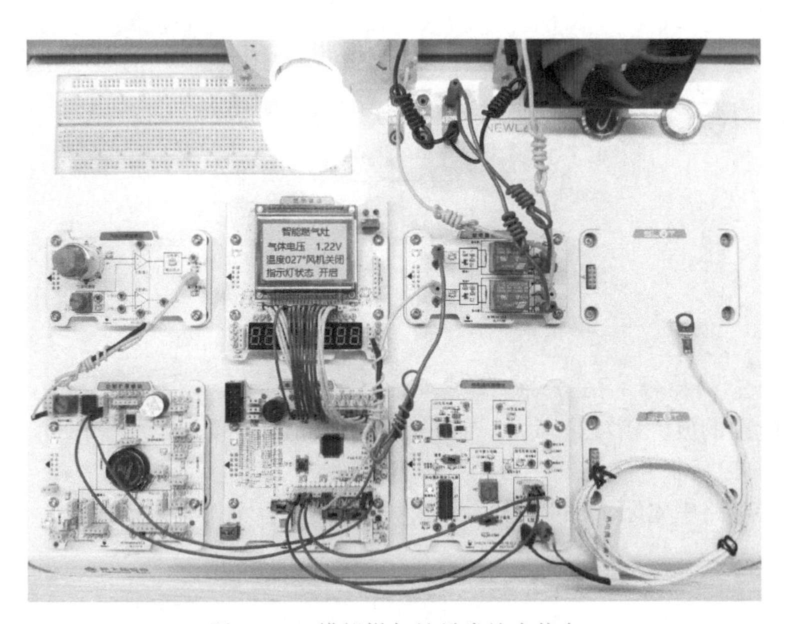

图 3-3-9 模拟燃气灶异常熄火状态

任务小结

本任务小结如图 3-3-11 所示。

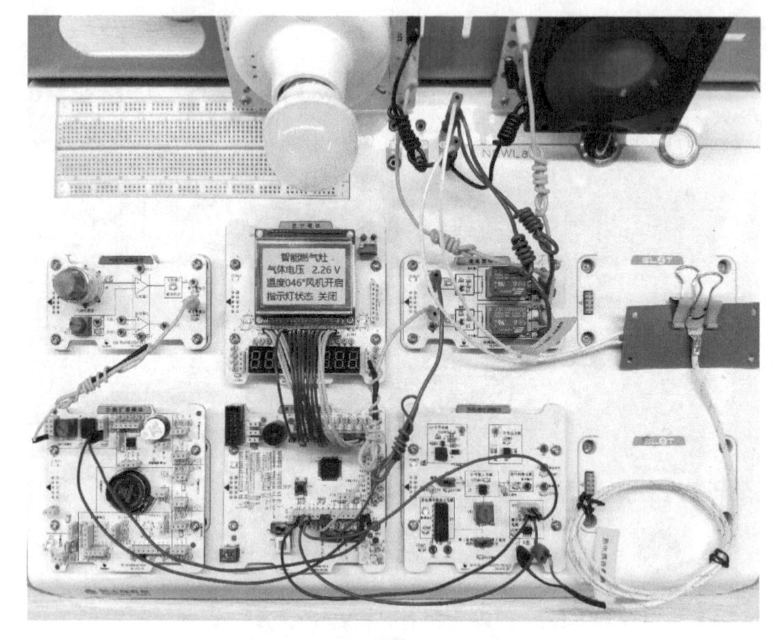

图 3-3-10　模拟燃气灶煤气泄漏状态

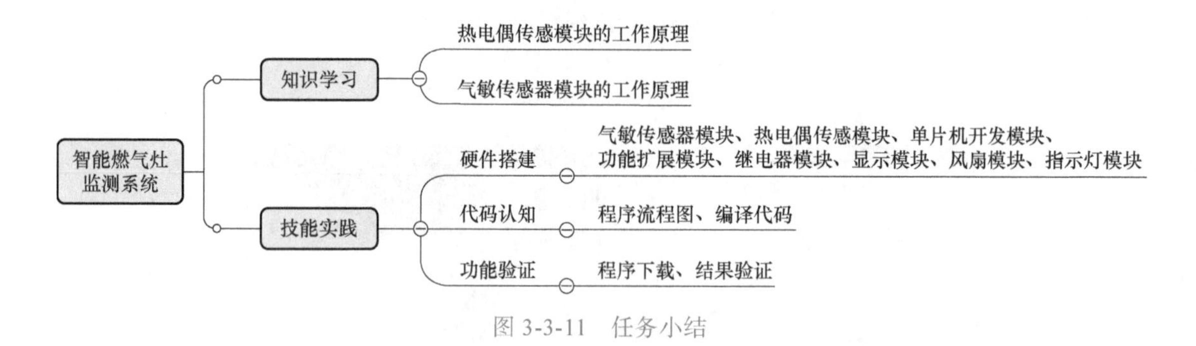

图 3-3-11　任务小结

任务拓展

1. 认识热电偶传感器的信号调理电路

二级放大电路的放大倍数是多少？能否改成其他放大倍数？

2. 认识气敏传感器电路

气敏传感器电路中电阻 R_7 的作用是什么？

项目 4

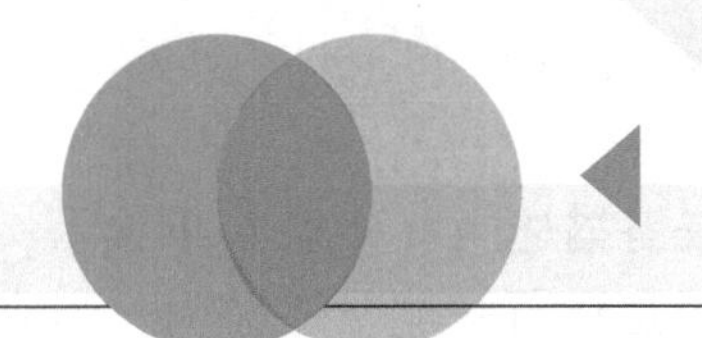

智能防盗系统

引导案例

安全是一种状态，是通过持续的危险识别和风险管理，将人身伤害或财产损失的风险降低并保持在可接受的水平或其以下。在现代化高度发展的今天，犯罪更趋向智能化，手段更隐蔽，所以加强现代化安防技术就显得更为重要。于是，许多家庭、果园、鱼塘利用红外对射、压电、热释电等一些传感器组成的智能防盗系统，预防一些不速之客的入侵，从而保护着自身以及财产安全。

使用智能防盗系统进行安全防范，首先可以对那些入侵者起到威慑作用，使其不敢轻易作案。当智能防盗系统在布防状态下发现了入侵者，系统发出声光报警既能通知管理人员，又能威慑入侵者，使其不敢轻易动手，所以对预防犯罪相当有效；其次智能防盗系统能及时发现入侵者，及时报警，大大减少了人力、物力上的费用。智能防盗系统的应用场景图如图 4-1-1 所示。

图 4-1-1　智能防盗系统的应用场景图

任务 1　红外对射智能防盗监测系统

职业能力目标

● 能根据对射型红外光传感器的结构、特性、工作参数和应用领域，正确地查阅相关的数据手册，实现对其进行识别和选型。

● 能根据对射型红外光传感器的数据手册，结合单片机技术，准确地采集智能防盗系统的环境监测数据。

● 能理解蜂鸣器电路与状态灯电路的工作原理，根据单片机获取红外光传感器的状态信息，准确地控制蜂鸣器和状态灯。

任务描述与要求

任务描述：×× 公司承接了一栋别墅的防盗报警项目。客户要求对别墅的门窗以及一些过道进行智能防盗监测。当有人入侵时，系统可以实现声光报警。现要进行第一个功能的改造设计，要求对过道进行智能防盗监测。

任务要求：

- 对过道进行智能防盗监测，要求设有“布防”与“撤防”两种功能按键。
- “布防”状态下，当监测到过道有入侵者时，系统持续发出声光报警，只有手动按下“撤防”按键，才能取消报警。
- “撤防”状态下，当监测到过道有人时，系统不会发出声光报警。
- 可以将智能防盗监测的状态显示在管理中心系统上。

任务分析与计划

根据所学相关知识，制订本次任务的实施计划，见表 4-1-1。

表 4-1-1 任务计划表

项目名称	智能防盗系统
任务名称	红外对射智能防盗监测系统
计划方式	自我设计
计划要求	请分步骤来完整描述如何完成本次任务
序号	任务计划
1	
2	
3	
4	
5	
6	
7	
8	
9	
10	

知识储备

一、光敏器件的基础知识

1. 光电二极管

（1）光电二极管的结构与分类

光电二极管是一种能够将光根据使用方式转换成电流或者电压信号的光探测器。光电二极管与半导体二极管在结构上是类似的，其管芯是一个具有光敏特征的 PN 结，对光的变化非常敏感，具有单向导电性，因此工作时需加上反向电压。目前使用最多的是硅光电二极管，它可以分成四种类型：PN 结型、PIN 结型、雪崩型以及肖特基结型。

（2）光电二极管的工作原理与主要参数

光电二极管和普通二极管相比虽然都属于单向导电的非线性半导体器件，但在结构上有其特殊的地方，光电二极管是基于半导体光生伏特效应的原理制成的光电器件。光电二极管在电路中的符号如图 4-1-2a 所示。光电二极管在电路中一般处于反向接入状态，即正极接电源负极，负极接电源正极，如图 4-1-2b 所示。在没有光照时，光电二极管的反向电阻很大，反向电流很微弱，称为暗电流。当有光照时，光子打在 PN 结附近，于是在 PN 结附近产生电子—空穴对，它们在 PN 结内部电场做用下做定向运动，形成光电流。光照越强，光电流越大。所以，在不受光照射时，光电二极管处于截止状态；受到光照时，二极管处于导通状态。

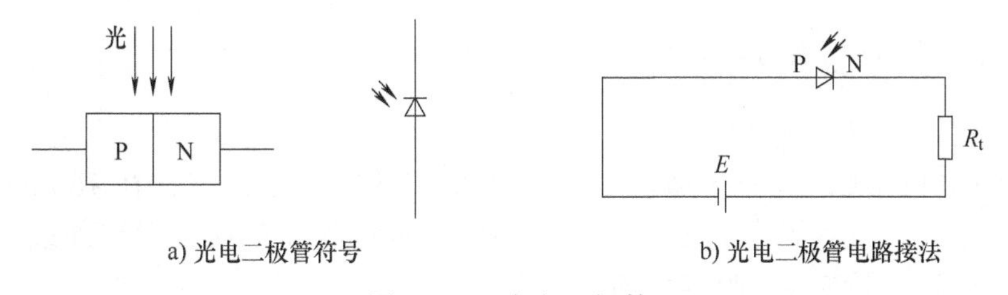

a) 光电二极管符号　　b) 光电二极管电路接法

图 4-1-2　光电二极管

光电二极管主要参数可以分为最高反向工作电压、暗电流、光电流、光电灵敏度、响应时间、正向压降和结电容。

1）最高反向工作电压是指光电二极管在无光照和反向漏电流小于 0.1mA 两种条件下，所能承受的最高反向电压值。

2）暗电流是指光电二极管在无光照与最高反向工作电压两种条件下，所产生的漏电流。光电二极管的性能越稳定，检测弱光的能力越强，则暗电流越小。

3）光电流是指光电二极管在受到一定光照时，在最高反向工作电压下所产生的电流。

4）光电灵敏度是指光电二极管对光敏感程度的一个参数，用在每微瓦的入射光能量下所产生的光电流来表示，单位为 μA/μW。

5）响应时间是指光电二极管将光信号转化为电信号所需要的时间，一般为几十纳秒。响应时间越短，说明光电二极管的工作频率越高。

6）正向压降是指光电二极管中通过一定的正向电流时，它的两端所产生的电压降。

7）结电容是指光电二极管 PN 结的电容。结电容是影响光电响应速度的主要因素。结面积越小，结电容也就越小，则工作频率越高。

2. 光电晶体管

(1) 光电晶体管的结构

光电晶体管与光电二极管不同的是有两个背对相接的 PN 结；与普通晶体管相似的是，它也有电流增益。因为光电晶体管无需电参量控制，所以一般没有基极引出线，只有集电极 c 和发射极 e 两个引脚，而且外形和光电二极管极为相似，很难区别开，需认真看清管壳外缘标注的型号，以免混淆。

(2) 光电晶体管的工作原理

光电晶体管如图 4-1-3 所示，它和普通晶体管相似，也有电流放大作用，只是它的集电极电流不只是受基极电路电流控制，同时也受光辐射的控制。通常基极不引出，有一些光电晶体管的基极有引脚，用于温度补偿和附加控制等作用。当具有光敏特性的 PN 结受到光辐射时，形成光电流，由此产生的光生电流由基极进入发射极，从而在集电极回路中得到一个放大了 β 倍的信号电流。不同材料制成的光电晶体管具有不同的光谱特性，与光电二极管相比，光电晶体管具有光电流放大作用，具有更高的灵敏度。

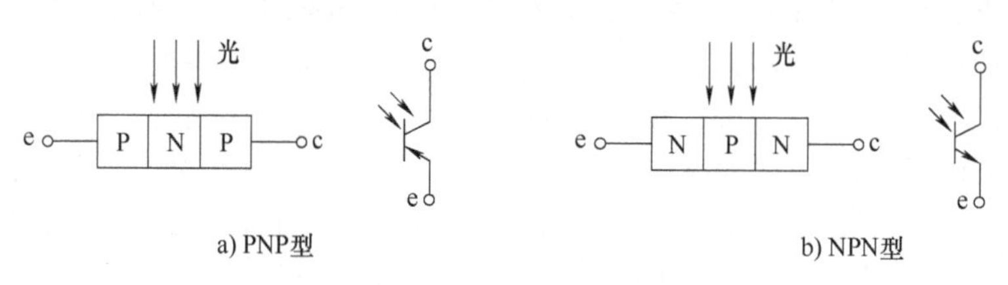

图 4-1-3 光电晶体管

二、红外光传感器的基础知识

1. 红外光传感器的基础知识

红外光又称红外线，是介于微波与可见光之间的电磁波，波长在 760nm~1mm 之间，它的频率比红光低。自然界中只要本身具有一定温度的物质都能辐射红外线，红外线具有反射、折射、散射、干涉、吸收等性质。

红外光传感器是利用红外线的物理性质来进行测量的传感器，红外光传感器测量时不与被测物体直接接触，因而不存在摩擦；它还不受周围可见光的影响，有灵敏度高，响应快等优点。

2. 红外光传感器的结构与分类

红外光传感器又称光电接近开关，简称光电开关，它是利用被检测物对光束的遮挡或反射，由同步回路选通电路，从而检测物体有无的。物体不限于金属，所有能反射光线的物体均可被检测。红外光传感器将输入电流在发射器上转换为光信号射出，接收器再根据接收到的光线的强弱或有无对目标物体进行探测。按照结构的不同可以将红外光传感器分为放大器分离型、放大器内藏型和电源内藏型三类。

(1) 放大器分离型

放大器分离型是将放大器与传感器分离，并采用专用集成电路和混合安装工艺制成，由于传感器具有超小型和多品种的特点，因而放大器分离型的功能较多。该类型采用端子台连接方式，交、直流电源通用，具有接通和断开延时功能，可设置亮、音自动切换开关，能控制 6 种输出状态，兼有接点和电平两种输出方式。

(2) 放大器内藏型

放大器内藏型是将放大器与传感器一体化，采用专用集成电路和表面安装工艺制成，使用直流电源工作。其响应速度有 0.1ms 和 1ms 两种，能检测细小和高速运动的物体。一般具有自诊断功能，装有受光指示灯（红色）和稳定区域指示灯（绿色），使灵敏度调节非常方便。兼有电压和电流两种输出方式，能防止相互干扰，在系统安装中十分方便。

（3）电源内藏型

电源内藏型是将放大器、传感器与电源装置一体化，采用专用集成电路和表面安装工艺制成。它一般使用交流电源，在生产现场取代接触式行程开关，可直接用于强电控制电路；也可自行设置自诊断稳定工作区指示灯，输出电路备有 SSR 固态继电器或继电器常开、常闭触点，可防止相互干扰，并可紧密安装在系统中。

3. 红外光传感器的工作原理

光电开关和光电断续器都是采用红外光的光电式传感器，都是由红外发射器与光敏接收器组成。它们可用于检测物体的靠近、通过等状态，是一种用于数字量检测的常用器件。如果配合继电器就构成了一种电子开关，图 4-1-4 所示为基本的光电开关电路。

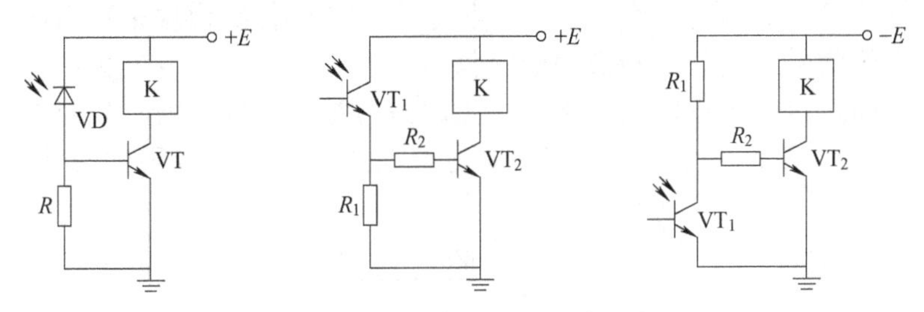

图 4-1-4　基本的光电开关电路

光电断续器的红外发射器可以直接用直流电驱动，其正向压降为 1.2~1.5V，驱动电流控制在几十毫安；接收器一般采用光电二极管或光电晶体管。光电断路器价格便宜、结构简单、性能可靠，被广泛应用于自动控制系统、设备检测中。

而光电开关的检测距离可达数十米。红外发射器一般采用功能较大的红外 LED，接收器可采用光电晶体管、光电达林顿晶体管或光电池，为了防止荧光灯的干扰，可在光敏器件表面加红外滤光透镜；其次，红外 LED 可用高频脉冲电流驱动，从而发射调制光脉冲，可以有效防止太阳光的干扰。光电开关广泛应用于自动化机械装置中。

从原理上讲，光电开关和光电断续器没有太大的差别，但光电断续器是整体结构，将红外发射器、接收器放置于一个体积很小的塑料壳体中，两者能可靠地对准，检测距离只有几毫米至几十毫米。

红外光传感器如图 4-1-5 所示，它可以分为对射型和反射型两种。

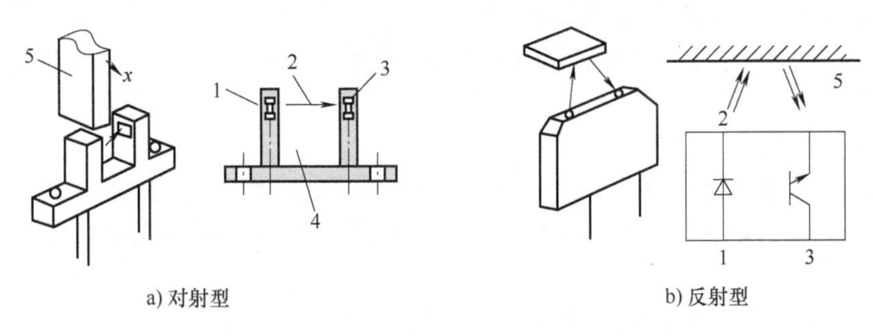

图 4-1-5　红外光传感器

1—红外发射器　2—红外光　3—光敏接收器　4—槽　5—被测物

（1）对射型红外光传感器

以红外对射传感器 LTH-301-32 为例，结构如图 4-1-5a 所示。当没有外界物体影响时，传感器红外发射器发射红外线被光敏接收器接收，当有物体从发射器和接收器两者中间通过时，红外光束被阻断，接收器接收不到红外线而产生一个电脉冲。

（2）反射型红外光传感器

以红外反射传感器 ITR20001/T 为例，结构如图 4-1-5b 所示。它的工作波长为 940nm，当没有外界物体影响时，传感器红外发射器发射的红外线不会被光敏接收器接收，当有物体靠近传感器时，红外光束被物体反射，接收器接收到红外线而产生一个电脉冲。

三、红外对射智能防盗监测系统结构分析

1. 红外对射智能防盗监测系统的硬件设计框图

红外对射智能防盗监测系统由红外传感模块、单片机开发模块、键盘模块、显示模块、蜂鸣器电路和指示灯电路组成。在“布防”状态下，红外传感模块采集当前环境是否有遮挡物，将采集到的信号经过处理转换为数字信号后发送到单片机开发模块，单片机根据接收到的数字信号间接对蜂鸣器电路和指示灯电路进行控制，同时将红外对射智能防盗监测系统工作状态在显示模块进行显示。红外对射智能防盗监测系统硬件设计框图如图 4-1-6 所示。

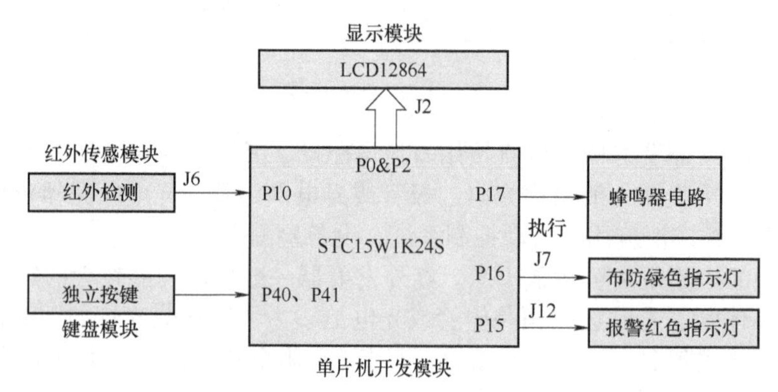

图 4-1-6　红外对射智能防盗监测系统硬件设计框图

2. 红外传感模块的认识

本次任务需要使用到红外传感模块，红外传感模块电路板结构图如图 4-1-7 所示。红外传感模块上使用的红外对射传感器型号为 LTH-301-32，是一种 U 形的槽型光电开关，常用于小家电、复印机、扫描器、自动感应器等。

红外传感模块上使用的红外反射传感器的型号为 ITR20001/T，是一种收发一体红外对管，常用于传真机、门禁机、出卡机、车辆检测器、跑步机、打卡钟等。

1）图 4-1-7 中数字对应模块情况如下：

①、② ——红外对射传感器 LTH-301-32 及红外对射传感电路。

③、④ ——对射输出 1、2 接口 J5、J6，测量红外对射传感器光电晶体管输出的电平电压。

⑤、⑥ ——红外反射传感器 ITR20001/T 及红外发射传感电路。

⑦、⑧ ——反射输出 1、2 接口 J2、J3，测量红外反射传感器光电晶体管输出的电压，即比较器 1、2 正端（引脚 3、引脚 5）的输入电压。

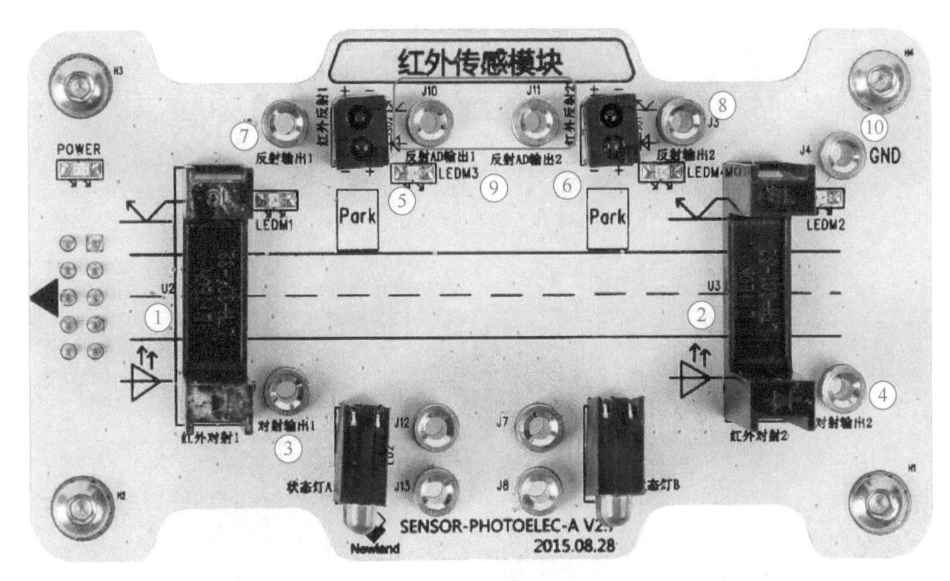

图 4-1-7　红外传感模块电路板结构图

⑨——反射 AD 输出 1、2 接口 J10、J11，测量比较器 1、2 输出端（引脚 1、引脚 7）电压；

⑩——接地 GND 接口 J4。

2）红外对射传感器的检测方法为以红外对射传感器 LTH-301-32 为例，将红外传感模块通电后，将万用表调至大于 5V 的直流电压档，同时将万用表的红表笔和黑表笔分别搭接在对射输出 1 与 GND 两端，当红外对射传感器中间被遮挡时，红外对射传感器检测到一个信号，此信号连接的信号放大电路将信号放大后，通过万用表的直流电压档可以测量到一个 3.3V 左右的高电平信号。

3. 执行器的认识

本次任务应用的蜂鸣器为无源蜂鸣器，需要通过脉冲信号进行控制。通过短接单片机开发模块的接口 J1，将单片机 IO 口的 P17 与蜂鸣器电路相连。蜂鸣器电路的工作原理是由单片机 IO 口的电平变换通过 NPN 型晶体管进行控制。当 IO 口无脉冲信号时，蜂鸣器无声。当 IO 口有脉冲信号时，蜂鸣器发出响声。蜂鸣器电路位置如图 4-1-8 所示。

本次任务应用的指示灯电路在红外传感模块上，在单片机开发模块与红外传感模块位于同一电路板的前提下，可以使用单片机的 IO 口直接连接 J7、J8、J12、J13，对红绿 LED 灯进行控制。当 IO 口为高电平时，LED 灯熄灭。当 IO 口为低电平时，LED 灯点亮。指示灯电路如图 4-1-9 所示。

四、红外光传感器系统功能代码分析

根据任务要求，本次任务共要完成四点，现对每一点功能需求进行设计。

需求 1：需要设定“布防”与“撤防”两种功能，在“布防”状态下，传感器进行检测；在“撤防”状态下，传感器不进行检测。

解决方法：定义两个 IO 口为独立按键接口。当 P40 接口的独立按键 S101 按下时，系统进入“布防”状态；当 P41 接口的独立按键 S102 按下时，系统进入“撤防”状态。

```
#define keyport0 P40
#define keyport1 P41
```

图 4-1-8　蜂鸣器电路位置

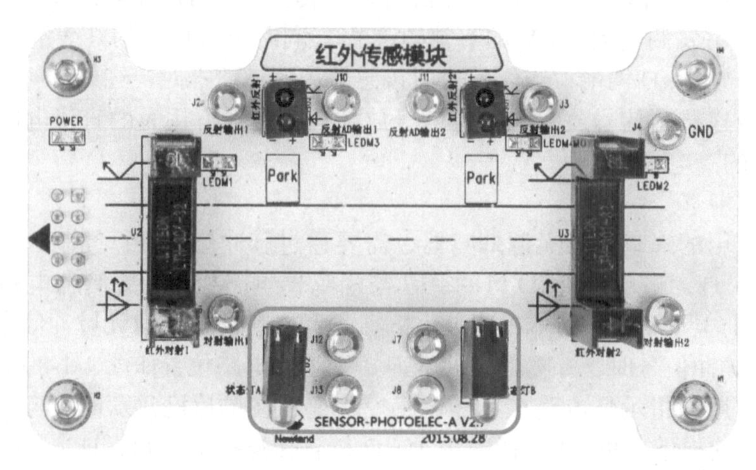

图 4-1-9　指示灯电路

需求 2：实现声音报警。

解决办法：由于单片机开发模块上的蜂鸣器电路使用的是无源蜂鸣器，不能直接通过高低电平直接控制，对此需要让 IO 口产生脉冲，当需要控制蜂鸣器响时，调用脉冲信号函数。

```
当beepercontrol.enable_biton=0;关闭 IO 无脉冲,蜂鸣器无声音;
当beepercontrol.enable_biton=1;开启 IO 有脉冲,蜂鸣器有声音。
```

需求 3：实现灯光报警。

解决办法：使用红外传感模块上的“状态灯”作为本次系统的指示灯电路，定义两个 IO 口为两盏 LED 灯。P16 为“布防”绿色指示灯，P15 为“报警”红色指示灯。

```
sbit ALARMLED=P1^5;定义 ALARMLED 为报警红色指示灯;
P16 为布防指示灯,当 if(P16==0)时,布防状态指示灯有效。
```

需求 4：在 LCD 屏幕上监测系统的状态。

解决办法：使用 LCD12864 进行显示，在“布防”状态下，无触发警报时，系统上显示“正常”；触发警报时，系统上显示“报警”。

```
uiCol=16;                                   // 显示格式:空字字字字字字空
uiRow=0;                                    // 显示 16×16 汉字
Disp_16×16(uiRow*2,uiCol+0,ru);             // 显示汉字“入”
Disp_16×16(uiRow*2,uiCol+16,qing);          // 显示汉字“侵”
Disp_16×16(uiRow*2,uiCol+32,fang);          // 显示汉字“防”
Disp_16×16(uiRow*2,uiCol+48,dao);           // 显示汉字“盗”
Disp_16×16(uiRow*2,uiCol+64,xi);            // 显示汉字“系”
Disp_16×16(uiRow*2,uiCol+80,tong);          // 显示汉字“统”

uiCol=0;                                    // 显示格式:字字字字空字字空
uiRow=1;                                    // 显示 16×16 汉字
Disp_16×16(uiRow*2,uiCol+0,  zhuang);       // 显示汉字“状”
Disp_16×16(uiRow*2,uiCol+16,tai);           // 显示汉字“态”
if(ALARMLED==0)                             // 判断是否报警
{
    Disp_16×16(uiRow*2,uiCol+80,bao);       // 显示汉字“报”
    Disp_16×16(uiRow*2,uiCol+96,jing);      // 显示汉字“警”
}
else
{
    Disp_16×16(uiRow*2,uiCol+80,zheng);     // 显示汉字“正”
    Disp_16×16(uiRow*2,uiCol+96,chang);     // 显示汉字“常”
}
```

扩展阅读：对射型光电开关的应用实例

对射型光电开关由发射器和接收器两部分组成，当物体进入发射器与接收器之间形成阻挡时，物体将被检测。生活中很多感应类的电器就是利用这一性质。

1）在电梯上，对射型光电开关应用于门的两侧，当有人进去时，阻挡对射型光电开关的对射，电梯门停止关闭。

2）在抓娃娃机上，我们知道每抓一次娃娃都要进行投币，在这投币器里，当有硬币进入时，阻挡对射型光电开关的对射，机器产生了一个命令，知道你投入硬币，根据阻挡的次数就可以判断投入的硬币数量。

3）在打印机上，当纸张推出时，阻挡对射型光电开关的对射，打印机根据阻挡的次数就可以判断打印到第几张纸，或者停止打印。

任务实施

任务实施前必须先准备好的设备和资源见表 4-1-2。

表 4-1-2　设备清单表

序号	设备 / 资源名称	数量	是否准备到位（√）
1	红外传感模块	1	
2	键盘模块	1	
3	单片机开发模块	1	
4	显示模块	1	
5	杜邦线（数据线）	若干	
6	杜邦线转香蕉线	若干	
7	香蕉线	若干	
8	项目 4 任务 1 的代码包	1	

任务实施导航

- 搭建本任务的硬件平台，完成传感器之间的通信连接。
- 打开项目工程文件。
- 对工程里的代码进行补充，使之完整。
- 对代码进行编译，生成下载所需的 HEX 文件。
- 通过计算机将 HEX 文件下载到单片机开发模块。
- 结果验证。

具体实施步骤

1. 硬件环境搭建

本次任务的硬件连接表见表 4-1-3。

表 4-1-3　红外对射智能防盗监测系统硬件连接表

模块名称及接口号	硬件连接模块及接口号
键盘模块（独立按键 COL4、COL3）	单片机开发模块 P40、P41
键盘模块 ROW0	单片机开发模块 J8（GND）
蜂鸣器电路	单片机开发模块 P17（短接接口 J1）
红外传感模块（报警指示灯红色）J12	单片机开发模块 P15
红外传感模块（布防指示灯绿色）J7	单片机开发模块 P16
红外传感模块 J6	单片机开发模块 P10
液晶显示模块 DB0~DB7	单片机开发模块 P00~P07
显示模块 BL	单片机开发模块 P27
显示模块 RST	单片机开发模块 P26
显示模块 CS2	单片机开发模块 P25
显示模块 CS1	单片机开发模块 P24
显示模块 E	单片机开发模块 P23
显示模块 RW	单片机开发模块 P22
显示模块 RS	单片机开发模块 P21

红外对射入侵防盗监测系统硬件接线图如图 4-1-10 所示。

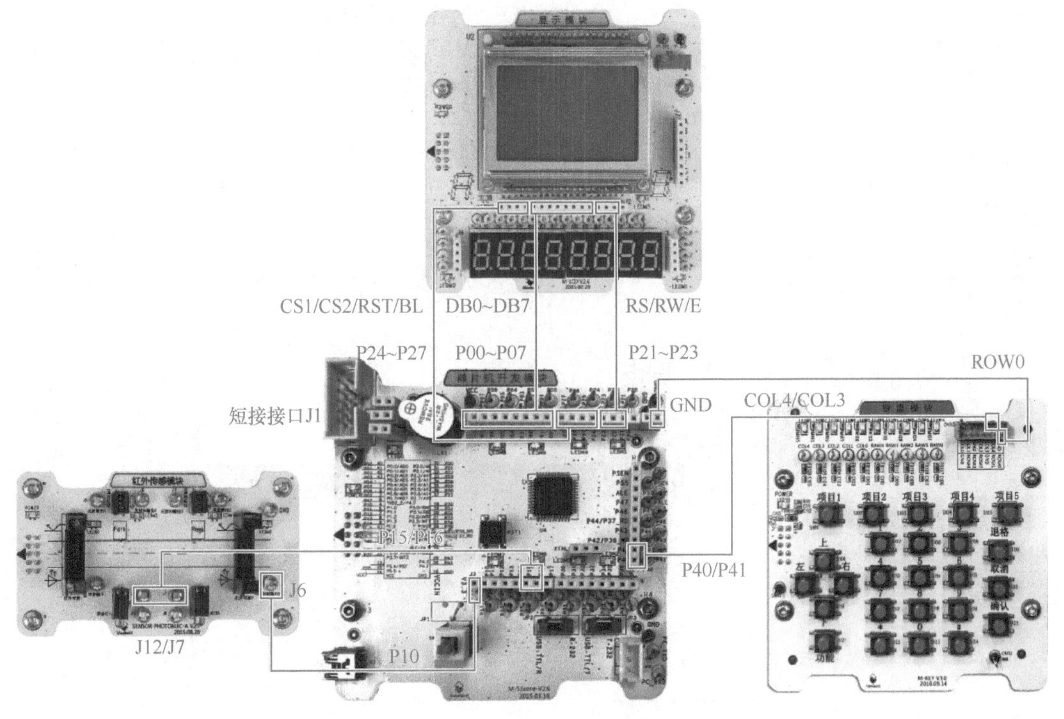

图 4-1-10　红外对射智能防盗监测系统硬件接线图

2. 打开项目工程

步骤 1：先进入本次任务的工程文件夹，找到 project 文件夹，如图 4-1-11 所示。

步骤 2：进入 project 文件夹后找到 prevention 工程文件，如图 4-1-12 所示。双击进入工程。双击右边菜单栏 Main.c，进入本次项目工程，如图 4-1-13 所示。

- app
- drv
- project
- public
- readme

图 4-1-11　打开项目工程文件夹

3. 代码完善

结合如图 4-1-14 所示的代码程序流程图，完善代码功能。

名称	修改日期	类型	大小
Listings	2020/7/25 22:01	文件夹	
Objects	2020/7/25 22:01	文件夹	
prevention.uvgui.Administrator	2020/7/25 22:02	ADMINISTRATO...	172 KB
prevention.uvgui.Dream	2020/7/26 22:57	DREAM 文件	76 KB
prevention.uvopt	2020/7/26 22:57	UVOPT 文件	9 KB
prevention	2020/7/25 22:02	µVision4 Project	16 KB

图 4-1-12　进入 project 文件夹

打开 App/Main.c 文件，程序开始执行时第一步需要完成各接口的初始化，具体程序如下所示：

```
1.  P0M1=0;P0M0=0;                //设置P00~P07为准双向口
2.  P1M1=0;P1M0=0;                //设置P10~P17为准双向口
```

```
3.  P2M0=0;P2M1=0;              //设置 P20~P27 为准双向口
4.  P3M1=0;P3M0=0;              //设置 P30~P37 为准双向口
5.  P4M1=0;P4M0=0;              //设置 P40~P47 为准双向口
6.  P5M1=0;P5M0=0;              //设置 P40~P47 为准双向口
7.  Relayoff( );
8.  Lcd_Init( );                //初始化液晶屏
9.  LCD_DispFullImg(NewLandEduLogo);                  //显示新大陆 logo
10. Delay3000ms( );
11. Lcd_Clr( );                 //清屏
12. Timer0Init( );              //1ms@11.0592MHz/16 位自动重载/1T 模式
```

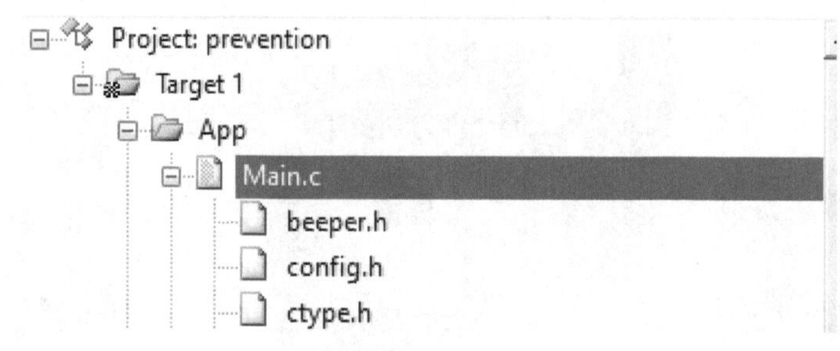

图 4-1-13　打开 Main.c 项目工程

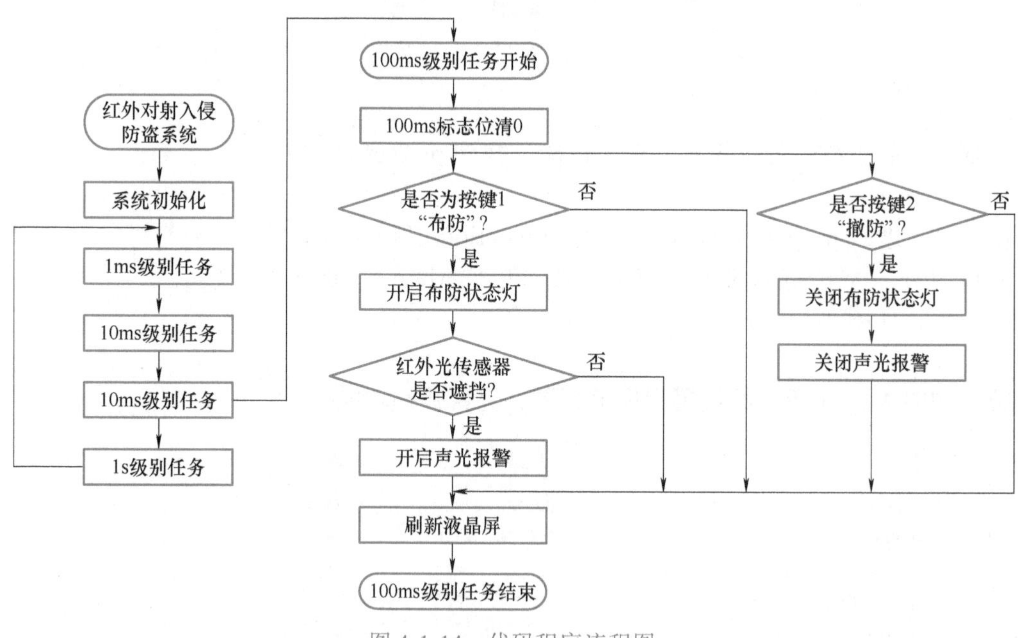

图 4-1-14　代码程序流程图

在布防状态下，红外对射传感器监测到有人入侵时，单片机需要对蜂鸣器电路和指示灯电路进行控制，实现声光报警，并实时更新液晶屏上显示的信息。具体程序如下：

```
1.  KeyScan( );
2.  Lcd_Display( );             //刷新液晶屏显示内容
3.  if(P16==0)                  //布防状态指示灯有效
4.  {
```

```
5.      if(INFRARED==1)        //红外传感信号有效，被遮挡，开启声光报警
6.      {
7.          BEEPERON( );
8.          ALARMLEDflag=1;
9.      }
```

4. 代码编译

首先在代码编译前要先进行 HEX 程序文件的生成，具体操作步骤如图 4-1-15 所示。

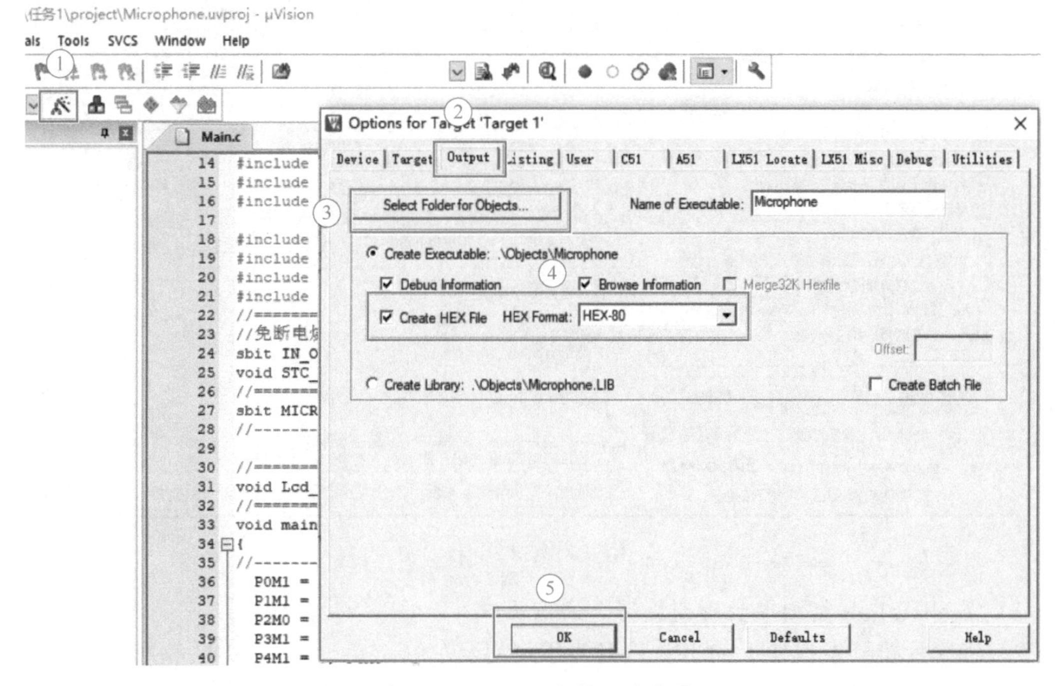

图 4-1-15　HEX 文件生成步骤

1）单击工具栏中的“魔术棒”。

2）再单击“Output”选项卡进入 HEX 文件设定。

3）在 Select Folder for Objects 里设定 HEX 文件生成位置。

4）在 HEX 文件的生成配置下进行打钩。

5）单击 OK 完成设定。

接下来单击工具栏上程序编译按钮“”，编译工程文件。编译成功后会在下方提示本次项目程序所占的内存大小，以及“0 Error（s），0 Warning（s）”，如图 4-1-16 所示。

编译通过后，会在工程的 project/Objects 目录中生成 1 个 prevention.hex 的文件。

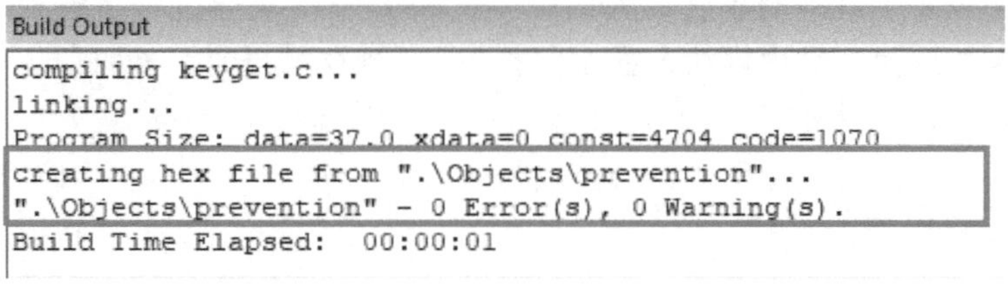

```
Build Output
compiling keyget.c...
linking...
Program Size: data=37.0 xdata=0 const=4704 code=1070
creating hex file from ".\Objects\prevention"...
".\Objects\prevention" - 0 Error(s), 0 Warning(s).
Build Time Elapsed:  00:00:01
```

图 4-1-16　编译成功后显示内容

5. 程序下载

使用 STC-ISP 下载工具进行程序下载，具体步骤如图 4-1-17 所示。

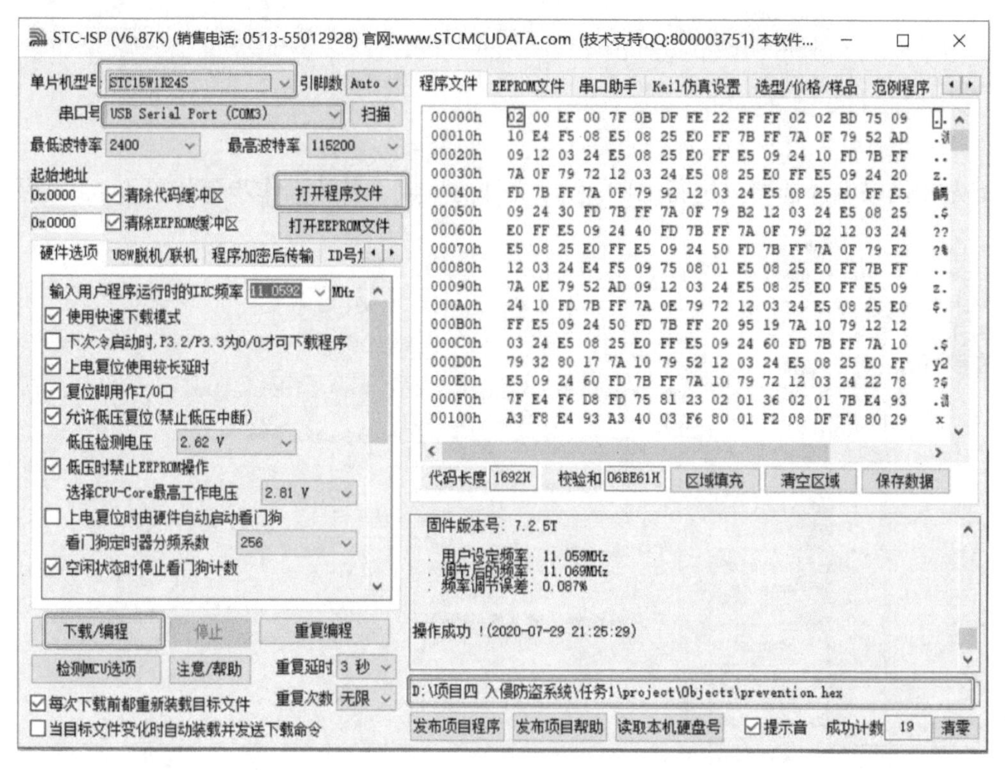

图 4-1-17 程序下载步骤

1）将 NEWLab 实训平台旋钮旋转至通信模式。

2）将单片机开发模块上的 JP2 和 JP3 开关拨至左侧。

3）选择单片机型号为 STC15W1K24S。

4）设置串口号，串口号可通过查看 PC 设备管理器获得。

5）单击“打开程序文件”，找到工程项目文件夹下的 prevention.hex 文件。

6）设置 IRC 频率为 11.0592MHz。

7）弹起自锁开关 SW1，以断开单片机开发模块的电源。

8）单击“下载 / 编程”按钮，按下自锁开关 SW1，以给单片机开发模块供电，这样程序便开始下载到单片机中，当提示操作成功时，此次程序下载完成。

6. 结果验证

成功下载 HEX 文件后，显示模块上显示“正常”，无触发警报时红外对射智能防盗监测系统的工作状态如图 4-1-18 所示。

当有人入侵触发了红外对射传感器时，单片机开发模块通过程序控制蜂鸣器电路和指示灯电路进行声光报警，显示模块上显示“报警”，触发警报时红外对射智能防盗监测系统的工作状态如图 4-1-19 所示。

任务检查与评价

完成任务后，进行任务检查与评价，任务检查与评价表存放在本书配套资源中。

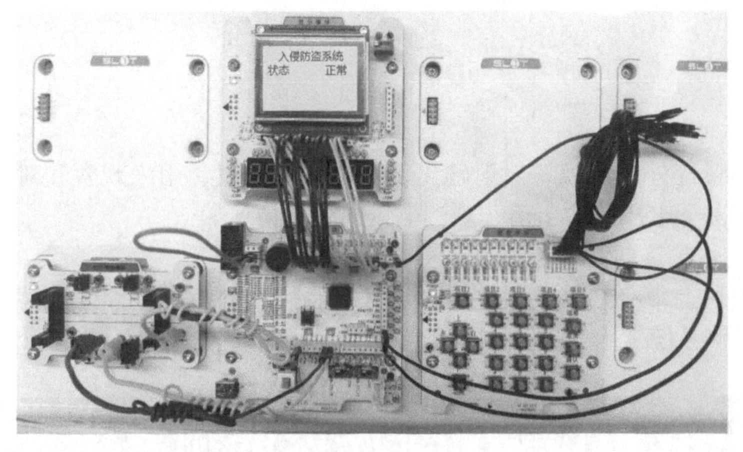

图 4-1-18　无触发警报时红外对射智能防盗监测系统的工作状态

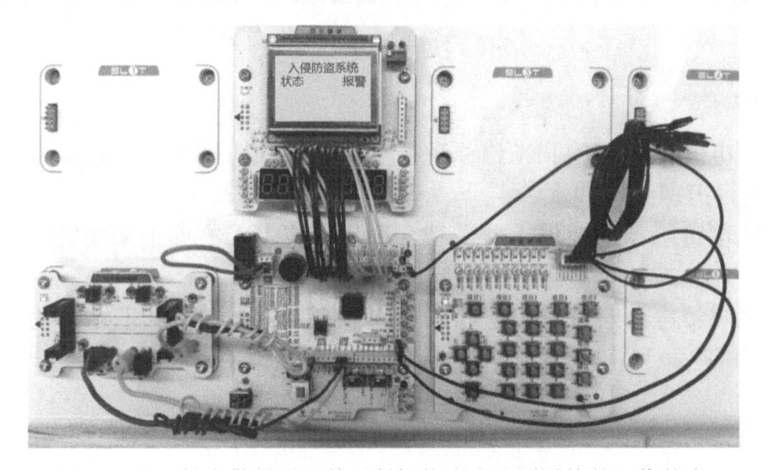

图 4-1-19　触发警报时红外对射智能防盗监测系统的工作状态

任务小结

通过基于 STC15W1K24S 红外对射智能防盗监测系统任务的设计与实现，学生可以了解红外对射传感器的结构和工作原理，并掌握红外传感模块数据传输编程的控制方法，本任务小结如图 4-1-20 所示。

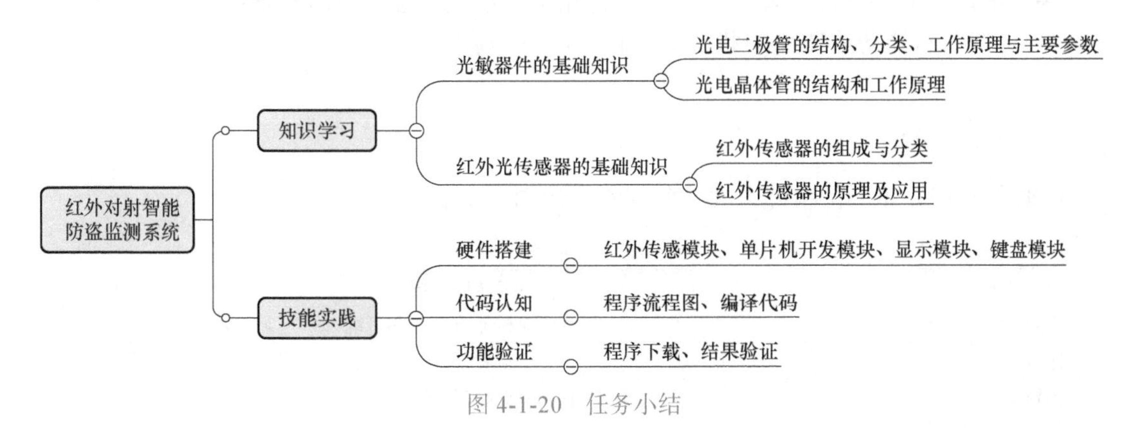

图 4-1-20　任务小结

任务拓展

1. 了解红外对射传感器的信号输出

用万用表测量红外传感模块对射输出 1 对地的电压值，用来观察和对比红外对射传感器有无遮挡的情况下电压的输出值，观测电压的变化情况。

2. 认识红外传感器的红外反射电路

红外传感模块上带有红外反射电路，思考能否用红外反射电路来代替红外对射电路来完成智能防盗监测系统。

任务 2　压电感应智能防盗监测系统

职业能力目标

● 能根据压电元件的结构和工作原理、工作参数和应用领域，正确地查阅相关数据手册，实现对其进行识别和选型。

● 能根据压电传感器的数据手册，结合单片机技术，准确地采集智能防盗系统的环境监测数据。

● 能理解蜂鸣器电路与状态灯电路的工作原理，根据单片机获取压力传感器的状态信息，准确地控制蜂鸣器和状态灯。

任务描述与要求

任务描述：现要进行第 2 个功能的改造设计，在门窗进行智能防盗监测，即要求能根据门窗是否被打开的情况实现环境监测。

任务要求：

● 对门窗进行智能防盗监测，要求设有“布防”与“撤防”两种功能按键。

●“布防”状态下，当监测到门窗被打开时，系统持续发出声光报警，只有手动按下“撤防”按键，才能取消报警。

●“撤防”状态下，当监测到门窗被打开时，系统不会发出声光报警。

● 可以将智能防盗监测的状态显示在管理中心系统上。

任务分析与计划

根据所学相关知识，制订本次任务的实施计划，见表 4-2-1。

表 4-2-1　任务计划表

项目名称	智能防盗系统
任务名称	压电感应智能防盗监测系统
计划方式	自我设计
计划要求	请分步骤来完整描述如何完成本次任务

（续）

序号	任务计划
1	
2	
3	
4	
5	
6	
7	
8	

知识储备

一、压电传感器的基础知识

1. 压电效应

某些晶体（如石英等）在一定方向的外力作用下，不仅几何尺寸会发生变化，而且晶体内部会发生极化现象，晶体表面上有电荷出现，形成电场。当外力去除后，表面又恢复到不带电状态，这种现象被称为压电效应，如图 4-2-1 所示。

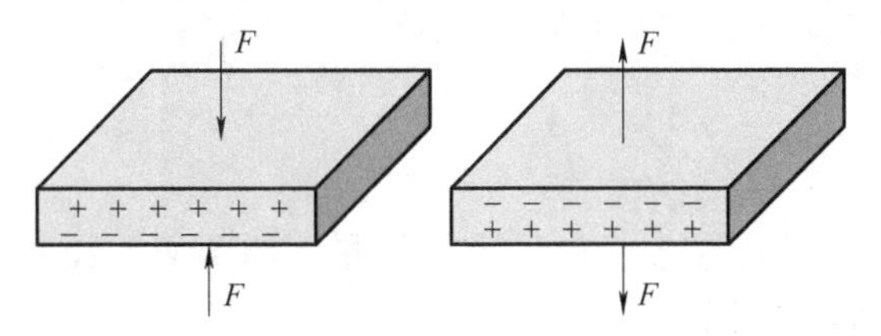

图 4-2-1　正压电效应示意图

表达这一关系的压电方程为

$$Q = d \cdot F \tag{4-1}$$

式中　F——作用的外力，单位为 N；

Q——产生的表面电荷，单位为 C；

d——压电系数，是描述压电效应的物理量。

具有压电效应的电介质物质称为压电材料。在自然界中，大多数晶体都具有压电效应。

压电效应是可逆的，若将压电材料置于电场中，其几何尺寸也会发生变化。这种由于外电场作用，导致压电材料产生机械变形的现象，称为逆压电效应或电致伸缩效应。

由于在压电材料上产生的电荷只有在无泄漏的情况下才能保存，因此压电传感器不能用于静态测量。压电材料在交变力作用下，电荷可以不断补充，以供给测量回路一定的电流，所以可适用于动态测量。

压电元件具有自发电和可逆两种重要性能，因此，压电式传感器是一种典型的“双向”

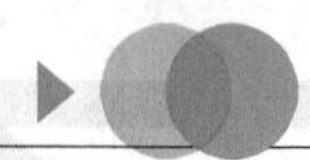

传感器。它的主要缺点是无静态输出，阻抗高，需要低电容、低噪声的电缆。

2. 等效电路

当压电式传感器的压电元件受力时，在电极表面就会出现电荷，且两个电极表面聚集的电荷量相等，极性相反，如图 4-2-2a 所示。因此，可以将压电式传感器看作是一个电荷源（电荷发生器），而压电元件是绝缘体，在这一过程中，它又可以看成是一个电容器，如图 4-2-2b 所示，其电容量为

$$C_a=\frac{\varepsilon S}{\delta}=\frac{\varepsilon_r\varepsilon_0 S}{\delta} \tag{4-2}$$

式中 S——压电元件电极面的面积，单位为 m^2；

δ——压电元件厚度，单位为 m；

ε——压电材料的介电常数，单位为 F/m，它随材料不同而不同，如锆钛酸铅的 ε= 2000~2400；

C_a——电容器电容，单位为 F；

ε_r——压电材料的相对介电常数；

ε_0——真空介电常数，$\varepsilon_0=8.85\times10^{-12}$F/m。

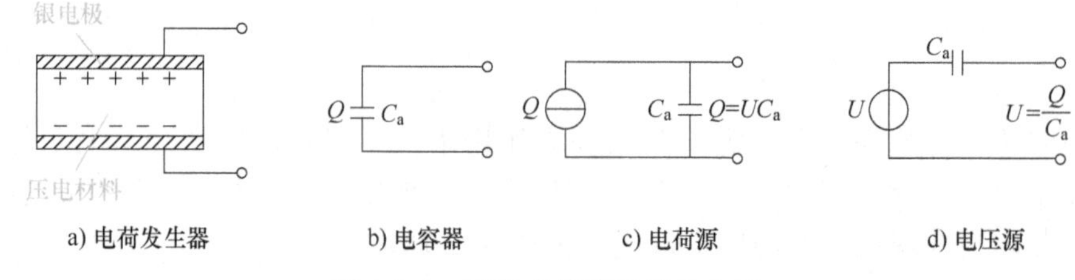

图 4-2-2 压电式传感器等效电路

两极间开路电压为

$$U=Q/C_a \tag{4-3}$$

因此，压电式传感器可以等效为一个与电容并联的电荷源，如图 4-2-2c 所示；也可等效为一个与电容串联的电压源，如图 4-2-2d 所示。

压电式传感器在测量时要与测量电路相连接，所以实际传感器就得考虑连接电缆电容、放大器输入电阻和输入电容，以及压电式传感器的泄漏电阻。考虑这些因素后，压电传感器的实际等效电路就如图 4-2-3 所示，它们的作用是等效的。

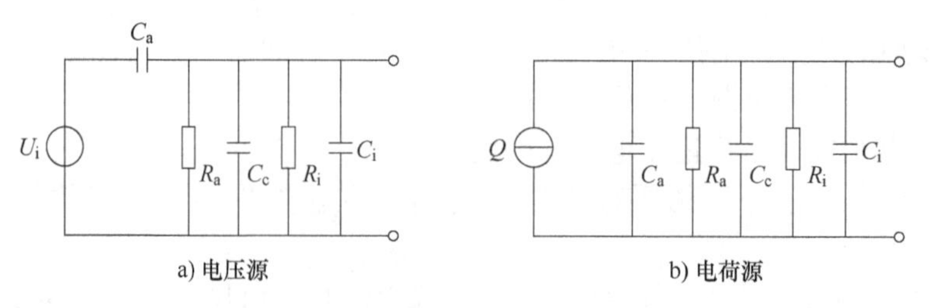

图 4-2-3 压电式传感器输入端等效电路

3. 压电材料

（1）压电材料选择的原则

选择合适的压电材料是压电传感器的关键，一般应考虑以下主要特性进行选择。

1）具有较大的压电常数。

2）压电元件机械强度高、刚度大并具有较高的固有振动频率。

3）具有高的电阻率和较大的介电常数，以减少电荷的泄漏以及外部分布电容的影响，获得良好的低频特性。

4）具有较高的居里点。所谓的居里点是指在压电性能破坏时的温度转变点。居里点高可以得到较宽的工作温度范围。

5）压电材料的压电特性不随时间蜕变，有较好的时间稳定性。

（2）常见压电材料

压电材料可以分为两大类：压电晶体和压电陶瓷。前者为晶体，后者为极化处理的多晶体。它们都具有较大的压电常数，机械性能良好，时间稳定性好，温度稳定性好等特性，所以是较理想的压电材料。

常见的压电材料有以下几种。

1）石英晶体。石英晶体有天然和人工制造两种类型，如图 4-2-4 所示。人工制造的石英晶体的物理、化学性质几乎与天然石英晶体无多大区别，因此目前广泛应用成本较低的人造石英晶体。它在几百摄氏度的温度范围内，压电系数不随温度变化。石英晶体的居里点为 573℃，即到 573℃时，它将完全丧失压电性质。石英晶体有较大的机械强度和稳定的机械性能，没有热释电效应；但灵敏度很低，介电常数小，因此逐渐被其他压电材料所代替。

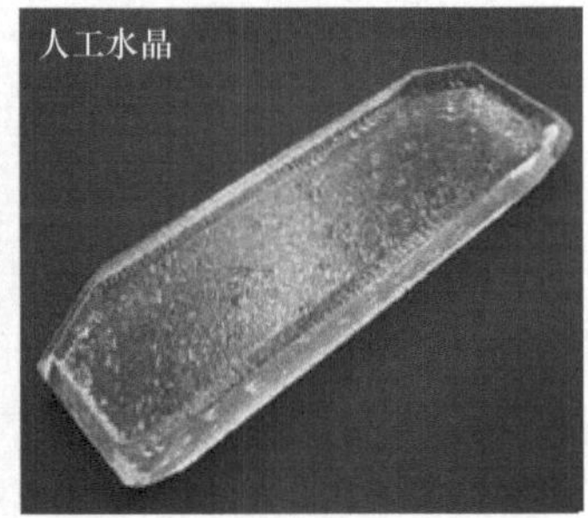

图 4-2-4　天然水晶和人工水晶

2）铌酸锂晶体。铌酸锂是一种透明单晶，熔点为 1250℃，居里点为 1210℃。它具有良好的压电性能和时间稳定性，在耐高温传感器上有广泛的用途。

3）压电陶瓷。压电陶瓷是一种应用非常普遍的压电材料，如图 4-2-5 所示。它具有烧制方便、耐湿、耐高温、易于成型等特点。常见的压电陶瓷及其性能如下：

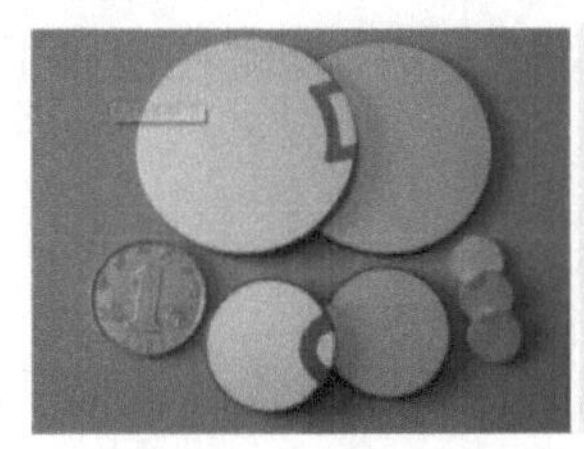

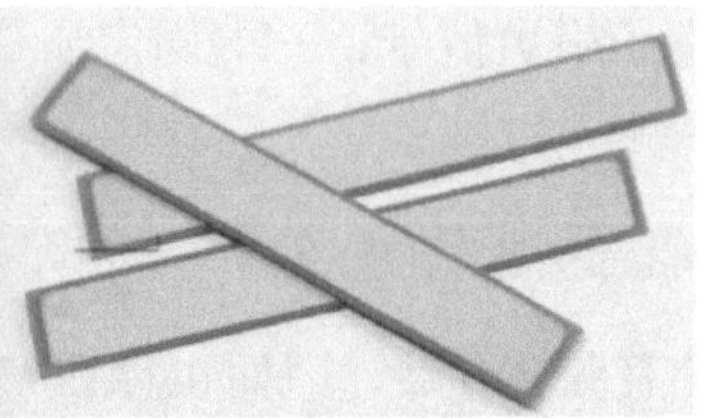

图 4-2-5　压电陶瓷

① 钛酸钡压电陶瓷。钛酸钡（$BaTiO_3$）是由 $BaCO_3$ 和 TiO_2 在高温下合成的，具有较高的压电系数和介电常数。但它的居里点较低，为 120℃，此外机械强度不如石英晶体。

② 锆钛酸铅系压电陶瓷（PZT）。锆钛酸铅是 $PbTiO_3$ 和 $PbZrO_3$ 组成的固溶体 $Pb(ZrTi)O_3$。

它具有较高的压电系数和居里点（300℃以上）。

③ 铌镁酸铅压电陶瓷（PMN）。这是一种由三元素组成的新型陶瓷。它具有较高的压电系数和居里点（260℃），能够在较高的压力下工作，适合作为高温下的力传感器。

4）压电半导体。有些晶体既具有半导体特性又同时具有压电性能，如 ZnS、GaS、GaAs 等。因此既可利用它的压电特性研制传感器，又可利用半导体特性以微电子技术制成电子元器件。两者结合起来，就出现了集转换元件和电子线路为一体的新型传感器，它的前途是非常远大的。

5）高分子压电材料。高分子压电材料大致可分为两类，一类是某些高分子聚合物经延展拉伸后，具有压电性，称为压电薄膜，如聚氟乙烯（PVF）、聚氯乙烯（PVC）、聚甲基 -L 谷氨酸脂（PMG）、聚碳酸脂、聚偏二氟乙烯（PVDF 或 PVF2）和聚氨脂等，这是一种柔软的压电材料，不易破碎，可以大量生产和制成较大面积，压电薄膜传感器的不同结构如图 4-2-6 所示；另一类是在高分子化合物中加入压电陶瓷粉末如 PZT 或 $BaTiO_3$ 制成的高分子压电陶瓷薄膜，这种复合材料保持了高分子压电薄膜的柔软性，又具有较高的压电系数和机电耦合系数。

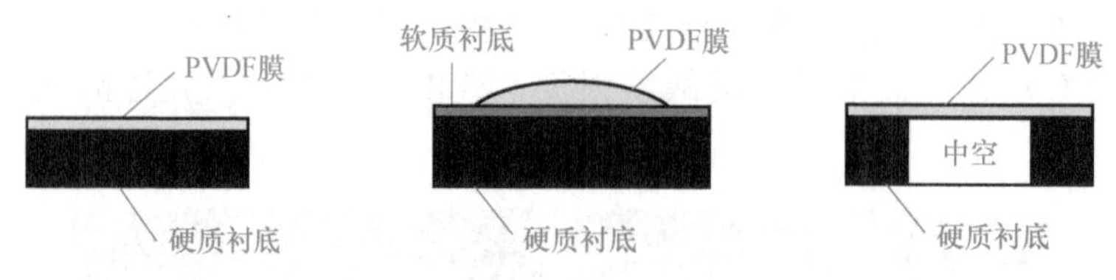

图 4-2-6　压电薄膜传感器的不同结构

4. 压电传感器的工作原理

压电传感器是利用某些电介质受力后产生的压电效应制成的传感器。产生压电效应时，某些电介质受到某一方向的外力作用而发生形变（包括弯曲和伸缩形变），由于内部电荷的极化现象，会在其表面产生电荷的现象。

例如，LDT0-028K 是一款具有良好柔韧性的压电传感器，如图 4-2-7，采用 28μm 的压电薄膜，其上丝印银浆电极，薄膜被层压在 0.125mm 聚酯基片上，电极由两个压接端子引出。当压电薄膜在垂直方向受到外力作用偏离中轴线时，会在薄膜上产生很高的应变，因而会有高电压输出。当外力直接作用于产品而使其变形时，LDT0 就可以作为一个柔性开关，所产生的输出足以直接触发 MOSFET 和 CMOS 电路。如果元件由引出端支撑并自由振动，该元件就像加速度计或者振动传感器。增加质量块或者改变元件的自由长度都会影响传感器的谐振频率和灵敏度，将质量块偏离轴线可以得到多轴响应。LDT0-028K 采用悬臂梁结构，一端由端子引出信号，一端固定质量块，是一款能在低频下产生高灵敏度的振动传感器。

二、压电传感器的测量电路

压电元件是一个有源电容器，因而也存在与电容式传感器相同的问题，即内阻抗很高，而输出的信号微弱，因此一般不能直接显示和记录。

由于压电元件输出的电信号微弱，电缆的分布电容及噪声等干扰将严重影响输出特性；由于压电元件内阻抗很高，要求压电元件的负载电阻必须具有较高的值，因此与压电元件配套使用的测量电路，其前置放大器应有两个作用：一是将传感器的高阻抗输出变换为低阻抗输出；二是将传感器的微弱信号进行放大。

由于压电元件既可看作电压源，又可看作电荷源，所以前置放大器有两种：一种是电压放大器，其输出电压与输入电压（即压电元件的输出电压）成正比；另一种是电荷放大器，其输出电压与输入电荷成正比。

1. 电压放大器

电压放大器的作用是将压电传感器的高输出阻抗变为较低的阻抗，并将微弱的电压信号放大。压电传感器接电压放大器的等效电路如图 4-2-8 所示，其中，U_i 为放大器输入电压，$C=C_c+C_i$；$R=R_aR_i/R_a+R_i$；$U=Q/C_a$。

图 4-2-7　LDT0-028K 压电薄膜传感器

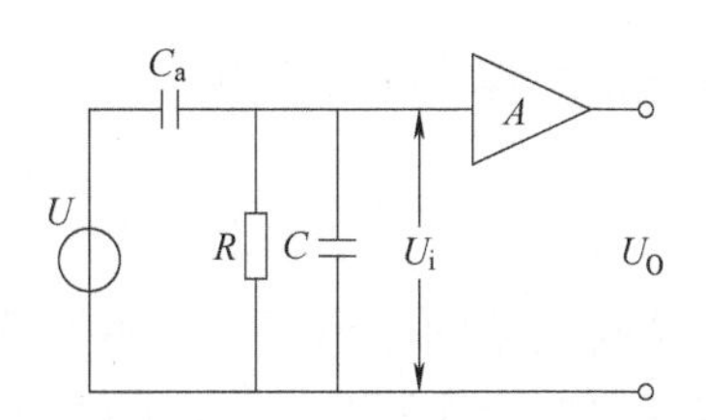

图 4-2-8　压电传感器接电压放大器的等效电路

如果压电元件受到交变正弦力 $F=F_m\sin\omega t$ 的作用，其压电系数为 d，则在压电元件上产生的电压为

$$U=\frac{dF_m}{C_a}\sin\omega t \tag{4-4}$$

当 $\omega R(C_i+C_c+C_a)>>1$ 时，在放大器输入端形成的电压为

$$U_i\approx\frac{d}{C_i+C_c+C_a}F \tag{4-5}$$

由式（4-4）可以看出，放大器输入电压幅度与被测频率无关。改变连接传感器与前置放大器的电缆长度，将改变放大器的输入电压，从而引起放大器的输出电压也发生变化。在设计时，通常将电缆长度定为一常数，使用时如要改变电缆长度，则必须重新校正电压灵敏度值。

2. 电荷放大器

电荷放大器是压电传感器另一种专用前置放大器。它能将高内阻的电荷源转换成低内阻的电压源，而且输出电压正比于输入电荷，因此，电荷放大器同样也起着阻抗变换的作用，其输入阻抗高达 1010~1012Ω，输出阻抗小于 100Ω。

电荷放大器最突出的一个优点是：在一定条件下，传感器的灵敏度与电缆长度无关。

电荷放大器实际上是一种具有深度电容负反馈的高增益放大器，其等效电路如图 4-2-9 所示，图中为放大器的反馈电容，其他符号的意义与电压放大器相同。

如果忽略电阻 R_a、R_i、R_f 的影响，A 为开环放大系数，而 $(1+A)C_f>>C_i+C_c+C_a$ 时，放大器输出电压为

$$U_O=-\frac{Q}{C_f} \tag{4-6}$$

由式（4-6）可以看出，由于引入了电容负反馈，电荷放大器的输出电压仅与传感器产生的电荷量及放大器的反馈电容有关，电缆电容等其他因素对灵敏度的影响可以忽略不计。

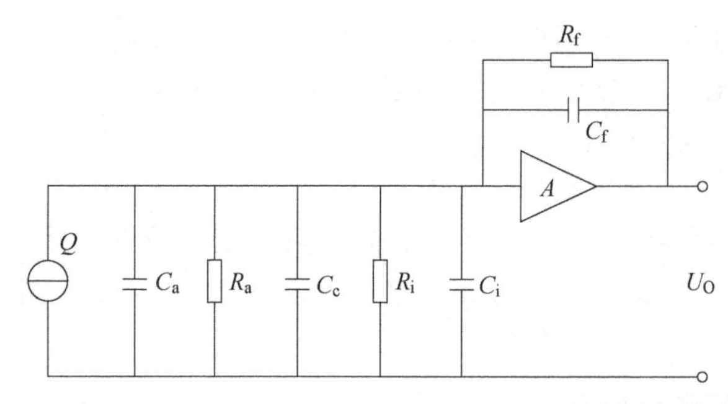

图 4-2-9　压电式传感器接电荷放大器的等效电路

电荷放大器的灵敏度为

$$K=\frac{U_O}{Q}=-\frac{1}{C_f} \tag{4-7}$$

可见放大器的输出灵敏度取决于负反馈电容。在实际电路中，采用切换运算放大器负反馈电容的办法来调节灵敏度的。负反馈电容越小，则放大器灵敏度越高。

为了放大器的工作稳定，减少零漂，在反馈电容两端并联了一个反馈电阻，形成直流负反馈，以稳定放大器的直流工作点。

三、压电感应智能防盗监测系统结构分析

1. 压电感应智能防盗监测系统的硬件设计框图

压电感应智能防盗监测系统由压电传感模块、红外传感模块、单片机开发模块、键盘模块、显示模块、蜂鸣器电路和指示灯电路组成。在“布防”状态下，压电传感器采集传感器感应区域是否有压力，将采集到的信号进行电荷放大，再经过处理转换为数字信号后发送到单片机开发模块，单片机根据接收到的数字信号间接对蜂鸣器电路和指示灯电路进行控制，同时将压电感应智能防盗监测系统工作状态在显示模块进行显示。压电感应智能防盗监测系统硬件设计框图如图 4-2-10 所示。

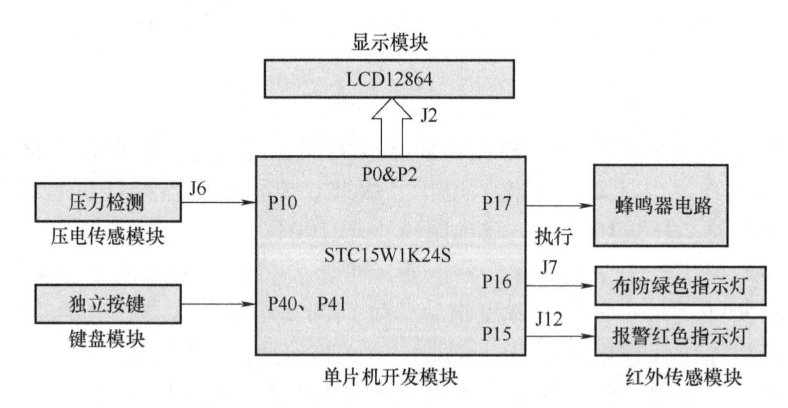

图 4-2-10　压电感应智能防盗监测系统硬件设计框图

2. 压电传感模块的认识

本次任务需要使用到压电传感模块，压电传感模块电路板结构图如图 4-2-11 所示。

1）图 4-2-11 中数字对应模块情况如下：

① ——LDT0-028K 压电振动传感器；

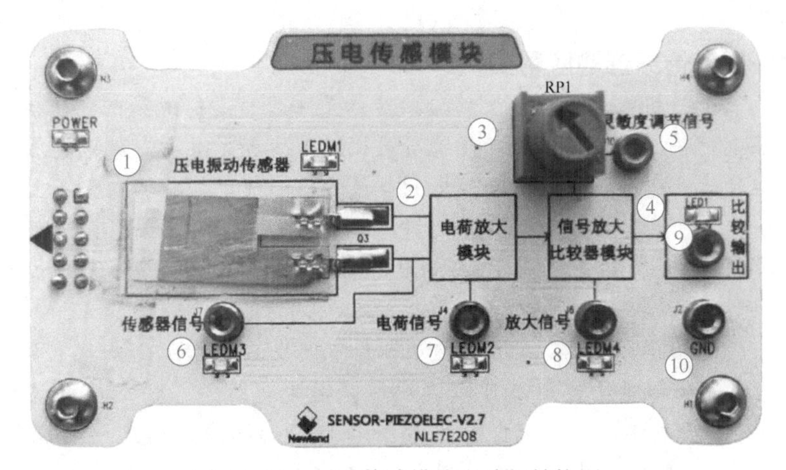

图 4-2-11　压电传感模块电路板结构图

②——电荷放大模块电路；

③——灵敏度调节电位器；

④——信号放大比较器模块；

⑤——灵敏度调节信号接口 J10，测量灵敏度调节点位器可调端输出电压，即比较器 1 正端（引脚 3）的输入电压；

⑥——传感器信号接口 J7，测量压电传感器的输出信号；

⑦——电荷信号接口 J4，测量电荷放大模块的输出信号；

⑧——放大信号接口 J6，测量信号放大电路输出信号，即比较器 1 负端（引脚 2）的输入信号；

⑨——比较输出接口 J3，测量信号放大比较器模块的输出信号。

⑩——接地 GND 接口 J2。

2）LDT0-028K 压电薄膜传感器的检测方法为将压电传感模块通电后，并将万用表调至大于 5V 的直流电压档，同时将万用表的红表笔和黑表笔分别搭接在比较输出接口 J3 与 GND 两端，当 LDT0-028K 压电薄膜传感器受到压力时，LDT0-028K 压电薄膜传感器检测到一个信号，此信号连接的信号放大电路将信号放大后，通过万用表的直流电压档可以测量到一个 3.3V 左右的高电平信号。

四、压电传感器系统功能代码分析

需求：由于机械弹性开关的按键在控制上可能会出现抖动，要求通过软件设计让系统的按键消除抖动，从而能够精准地对“布防”与“撤防”两个功能进行切换。

解决方法：当检测到按键闭合后，通过程序进行延时，闭合抖动消失后再进行一次按键状态的检测，如果与上一次检测到的状态相同，则确认按键被按下。当检测到按键释放后，同样进行延时，使得在按键断开抖动消失后才能转入按键的响应，进行程序处理。

```
if(keyinformation.keyget==1)                    // 判断是否得到按键
{
    keyinformation.keyget=0;                    // 得到按键标志清 0
    key_deal(keyinformation.keyvalue);          // 按键处理
}
```

扩展阅读：压电传感器的应用实例

压电式传感器是一种基于压电效应的传感器，是一种自发电式和机电转换式传感器。它的敏感元件由压电材料制成。压电材料受力后表面产生电荷，此电荷经电荷放大器与测量电路放大和变换阻抗后就成为正比于所受外力的电量输出。压电传感器在生活上被广泛应用。

1）在压力按键、触摸按键上。不同于电容按键，压电薄膜按键不仅可以同时实现触摸滑动、旋转等功能而不需要在PCB板上配备多余的电容滑条，而且压电薄膜按键还可以实现力度控制，可以识别用户不同的力度大小。对于用户来说增加了新的体验，尤其是与游戏结合，可以实现角色在重力和轻力下的不同反应，增加游戏玩家的用户体验。

2）在智能枕头和智能床垫上。可以实现鼾声监测与改善、睡眠数据监测与改善、心率异常预警、呼吸暂停事件、心率变异性分析等数据的抓取，而这些功能都依赖压电传感器的优异性能。枕头、床垫的智能化升级，只需要将压电传感器植入其中，同时将布置有电路系统的盒子与其相连，即可实现智能化升级。

3）在医疗上。压电传感器具有的高灵敏度，可以将人体器官微动态的压力信号转换为电信号，实现无接触式监测，并能识别出异常信号。可与报警器连接，尤为适合需要24h监护的人群，如智障、失能成人年、需要监护的婴儿等。

任务实施

任务实施前必须先准备好的设备和资源见表4-2-2。

表4-2-2　设备清单表

序号	设备/资源名称	数量	是否准备到位（√）
1	压电传感模块	1	
2	红外传感模块	1	
3	键盘模块	1	
4	单片机开发模块	1	
5	显示模块	1	
6	杜邦线（数据线）	若干	
7	杜邦线转香蕉线	若干	
8	香蕉线	若干	
9	项目4任务2的代码包	1	

任务实施导航

- 搭建本任务的硬件平台，完成传感器之间的通信连接。
- 打开项目工程文件。
- 对工程里的代码进行补充，使之完整。
- 对代码进行编译，生成下载所需的HEX文件。
- 通过计算机将HEX文件下载到单片机开发模块。
- 结果验证。

具体实施步骤

1. 硬件环境搭建

本次任务的硬件连接表见表 4-2-3。

表 4-2-3　压电感应智能防盗监测系统硬件连接表

模块名称及接口号	硬件连接模块及接口号
键盘模块（独立按键 COL4、COL3）	单片机开发模块 P40、P41
键盘模块 ROW0	单片机开发模块 J8（GND）
蜂鸣器电路	单片机开发模块 P17（短接接口 J1）
红外传感模块（报警指示灯红色）J12	单片机开发模块 P15
红外传感模块（布防指示灯绿色）J7	单片机开发模块 P16
压电传感模块 J3	单片机开发模块 P11
显示模块 DB0~DB7	单片机开发模块 P00~P07
显示模块 BL	单片机开发模块 P27
显示模块 RST	单片机开发模块 P26
显示模块 CS2	单片机开发模块 P25
显示模块 CS1	单片机开发模块 P24
显示模块 E	单片机开发模块 P23
显示模块 RW	单片机开发模块 P22
显示模块 RS	单片机开发模块 P21

压电感应智能防盗监测系统硬件接线图如图 4-2-12 所示。

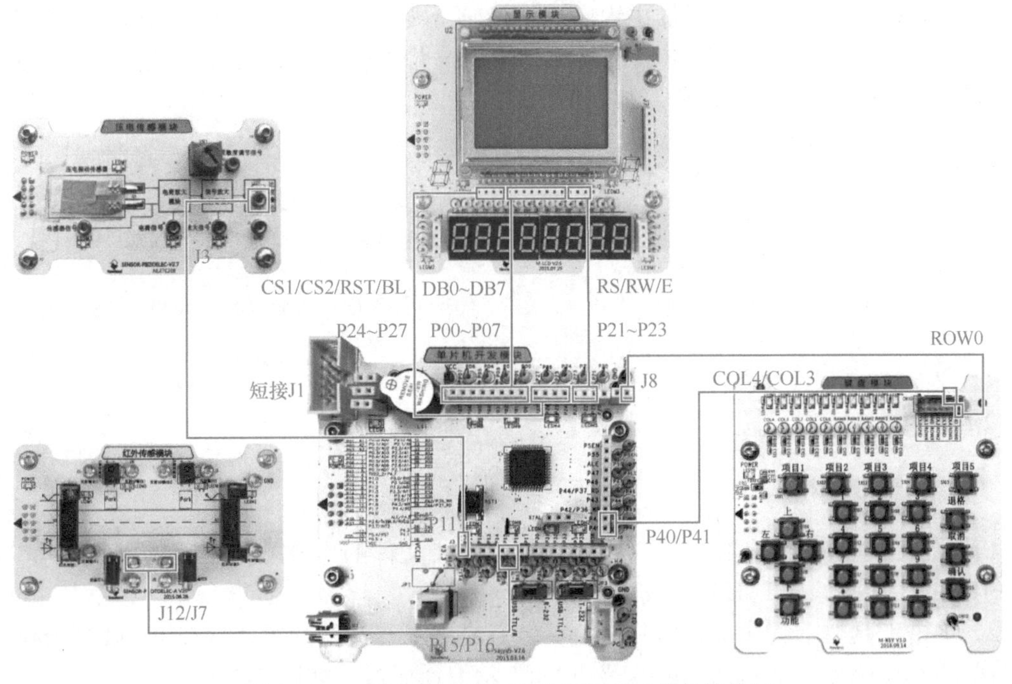

图 4-2-12　压电感应智能防盗监测系统硬件接线图

2. 打开项目工程

打开本次任务的初始代码工程，具体操作步骤可参考本项目任务 1 中的“打开项目工程”部分。

3. 代码完善

结合如图 4-2-13 所示的代码程序流程图，完善代码功能。

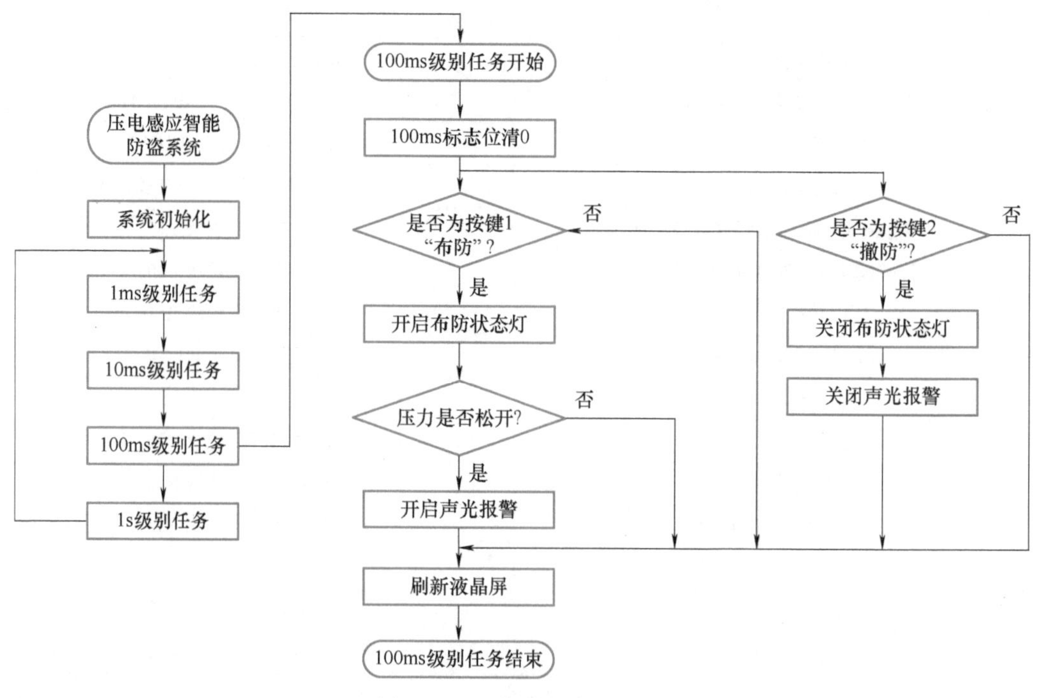

图 4-2-13 代码程序流程图

打开 App/Main.c 文件，添加主程序逻辑代码，要求在布防状态下，压电传感器监测到有人入侵时，单片机需要对蜂鸣器电路和指示灯电路进行控制，实现声光报警，并实时更新液晶屏上显示的信息。具体程序如下所示：

```
1.  KeyScan( );
2.  Lcd_Display( );                          //刷新液晶屏显示内容
3.  if(P16==0)                               //布防状态指示灯有效
4.  {
5.      if(STRESS==1)                        //压电传感信号有效,松开,开启声光报警
6.      {
7.          BEEPERON( );
8.          ALARMLEDflag=1;
9.      }
```

4. 代码编译

1）单击“Options for Target”按钮，进入 HEX 文件的生成配置对话框，可参考本项目任务 1 中的“代码编译”部分完成配置。

2）单击工具栏上程序编译按钮“”，完成该工程文件的编译。在 Build Output 窗口中出现“0 Error（s），0 Warning（s）”时，表示编译通过，如图 4-2-14 所示。

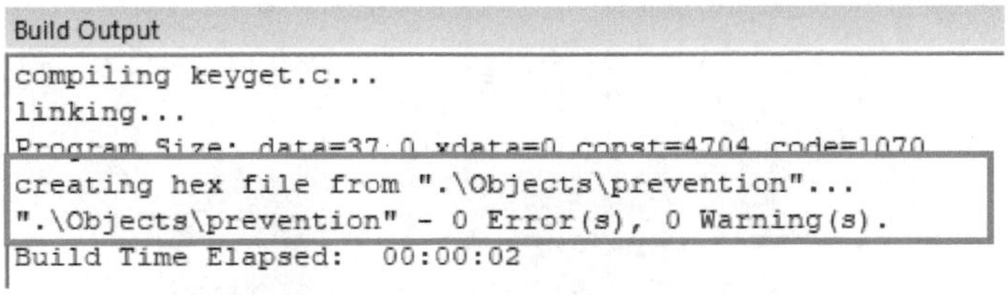

```
Build Output
compiling keyget.c...
linking...
Program Size: data=37.0 xdata=0 const=4704 code=1070
creating hex file from ".\Objects\prevention"...
".\Objects\prevention" - 0 Error(s), 0 Warning(s).
Build Time Elapsed:  00:00:02
```

图 4-2-14　编译成功后显示内容

编译通过后，会在工程的 project/Objects 目录中生成 1 个 prevention.hex 的文件。

5. 程序下载

使用 STC-ISP 下载工具进行程序下载，具体步骤如下所示：

1）将 NEWLab 实训平台旋钮旋转至通信模式。

2）将单片机开发模块上的 JP2 和 JP3 开关拨至左侧。

3）选择单片机型号为 STC15W1K24S。

4）设置串口号，串口号可通过查看 PC 设备管理器获得。

5）单击“打开程序文件”，找到工程项目文件夹下的 prevention.hex 文件。

6）设置 IRC 频率为 11.0592MHz。

7）弹起自锁开关 SW1，以断开单片机开发模块的电源。

8）单击“下载 / 编程”按钮，按下自锁开关 SW1，以给单片机开发模块供电，这样程序便开始下载到单片机中，当提示操作成功时，此次程序下载完成。

6. 结果验证

成功下载 HEX 文件后，显示模块上显示“正常”，无触发警报时压力感应智能防盗监测系统的工作状态如图 4-2-15 所示。

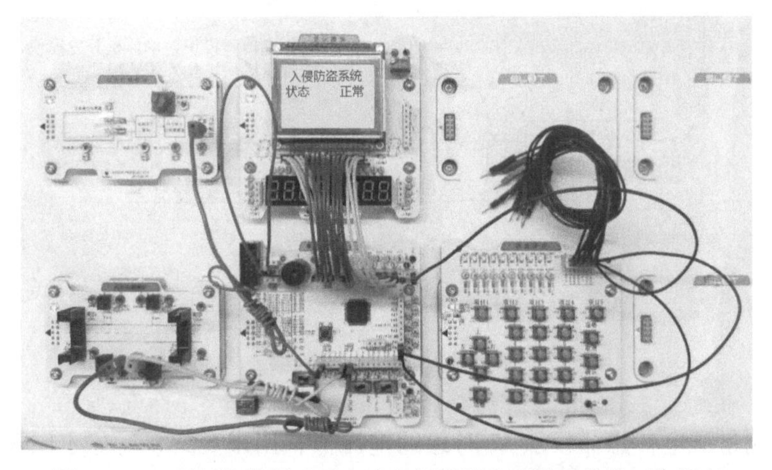

图 4-2-15　无触发警报时压力感应智能防盗监测系统的工作状态

当有人入侵触发了压电传感器时，单片机开发模块通过程序控制蜂鸣器电路和指示灯电路进行声光报警，显示模块上显示“报警”，触发警报时压力感应智能防盗监测系统的工作状态如图 4-2-16 所示。

任务检查与评价

完成任务后，进行任务检查与评价，任务检查与评价表存放在本书配套资源中。

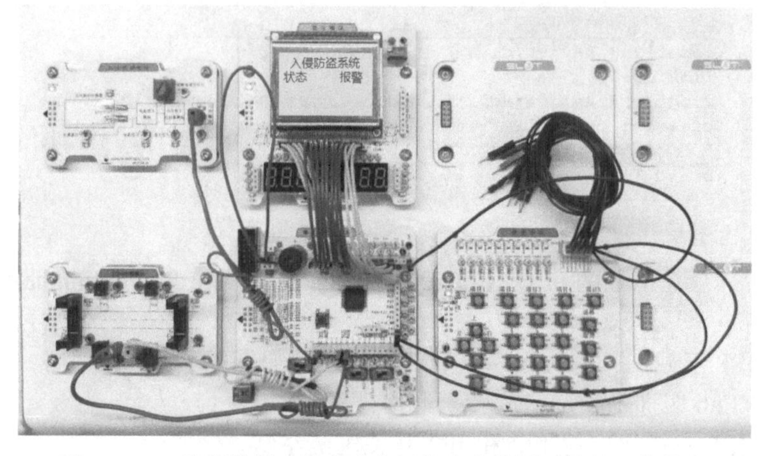

图 4-2-16 触发警报时压力感应智能防盗监测系统的工作状态

任务小结

通过基于 STC15W1K24S 压电感应智能防盗监测任务的设计与实现，学生可以了解压电传感器的结构和工作原理，并掌握压电传感模块数据传输编程的控制方法，本任务小结如图 4-2-17 所示。

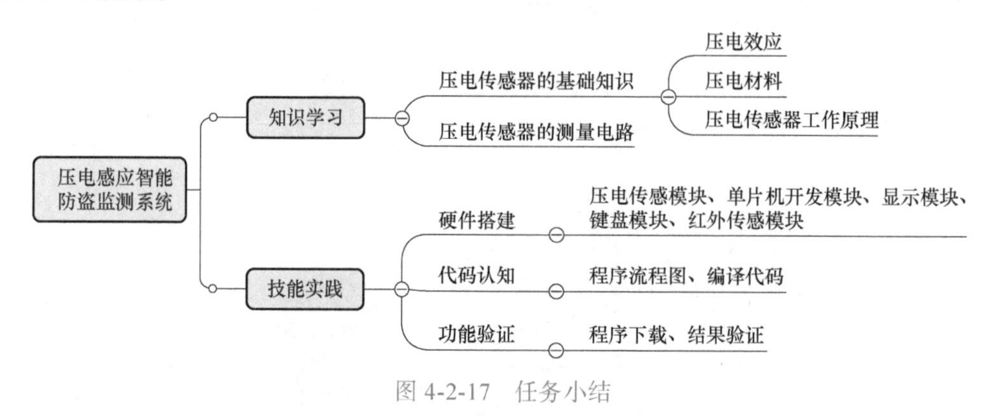

图 4-2-17 任务小结

任务拓展

1. 了解压电传感器在不同压力下输出情况的变化

用万用表测量压电传感器模块 J7 对地的电压值，用来观察、对比不同压力情况下驻极体电容式声音传感器的模拟电压输出值。

1）轻微压力环境：用 4~5 张小纸片叠放在压力传感器上，模拟压力较低的情况。

2）重度压力环境：用手按在压力传感器上，模拟重度压力的情况。

2. 认识传感器的灵敏度情况

当环境中压力强度低于一定阈值时，不会触发报警；当压力强度高于一定阈值时，才能触发报警。可以通过设定不同的阈值来调节压电感应智能防盗监测系统的工作情况。压电传感模块的阈值称为灵敏度，通过压电传感模块中的电位器 RP1 可以调整压电传感模块的灵敏度。

1）轻微的压住压电传感器，模拟门窗关闭，然后松开观察压电感应智能防盗监测系统是否报警。

2）如果不能正常报警，请调整压电传感模块的灵敏度，使压力刚好可以触发。

任务3 智能防盗监测系统

职业能力目标

● 能正确使用红外光传感器和压电传感器，运用单片机技术，采集过道和门窗的状态信息。

● 能理解蜂鸣器电路和状态灯电路的工作原理，根据单片机开发模块获取传感器的状态信息，准确地控制蜂鸣器和状态灯。

任务描述与要求

任务描述：根据任务1、任务2的改造设计结果，完成智能防盗监测系统项目的最终样品输出，要求能同时对过道和门窗实现智能防盗监测。

任务要求：

● 对过道与门窗进行智能防盗监测，要求设有“布防”与“撤防”两种功能按键。

●“布防”状态下，当过道监测到入侵者或者门窗被打开时，系统持续发出声光报警，只有手动按下“撤防”按键，才能取消报警。

●“撤防”状态下，当过道监测到有人或者门窗被打开时，系统不会发出声光报警。

● 可以将智能防盗监测的状态显示在管理中心系统上。

任务分析与计划

根据所学相关知识，制订本次任务的实施计划，见表4-3-1。

表4-3-1 任务计划表

项目名称	智能防盗系统
任务名称	智能防盗监测系统
计划方式	自我设计
计划要求	请分步骤来完整描述如何完成本次任务
序号	任务计划
1	
2	

（续）

序号	任务计划
3	
4	
5	
6	
7	
8	

知识储备

前面两个任务分别实现了智能防盗监测系统的红外和压电监测，使用了红外传感模块和压电传感模块，为了更好地了解传感器，需要进一步探讨这两个模块的工作原理。

一、红外光传感模块工作原理

红外对射传感模块电路如图 4-3-1 所示。用两个红外对射传感模块来模拟红外对射智能防盗监测系统，当布防状态下，没有人通过布防的过道时，红外光被感应，接收器导通，D3 为低电平状态；有人通过布防的过道时，红外光被挡住，接收器截止，D3 为高电平状态。

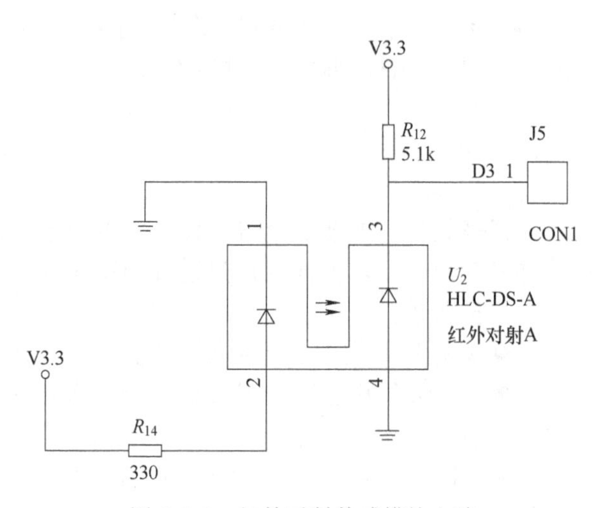

图 4-3-1　红外对射传感模块电路

红外反射传感模块电路如图 4-3-2 所示。利用两个红外反射传感模块来实现智能防盗监测系统，没有人在过道时，红外光不会被发射，接收器截止，比较器的采集电压比基准电压高，D1 输出为高电平状态；当有人在过道时，红外光被发射，接收器接受红外信号，接收器导通，比较器的采集电压比基准电压低，D1 输出为低电平状态。

二、压电传感模块工作原理

电荷放大模块主要由高输入阻抗运算放大器 CA3140 实现，它是将 BiMOS 高电压的运算放大器放在一片集成芯片上。CA3140A 和 CA3140 BiMOS 运算放大器为 MOSFET 的栅极（PMOS 上）中的晶体管输入电路提供非常高的输入阻抗、极低的输入电流和高速的性能。操作电源电压从 4V 至 36V（无论单或双电源），结合了压电 PMOS 晶体管工艺和高电压双授晶体管的优点。如图 4-3-3 所示，压电传感器检测到振动信号后，经 CA3140 电荷放大器放大后输出。

电荷信号放大模块电路如图 4-3-4 所示，它的主要作用是将电荷放大模块电路的输出信号进行适当的放大，叠加在直流电平上，作为 LM393 中比较器 1 的负端（引脚 2）输入电压。

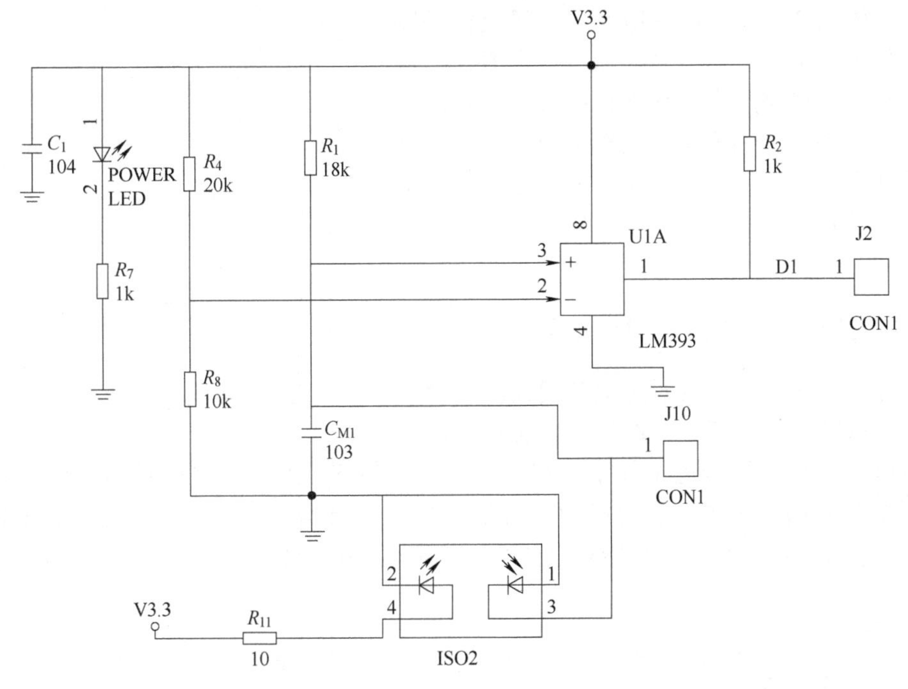

图 4-3-2　红外反射传感模块电路

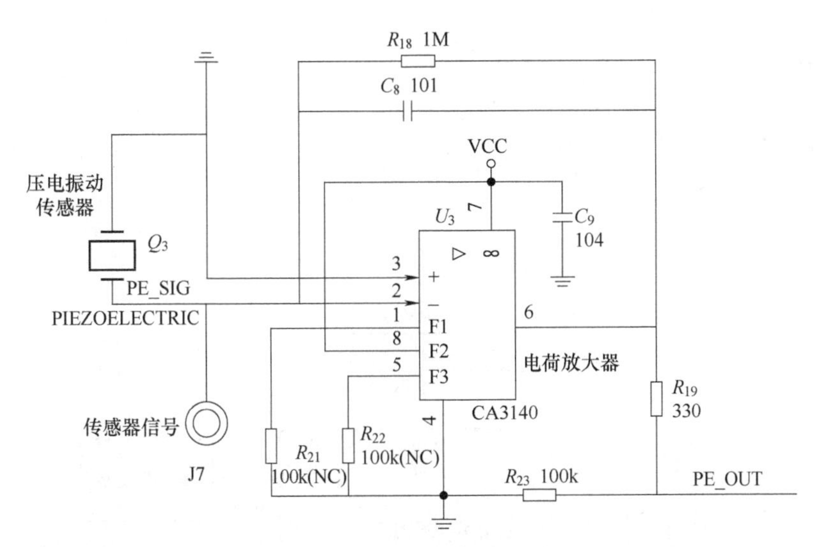

图 4-3-3　电荷放大模块电路图

比较器模块电路如图 4-3-5 所示。采集灵敏度电位器（RP1）调节端的电压作为比较器 1 正端（引脚 3）输入电压。比较器 1 将两个电压的情况进行对比，输出端（引脚 1）输出相应的电平信号；该电压信号经过 VD 升压，VD 正端的电压信号作为比较器 2 负端（引脚 6）输入电压，采集 R_7 的电压信号作为比较器 2 正端（引脚 5）的输入电压，比较器 2 根据两个电压的情况进行对比，输出端（引脚 7）输出相应的电平信号。

调节 RP1，调节比较器 1 正端的输入电压，设置对应的采集灵敏度，即阈值电压。当压电传感器不受力时，传感器没有电荷信号输出，比较器 1 的负端电压较低，小于阈值电压，比较器输出高电平电压；该电压经过 VD 后，VD 正端的电压比比较器 2 的正端电压高，这时比较器 2 输出低电平电压。当压电传感器受力时，传感器输出电荷信号，该电荷信号经电荷放大模块与放大电路放大后叠加在比较器 1 负端的直流电平上，使得负端电压比正端电压高，比较器 1 输出低电平电压；该电压经过 VD 后，VD 正端的电压比比较器 2 的正端电压低，比较器 2 输出高电平。

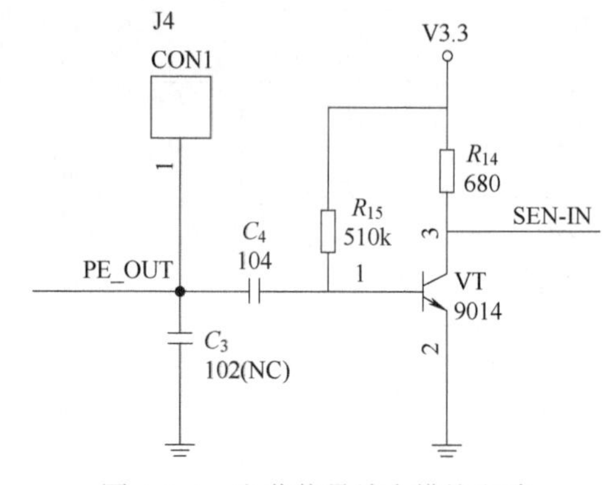

图 4-3-4 电荷信号放大模块电路

三、智能防盗监测系统结构分析

本任务要求能同时完成对过道和门窗实现智能防盗监测，这就需要将任务 1 的红外传感模块和任务 2 的压电传感模块综合运用起来，在“布防”状态下，通过单片机对两个传感器进行检测，根据检测到的传感器状态进行后续控制。单片机将当前系统的状态显示在 LCD12864 显示模块上。图 4-3-6 所示是智能防盗监测系统的硬件设计框图。

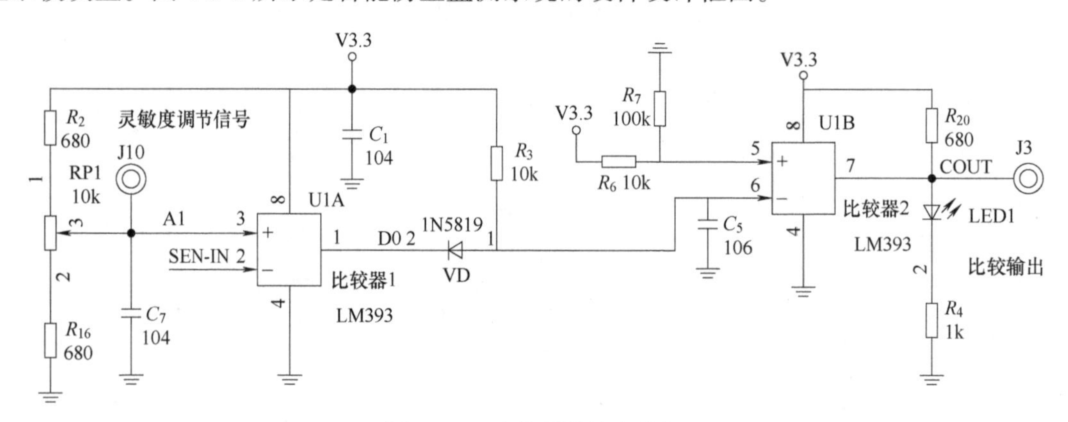

图 4-3-5 比较器模块电路图

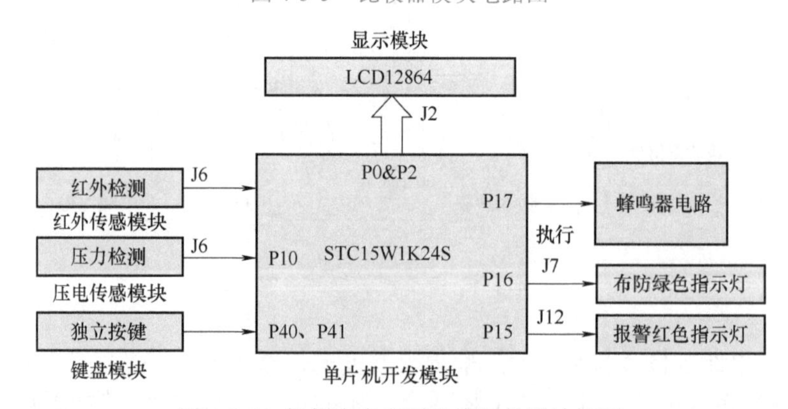

图 4-3-6 智能防盗监测系统硬件设计框图

四、智能防盗监测系统功能代码分析

需求：同时能够实现红外对射传感器和压电传感器监测，当其中任何一个传感器监测到有人入侵时，智能防盗监测系统发出声光报警。

解决方法：在程序上对红外对射传感器和压电传感器采集到的信号进行或运算，当其中任意一个条件被满足时，执行声光报警。

```
if((STRESS==1)||(INFRARED==1))// 红外传感信号有效,被遮挡,开启声光报警
```

扩展阅读：有源蜂鸣器与无源蜂鸣器

从外观上区分，将两种蜂鸣器的引脚都朝上放置时，可以看出有绿色电路板的一种是无源蜂鸣器，没有电路板而用黑胶封闭的一种是有源蜂鸣器。

从驱动原理上区分，有源和无源的“源”不是指电源，而是指振荡源。也就是说，有源蜂鸣器内部带振荡源，所以只要一通电就会鸣叫。而无源蜂鸣器内部不带振荡源，所以用直流信号无法令其鸣叫。必须用频率为2~5kHz的方波去驱动它。有源蜂鸣器往往比无源蜂鸣器贵，就是因为里面多个振荡电路。

任务实施

任务实施前必须先准备好的设备和资源见表4-3-2。

表4-3-2 设备清单表

序号	设备/资源名称	数量	是否准备到位（√）
1	红外传感器模块	1	
2	压电传感器模块	1	
3	键盘模块	1	
4	单片机开发模块	1	
5	显示模块	1	
6	杜邦线（数据线）	若干	
7	杜邦线转香蕉线	若干	
8	香蕉线	若干	
9	项目4任务3的代码包	1	

任务实施导航

- 搭建本任务的硬件平台，完成传感器之间的通信连接。
- 打开项目工程文件。
- 对工程里的代码进行补充，使之完整。
- 对代码进行编译，生成下载所需的HEX文件。
- 通过计算机将HEX文件下载到单片机开发模块。
- 结果验证。

具体实施步骤

1. 硬件环境搭建

本次任务的硬件连接表见表4-3-3。

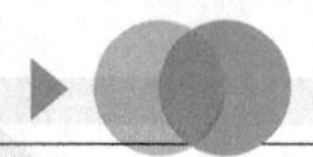

表 4-3-3 智能防盗监测系统硬件连接表

模块名称及接口号	硬件连接模块及接口号
键盘模块（独立按键 COL4、COL3）	单片机开发模块 P40、P41
键盘模块 ROW0	单片机开发模块 J8（GND）
蜂鸣器电路	短接接口 J1
红外传感模块（报警指示灯红色）J12	单片机开发模块 P15
红外传感模块（布防指示灯绿色）J7	单片机开发模块 P16
红外传感模块 J6	单片机开发模块 P10
压电传感模块 J3	单片机开发模块 P11
显示模块 DB0~DB7	单片机开发模块 P00~P07
显示模块 BL	单片机开发模块 P27
显示模块 RST	单片机开发模块 P26
显示模块 CS2	单片机开发模块 P25
显示模块 CS1	单片机开发模块 P24
显示模块 E	单片机开发模块 P23
显示模块 RW	单片机开发模块 P22
显示模块 RS	单片机开发模块 P21

智能防盗监测系统硬件接线图如图 4-3-7 所示。

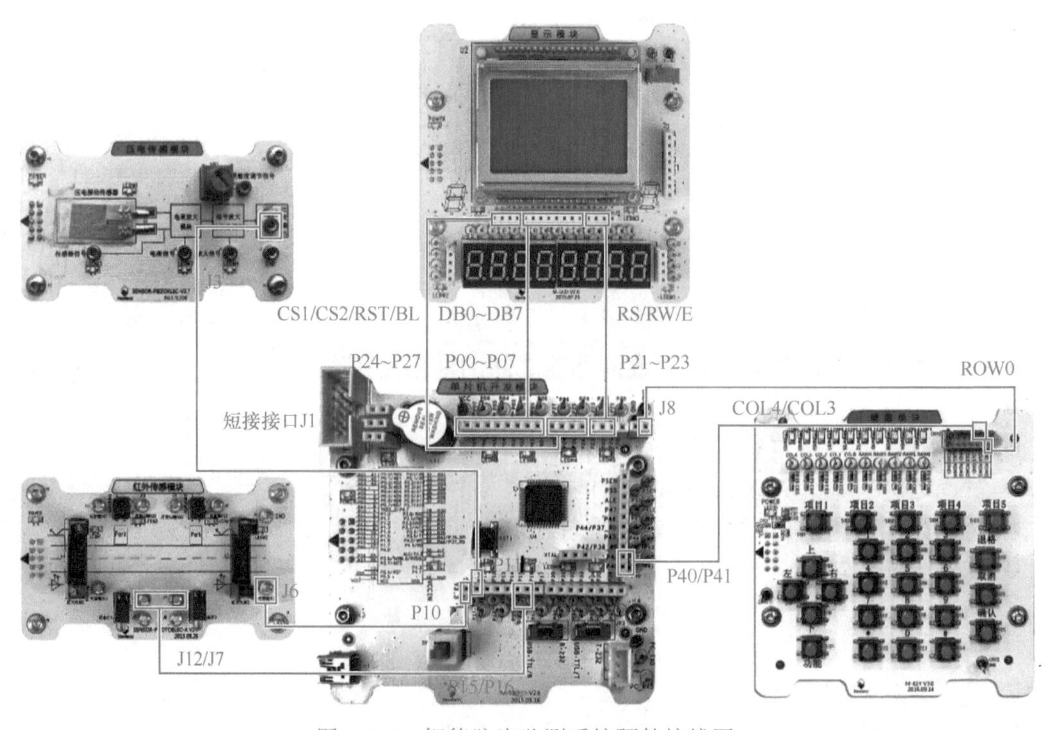

图 4-3-7 智能防盗监测系统硬件接线图

2. 打开项目工程

打开本次任务的初始代码工程，具体操作步骤可参考本项目任务 1 中的“打开项目工程”部分。

3. 代码完善

结合如图 4-3-8 所示的代码程序流程图，完善代码功能。

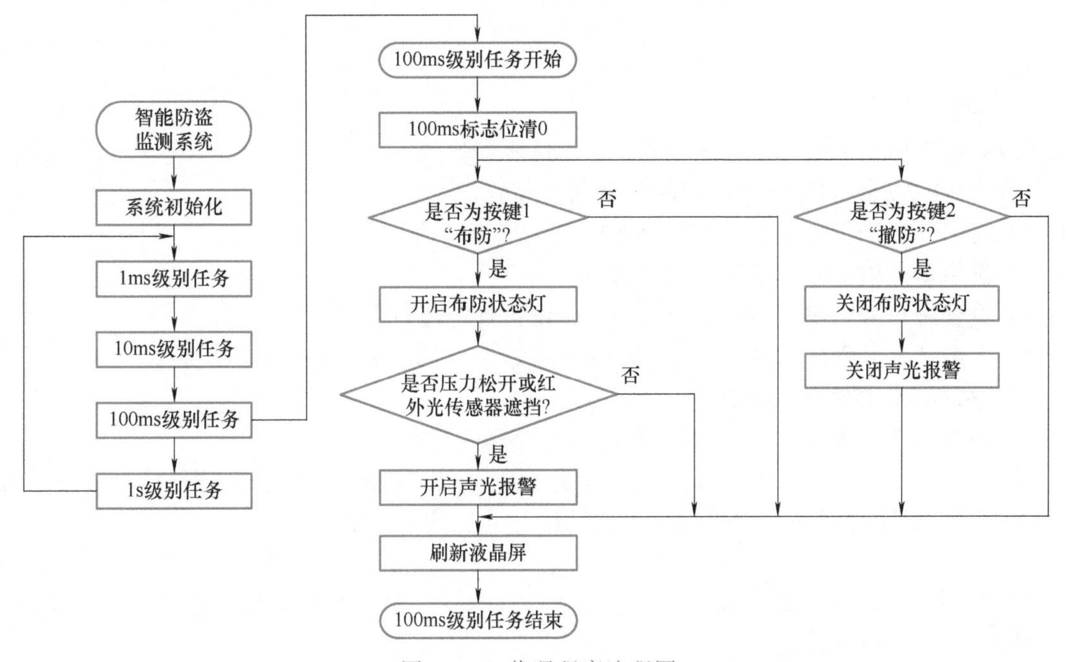

图 4-3-8　代码程序流程图

在布防状态下，红外光传感器或者压电传感器监测到有人入侵时，单片机需要对蜂鸣器电路和指示灯电路进行控制，实现声光报警，并实时更新液晶屏上显示的信息。具体程序如下所示：

```
1. KeyScan( );
2. Lcd_Display( );                          // 刷新液晶屏显示内容
3. if(P16==0)                               // 布防状态指示灯有效
4. {
5.   if((STRESS==0)‖(INFRARED==1))          // 红外传感信号有效,被遮挡,开启声光报警
6.   {
7.      BEEPERON( );
8.      ALARMLED=0;                         // 开启报警指示灯
9.   }
```

4. 代码编译

1）单击“Options for Target”按钮，进入 HEX 文件的生成配置对话框，可参考本项目任务 1 中的“代码编译”部分完成配置。

2）单击工具栏上程序编译按钮“”，完成该工程文件的编译。在 Build Output 窗口中出现“0 Error（s），0 Warning（s）”时，表示编译通过，如图 4-3-9 所示。

编译通过后，会在工程的 project/Objects 目录中生成 1 个 prevention.hex 的文件。

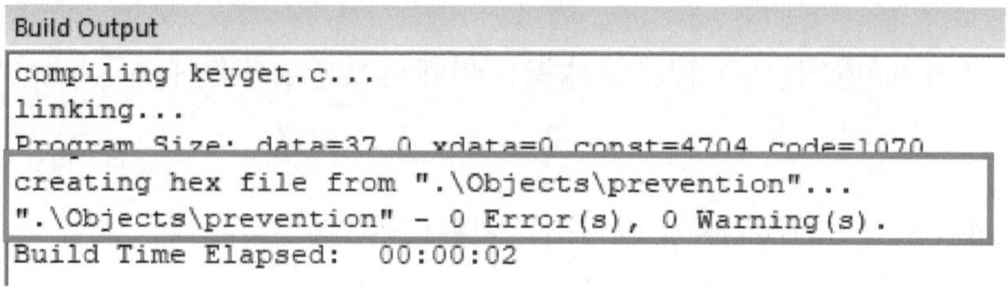

```
Build Output
compiling keyget.c...
linking...
Program Size: data=37.0 xdata=0 const=4704 code=1070
creating hex file from ".\Objects\prevention"...
".\Objects\prevention" - 0 Error(s), 0 Warning(s).
Build Time Elapsed:  00:00:02
```

图 4-3-9　编译成功后显示内容

5. 程序下载

使用 STC-ISP 下载工具进行程序下载，具体步骤如下所示：

1）将 NEWLab 实训平台旋钮旋转至通信模式。

2）将单片机开发模块上的 JP2 和 JP3 开关拨至左侧。

3）选择单片机型号为 STC15W1K24S。

4）设置串口号，串口号可通过查看 PC 设备管理器获得。

5）单击“打开程序文件”，找到工程项目文件夹下的 prevention.hex 文件。

6）设置 IRC 频率为 11.0592MHz。

7）弹起自锁开关 SW1，以断开单片机开发模块的电源。

8）单击“下载 / 编程”按钮，按下自锁开关 SW1，以给单片机开发模块供电，这样程序便开始下载到单片机中，当提示操作成功时，此次程序下载完成。

6. 结果验证

成功下载 HEX 文件后，显示模块上显示“正常”，无触发警报时智能防盗监测系统的工作状态如图 4-3-10 所示。

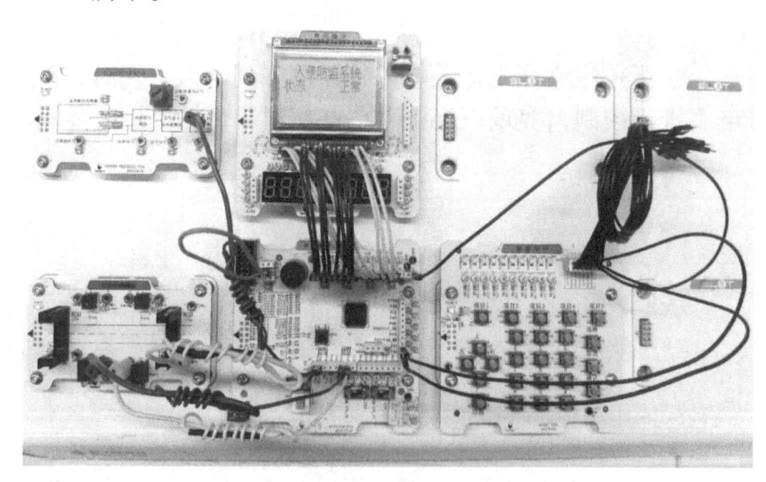

图 4-3-10　无触发警报时智能防盗监测系统的工作状态

当有人入侵触发了红外对射传感器或者压电传感器时，单片机开发模块通过程序控制蜂鸣器电路和指示灯电路进行声光报警，显示模块上显示“报警”，触发警报时智能防盗监测系统的工作状态如图 4-3-11 所示。

任务检查与评价

完成任务后，进行任务检查与评价，任务检查与评价表存放在本书配套资源中。

任务小结

通过基于 STC15W1K24S 智能防盗监测任务的设计与实现，学生可以掌握声音传感模块和光照传感模块的原理及综合应用，本任务小结如图 4-3-12 所示。

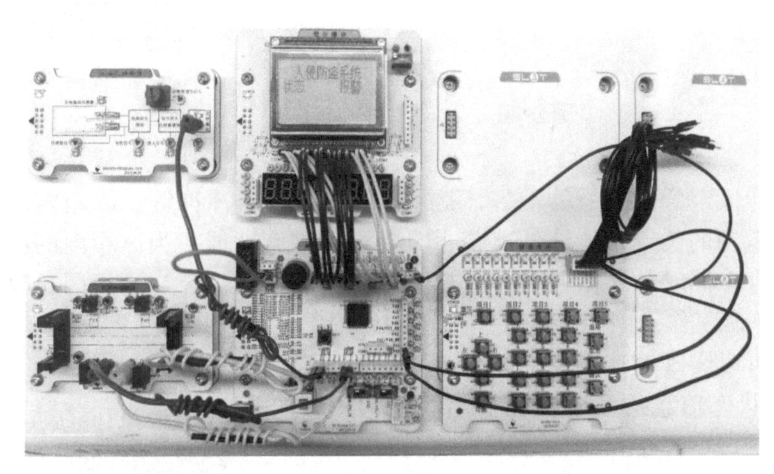

图 4-3-11 触发警报时智能防盗监测系统的工作状态

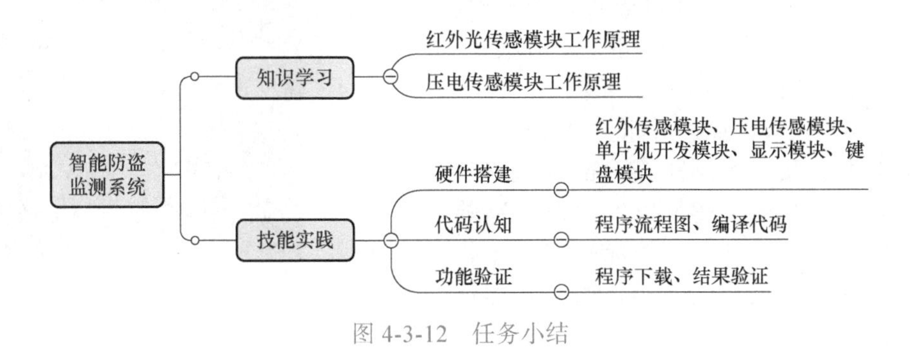

图 4-3-12 任务小结

任务拓展

1. 红外反射电路测试

将不透光的纸片制作成阻挡片，由远及近遮挡红外传感模块的红外反射电路，观测 A/D 输出端与反射输出端电压的变化情况。

2. 了解压电传感器模块输出波形

将数字示波器进行校准，校准好的示波器与压电传感模块连接。将示波器两个通道的探头与 J6、J7 传感器信号接口和 J2、GND 接口连接好。按下数字示波器 AUTOSET 按钮，进行自动测量。当没有受力时，对比 J6 传感器信号的波形信号情况和 J7 传感器信号的波形信号情况。敲击压电振动传感器，对比此时 J6 传感器信号的波形信号情况和 J7 传感器信号接口的波形信号。

项目5

智能冰箱

引导案例

冰箱是保持恒定低温的一种设备，常用于食品冷藏、冰冻等。冰箱内部的湿度监测是冰箱室内环境监测的关键，传统的冰箱不具备湿度监测功能，当冰箱内的湿度过高时，会影响食物的保存。同时，冰箱门的开关也会影响冰箱的功能，当冰箱门长时间未关闭，会导致冰箱无法正常工作，因此也需要实时监测冰箱门的开关状态信息。

智能冰箱可以实现对冰箱室内环境湿度、冰箱门的开关状态信息的实时监测。当智能冰箱内部环境的湿度高于设定的湿度阈值时，风机进行除湿工作；当冰箱内部环境的湿度低于设定的湿度阈值时，风机停止除湿工作。当用户忘记关冰箱门，冰箱门处于开启状态，报警指示灯亮，提醒用户关闭冰箱门。

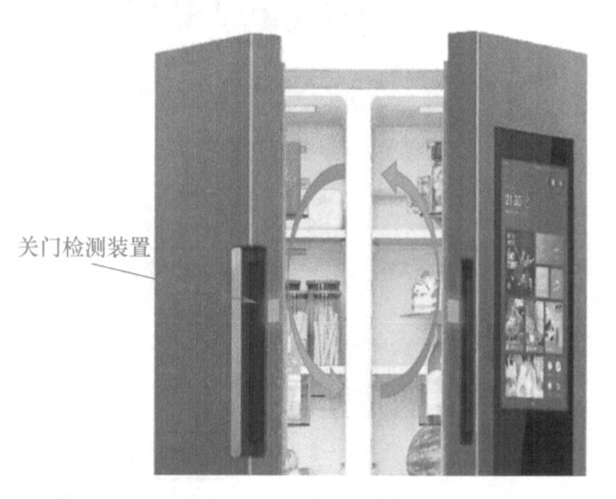

图 5-1-1　智能冰箱

智能冰箱不仅可以通过对冰箱内部环境湿度的实时监测，从而控制冰箱内部的风机工作，达到除湿的目的，还可以实时监测冰箱门的开关状态，在保证了智能冰箱正常工作的同时，也提高了用户的使用体验。智能冰箱如图 5-1-1 所示。

任务 1　智能冰箱湿度监测系统

职业能力目标

- 能根据湿度传感器的工作原理、分类与参数，正确地查阅相关数据手册，实现对其进行识别和选型。
- 能根据电容式湿度传感器的数据手册，结合单片机技术，准确地采集冰箱内部环境的湿度数据。
- 能理解继电器和执行器的工作原理，根据单片机获取的湿度传感器的状态信息，准确地控制继电器和执行器。

任务描述与要求

任务描述： ×× 冰箱生产公司收到了一个智能冰箱的订单，由于客户要求的交货日期较急，需要将原来生产的冰箱改造成智能冰箱。在现有冰箱功能的基础上进行升级，实现对冰箱内部环境湿度的实时监测，当湿度过高时进行除湿工作，还可以实时监测冰箱门的开关状态信息。现要进行第一个功能的改造设计，要求能够根据冰箱内部环境湿度情况，控制风机的除湿工作。

任务要求：

- 当智能冰箱内部环境的湿度高于设定的湿度阈值时，风机进行除湿工作；当冰箱内部环境的湿度低于设定的湿度阈值时，风机停止除湿工作。
- 可以将冰箱内湿度显示在管理中心系统上。

任务分析与计划

根据所学相关知识，制订本次任务的实施计划，见表 5-1-1。

表 5-1-1　任务计划表

项目名称	智能冰箱
任务名称	智能冰箱湿度监测系统
计划方式	自我设计
计划要求	请分步骤来完整描述如何完成本次任务
序号	任务计划
1	
2	
3	
4	
5	
6	
7	
8	

知识储备

一、湿度的定义与分类

1. 湿度的定义

湿度是指大气中所含的水蒸气的物理量，用来表示空气的干湿程度。在一定温度、一定体积的空气中含有的水蒸气越少，空气越干燥；水蒸气越多，空气越潮湿。

2. 湿度的分类

湿度有两种最常用的表示方法，即绝对湿度和相对湿度。

（1）绝对湿度

绝对湿度是指一定大小空间中水蒸气的绝对含量，可用“kg/m^3”表示。绝对湿度也称水汽浓度或水汽密度。

（2）相对湿度

在实际生活中，许多现象与湿度有关，如水分蒸发的快慢，然而水分蒸发的快慢除了与空气中水的蒸汽压有关外，更主要的是与空气中水的蒸汽压与饱和蒸汽压的比值有关，因此有必要引入相对湿度的概念。

相对湿度为某一被测蒸汽压与相同温度下的饱和蒸汽压的比值的百分数，常用“RH”表示，这是一个无量纲的值。显然，绝对湿度给出了水分在空间的具体含量，而相对湿度则给出了大气的潮湿程度，故后者使用更广泛。

二、湿度传感器的基础知识

1. 湿度传感器的定义

湿度传感器是能够感受外界湿度变化，并通过元件材料的物理或化学性质的变化，将湿度转化成有用信号的装置。

通常，对湿敏元件有下列要求：在各种气体环境下稳定性好、响应时间短、寿命长、有互换性、耐污染和受温度影响小等。微型化、集成化及廉价化是湿敏元件的发展方向。

2. 湿度传感器的工作参数

湿度传感器的工作参数如下：

（1）精度和稳定性

湿度传感器的精度偏差一般偏大，要达到 ±2%~±5%RH 才比较精确。湿度传感器的精度可以通过查询对应的产品说明书来获取。在实际应用领域，由于油污、灰尘、有害气体等环境因素的影响，湿度传感器的稳定性和精度都会下降。湿度传感器精度的年漂移量一般在 ±2% 左右变化。

（2）湿度传感器的温度系数

湿度传感器对温度也比较敏感，工作温度范围是重要参数，湿度传感器的温度系数一般在 0.2%~0.8% RH/℃之间。湿度传感器一般需要进行温度补偿，可以在电路上增加温度补偿电路，也可以在软件上进行湿度数据的补偿处理，这样可以得到更加精确的湿度数据。

（3）湿度传感器的供电

金属氧化物陶瓷、高分子聚合物和氯化锂等湿敏材料需要采用交流电源供电，否则会导致性能劣化甚至损坏。

（4）互换性

湿度传感器的互换性比较差，哪怕是同一型号的湿度传感器也不能互换。这样会给湿度传感器的更换、维修、调试等带来一些难题。

（5）湿度校正

为了得到精确的湿度数据，需要进行湿度校正。温度校正可以用标准的温度计进行校正，而湿度校正相对于温度校正而言，比较难实现，无法用常见的指针湿度计等进行标定，而且对环境的要求也比较苛刻。

3. 湿度传感器的分类与选型

湿度传感器按照水分子附着并渗透到湿敏元件表面的难易程度可以分为水分子亲和力型湿度传感器和非水分子亲和力型湿度传感器。水分子容易附着并被吸收的湿度传感器称为水分子亲和力型湿度传感器，常见的有电阻式湿度传感器、电容式湿度传感器、电解质湿度传感器、半导体陶瓷湿度传感器和高分子材料湿度传感器等。图5-1-2是常见的电容式湿度传感器。非水分子亲和力型湿度传感器是根据水分子和传感器相互接触后产生的物理反应来监测湿度的，常见的有热敏电阻式湿度传感器、红外线式湿度传感器和超声波式湿度传感器。

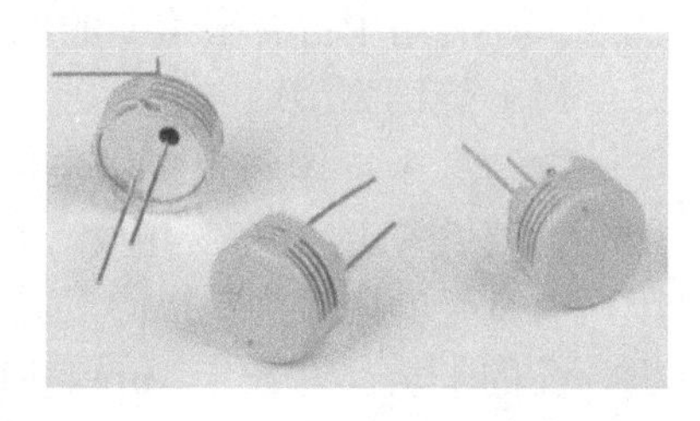

图 5-1-2　电容式湿度传感器

（1）电解质湿度传感器

潮解性盐类由于具有吸湿后潮解的特性，在湿度变化时，会引起电阻的变化。例如，氯化锂湿度传感器在环境湿度增大时吸收水分，会导致氯化锂的相对浓度降低，电导率增高，阻值下降。相反，在环境湿度降低时，水分子变少，氯化锂的相对浓度增高，电导率下降，阻值变大。电解质湿度传感器的滞后误差比较小，但是该类传感器稳定性较差，在反复使用后，电解质膜会发生变形，导致性能变差，特别是在高湿的环境下长期使用后更容易失效甚至损坏。

（2）半导体陶瓷湿度传感器

将氧化铝、四氧化三铁等金属氧化物经过一定的高温烧结，做成的多孔状的金属氧化物陶瓷湿敏元件，并加上电极、接线端子制作而成的湿度传感器称为半导体陶瓷湿度传感器。

（3）高分子材料湿度传感器

高分子材料湿度传感器在吸收水分子后会引起电阻或电介质等电气参数的变化。利用高分子材料传感器在吸收水分子后，电阻发生变化的传感器称为电阻式高分子材料湿度传感器；利用高分子材料传感器在吸收水分子后，电介质发生变化从而引起电容变化的传感器称为电容式高敏分子材料湿度传感器。高分子材料湿度传感器由于高分子膜比较薄，容易吸湿、脱湿，响应速度比较快，滞后误差较小。但是该类传感器不适合用于有机溶液的气体环境中，一般不能耐大于80℃的高温。

由于目前湿度传感器的种类较多，厂家产品工艺、质量、精确度差异较大，在选择性能较优、价格合适的传感器时，需要结合实际的产品说明书、实际测试、价格、可靠性等进行多方面评估。

三、半导体陶瓷湿度传感器

1. 半导体陶瓷湿度传感器的工作原理

半导体陶瓷湿度传感器是利用传感器表面的多孔进行吸湿，使得半导体陶瓷湿敏电阻的阻值发生变化。阻值随着环境湿度的增大而增大的半导体湿敏电阻称为正特性湿敏半导体陶瓷湿敏电阻，阻值随着环境湿度的增大而减小的半导体湿敏电阻称为负特性湿敏半导体陶瓷湿敏电阻。

2. 典型半导体陶瓷湿敏电阻

半导体陶瓷湿敏电阻具有较好的热稳定性，较强的抗沾污能力，能在恶劣、易污染的环境中测得准确的湿度数据，而且还有响应快、使用湿度范围宽（可在150℃以下使用）等优点，在实用中占有很重要的位置。

（1）烧结型湿敏电阻

烧结型半导体陶瓷湿敏电阻的结构如图5-1-3所示。其湿敏陶瓷片为$MgCr_2TiO_2$多孔陶瓷，气孔率达30%~40%。金属电极的材料为RuO_2，RuO_2的热膨胀系数与陶瓷相同，因而有良好的附着力。RuO_2通过丝网印刷到陶瓷片的两面，在高温下烧结形成多孔性的电极，孔的平均尺寸大于1μm。$MgCr_2$属于甲型半导体，其特点是感湿灵敏度适中，电阻率低，阻值湿度特性好。为改善烧结特性和提高元件的机械强度及抗热骤变特性，在原料中加入一定的TiO_2。这样在1300℃的空气中可烧结成相当理想的瓷体。元件安装在一种高致密、疏水性的陶瓷基片上。

（2）涂覆膜型Fe_3O_4湿敏元件

除上述烧结型陶瓷外还有一种由金属氧化物微粒经过堆积、黏结而成的材料，它也具有较好的感湿特性。用这种材料制作的湿敏元件，一般称为涂覆膜型或瓷粉型湿敏元件。这种湿敏元件有多种品种，其中比较典型且性能较好的是Fe_3O_4湿敏元件。

Fe_3O_4湿敏元件采用滑石瓷作基片，在基片上用丝网印刷工艺印制成梳状金电极。将纯净的Fe_3O_4胶粒，用水调制成适当黏度的浆料，涂覆在已有金电极的基片上，经低温烘干后，引出电极即可使用，结构如图5-1-4所示。

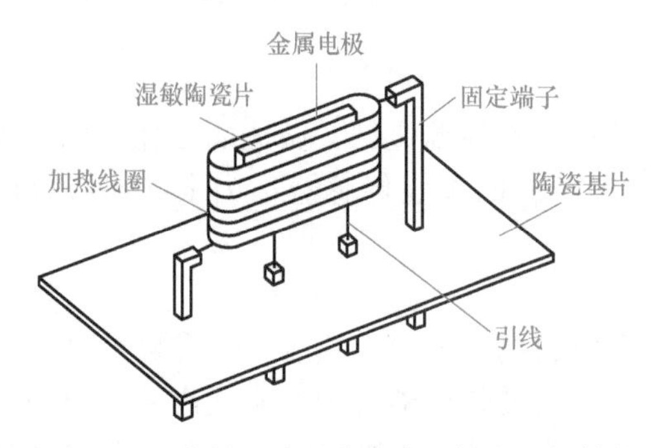

图5-1-3　烧结型半导体陶瓷湿敏电阻的结构

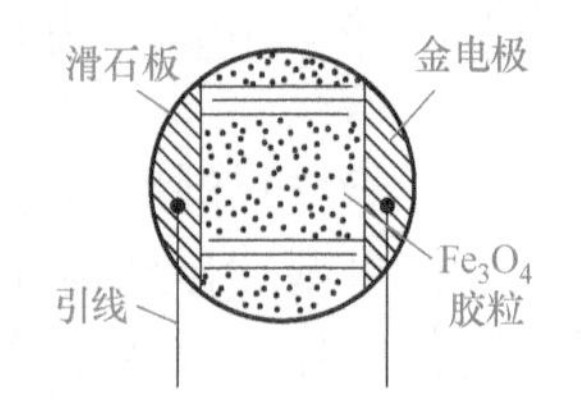

图5-1-4　Fe_3O_4湿敏元件的结构

涂覆膜型Fe_3O_4湿敏元件的感湿膜是结构松散的Fe_3O_4微粒的集合体，它与烧结陶瓷相比，缺少足够的机械强度。Fe_3O_4微粒之间，依靠分子力和磁力的作用，构成接触型结合。虽然Fe_3O_4微粒本身的体电阻较小，但微粒间的接触电阻确很大，这就导致Fe_3O_4感湿膜的整体电阻很高。当水分子透过松散结构的感湿膜而吸附在微粒表面上时，将扩大微粒间的面接触，导致接触电阻的减小，因而这种元件具有负感湿特性。

Fe_3O_4湿敏元件的主要优点是在常温、常湿下性能比较稳定，有较强的抗结露能力。在全湿范围内有相当一致的湿敏特性，而且其工艺简单，价格便宜。其主要缺点是响应缓慢，并有明显的湿滞效应。

（3）电容式湿度传感器

电容式湿度传感器是利用湿敏元件的电容值随湿度变化的原理进行湿度测量的传感器。这里介绍两种薄片状电容式湿敏传感元件，这类湿敏元件实际上是一种吸湿性电介质材料的介电常数随湿度而变化的薄片状电容器。吸湿性电介质材料（感湿材料）主要有高分子聚合物（例如乙酸-丁酸纤维素和乙酸-丙酸纤维素）和金属氧化物（例如多孔氧化铝）等。由吸湿性电介质材料构成的薄片状电容式湿度传感器能测全湿范围的湿度，且线性好，重

复性好，滞后小，响应快，尺寸小，能在 -10~70℃的环境温度中使用。

图 5-1-5 所示为高分子聚合膜电容式湿敏元件的结构。在清洗干净的玻璃衬底或聚酰亚胺薄膜软衬底上，蒸镀一层厚度约 1μm 的叉指形金电极（下电极），在其表面上均匀涂覆（或浸渍）一层感湿膜（醋酸纤维膜），在感湿膜的表面上再蒸镀一层多孔性金薄膜（上电极）。由上、下电极和夹在其间的感湿膜构成一个对湿度敏感的平板形电容器。

当环境中的水分子沿着电极的毛细微孔进入感湿膜而被吸附时，湿敏元件的电容值与相对湿度之间成正比，线性度为 ±1%，如图 5-1-6 所示。这类电容式湿度传感器的响应速度快，是由于电容器的上电极是多孔的透明金薄膜，水分子能顺利地穿透薄膜，且感湿膜只有一层呈微孔结构的薄膜，因此吸湿和脱湿容易。

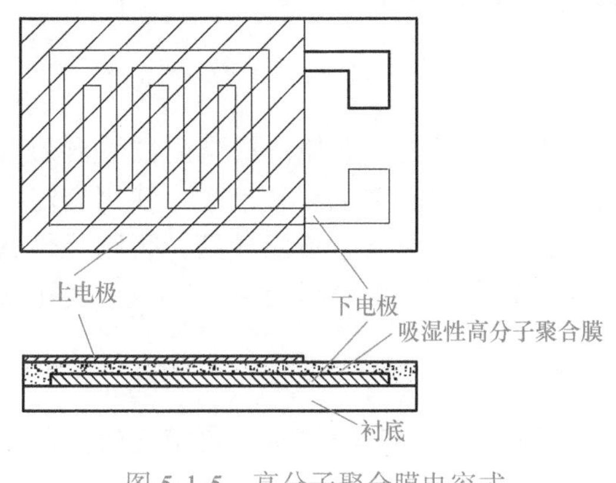

图 5-1-5　高分子聚合膜电容式湿敏元件的结构

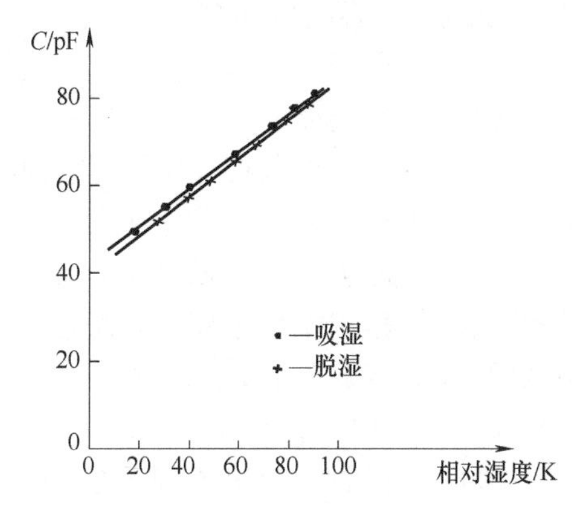

图 5-1-6　高分子聚合膜电容式湿度传感器的响应特性

图 5-1-7 所示是另一种薄片状电容式湿敏元件的结构。其感湿膜为一层多孔氧化铝薄膜，衬底为硼硅玻璃或蓝宝石，上金膜电极和两个下金或铂电极形成两个串联电容器。当空气中的相对湿度变化时，吸附在氧化铝薄膜上的水分子质量变化，引起电容值变化。

图 5-1-8 所示为薄片状电容式湿敏元件响应特性。试验表明，当湿敏元件从低湿气氛（相对湿度为 30%）迅速移入高湿气氛（相对湿度为 93%）中时，其时常数小于 3s；如从高湿气氛迅速移入低湿气氛中，则响应速度稍慢（为 10~30s）。

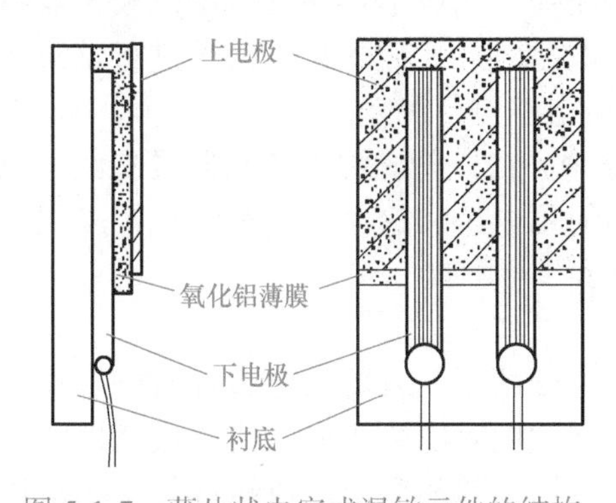

图 5-1-7　薄片状电容式湿敏元件的结构

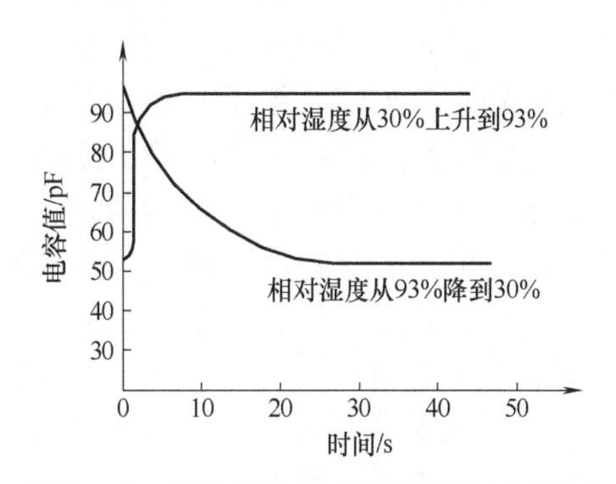

图 5-1-8　薄片状电容式湿敏元件响应特性

在一定温度范围内，电容值的改变与相对湿度的改变成正比，但在高湿环境中（相对湿度大于 90%），会出现非线性。为了改善湿度特性的线性度，提高湿敏元件的长期稳定性和响应速度，对氧化铝薄膜表面进行纯化处理（如盐酸处理或在蒸馏水中煮沸等），可以收到较为显著的效果。

HS1101 在电路中相当于一个电容元件，它的电容量随着所测空气湿度的增加而增大，将湿敏电容值的变化转换为与之呈反比的电压频率信号。

目前，生产湿敏电容的主要厂家是法国 Humirel 公司。它生产的 HS1101 测量范围是 0~100% RH，误差不大于 ±2%RH，电容量由 162pF 变到 200pF，响应时间小于 5s，湿度系数为 0.34pF/℃，年漂移量 0.5% RH/ 年，长期稳定。图 5-1-9 为 HS1101 湿敏电容的湿度 - 电容响应曲线。

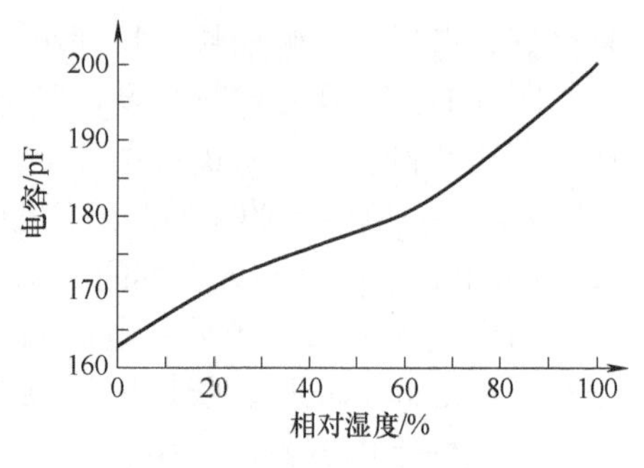

图 5-1-9　HS1101 湿敏电容的湿度 - 电容响应曲线

3. 湿度传感器的驱动电路

（1）电源选择

湿敏电阻必须采用交流电源供电。如果使用直流电源供电，会使湿敏电阻的感湿层变薄，正负离子会朝电源两个电极方向移动，导致湿敏电阻性能劣化或者失效；使用交流电源供电时，正负离子来回移动，不会使正负离子聚积，但电源频率不能过高，否则元件的附加容抗会影响湿敏电阻的灵敏度和准确性。以离子导电型湿敏电阻为例，一般该类湿敏电阻的电源频率在 1kHz 左右。

（2）温度补偿

湿度传感器分为正温度系数和负温度系数的湿度传感器。在测量精度要求比较高的场合，为了得到更准确的湿度，需要对湿度传感器进行温度补偿。

（3）线性化

湿度传感器的输出与相对湿度之间的关系一般是非线性的，为了更加方便得获得湿度传感器的输出量，需要进行线性化的处理，比如通过线性化电路或者在获取传感器的输出量之后采用软件进行线性化处理。

（4）电阻式湿度传感器测试电路

1）电桥电路。图 5-1-10 所示为电桥测试电路的组成框图，该电路采用 9V 电源供电，电桥的一个桥臂是湿度传感器。当湿度保持不变时，电桥保持平衡，电桥输出电压为 0；当环境湿度发生变换时，湿度传感器的电阻值会发生改变，电桥不再保持平衡，放大器将电桥失去平衡后输出的电压信号进行放大。桥式整流电路对放大后的交流信号进行整流，变为直流信号。常见的氯化锂湿度传感器可以采用电桥电路进行测量。

2）欧姆定律电路。在陶瓷湿度传感器测量电路中，由于陶瓷湿度传感器具有经过电流放大，本身可以获得较大信号的特性，因此可以不使用电桥和放大器电路，直接采用降压变压器作为电源。欧姆定律测试电路如图 5-1-11 所示。

（5）电容式湿度传感器测试电路

线性电压输出式相对湿度测量电路框图如图 5-1-12 所示。其特点是将湿敏电容作为电容器接入桥式振荡器中，当相对湿度发生变化时，湿敏电容随之改变，使得振荡器的频率也发生变化，再经过整流滤波电路和放大电路，即可输出与相对湿度成线性关系的电压信号 U_o。

线性频率输出式相对湿度测量电路如图 5-1-13 所示。利用一片 CMOS 定时器 TLC555，配上湿敏电容 HS1101 和电阻 R_2、R_4 构成单稳态电路，将相对湿度转换成频率信号，电路输出频率范围为 6300~7351Hz，所对应的湿度为 0~100% RH。当 55% RH 时，f=6660Hz。

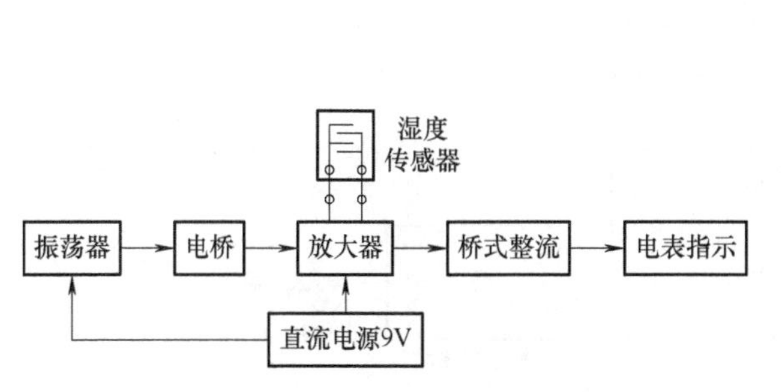

图 5-1-10　电桥测试电路的组成框图

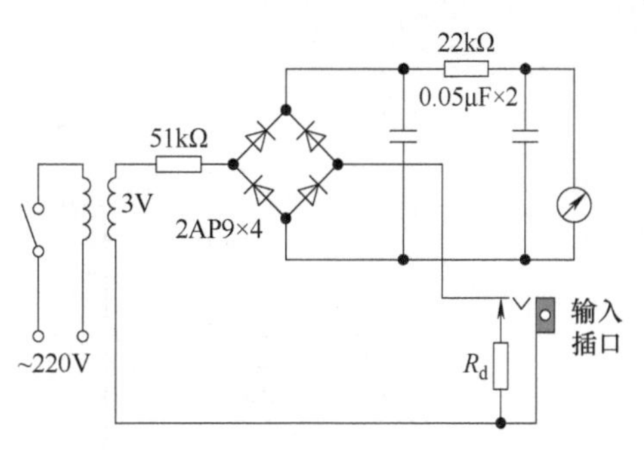

图 5-1-11　欧姆定律测试电路

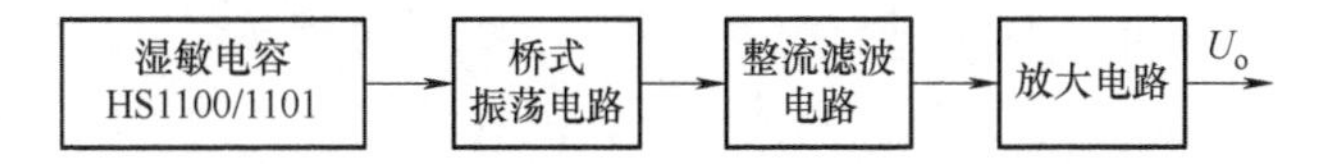

图 5-1-12　线性电压输出式相对湿度测量电路框图

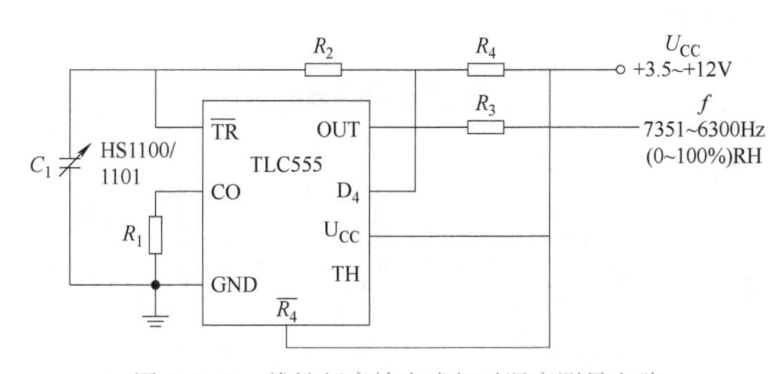

图 5-1-13　线性频率输出式相对湿度测量电路

电路中，由 U_{CC}、R_2、R_4、HS1101 和接地构成 HS1101 的充电回路，HS1101、R_2、D_4 端、内部放电管和地构成HS1101的放电回路。当HS1101被充电至TLC555的高电平（U_H=0.67U_{CC}）时，TLC555 翻转，从 OUT 端输出低电平；当 HS1101 被放电至 TLC555 的低触发电平（U_L=0.33U_{CC}）时，TLC555 再次翻转，从 OUT 端输出高电平。周而复始地充电、放电，即形成了振荡。

此外，在电路设计时，如果选用其他型号的 CMOS 定时器，需对 R_1、R_2 的阻值做适当调整，R_1 的作用在于改变定时器的阈值电压，使之与 HS1101 的温度系数相匹配，R_1 宜采用温度系数为 100×10^{-4}% RH/℃、误差不超过 1% 的金属膜电阻。为确保电路能可靠工作。R_4 的阻值不能太小。

四、智能冰箱湿度监测系统结构分析

1. 智能冰箱湿度监测系统的硬件框图

图 5-1-14 是智能冰箱湿度监测系统的硬件框图，该系统各模块的主要功能如下：

1）湿度传感模块用于分析湿度传感器采集的湿度信息，湿度阈值可以根据需求在程序中设定。

2）单片机开发板模块对湿度传感模块输入的湿度进行检测。

3）显示模块用于显示智能冰箱的湿度值。

4）继电器模块用于配合单片机开发模块控制除湿机（风扇模块）的工作。

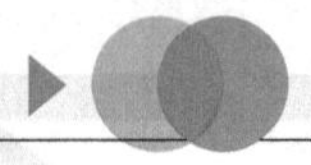

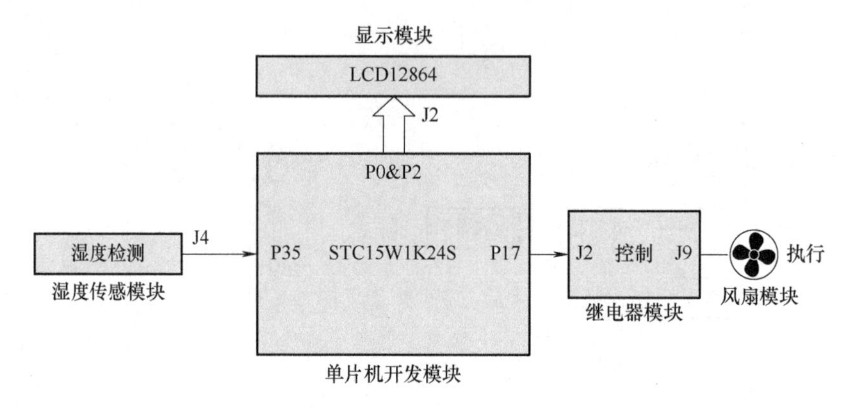

图 5-1-14　智能冰箱湿度监测系统的硬件框图

2. 湿度传感模块的认识

本次任务需要采集环境中的湿度信息，因此需要使用湿度传感模块，湿度传感模块电路板结构图如图 5-1-15 所示。

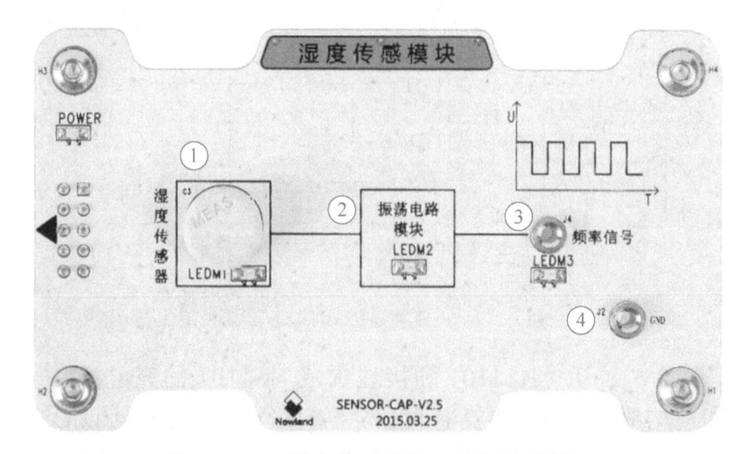

图 5-1-15　湿度传感模块电路板结构图

1）图 5-1-15 中数字对应模块情况如下：

①——湿度传感器 HS1101；

②——振荡电路模块；

③——频率信号接口 J4；

④——接地 GND 接口 J2。

2）湿度传感器 HS1101 的检测方法。

测试方法 1：HS1101 湿度传感器是电容式传感器，可以使用专业的电容测试仪进行测试，将电容测试仪的两根表笔分别搭接在湿度传感器的两端，当环境湿度在 0~100% RH 内变化时，可以测试到的电容值会在 100~200pF 之间变化。

测试方法 2：搭建如图 5-1-13 所示的线性频率输出式相对湿度测量电路，将相对湿度转换成频率信号，当湿度在 0~100% RH 变化时，使用示波器可以测试到输出频率在 6300~7351Hz 之间变化的方波信号，当 55% RH 时，f=6660Hz，那么湿敏电容就是正常可用的。

3. 执行器的认识

本次任务中使用风扇模块作为执行器，来模拟智能冰箱的风机，用来完成除湿工作。

当冰箱内部的湿度高于设定的湿度阈值时，风扇转动，风机开始除湿工作；当冰箱内部的湿度低于设定的湿度阈值时，风扇停止转动，风机停止除湿工作。

五、智能冰箱湿度监测系统功能代码设计

需求：当智能冰箱内部环境的湿度高于设定的湿度阈值时，风机开始除湿工作；当冰箱内部环境的湿度低于设定的湿度阈值时，风机停止除湿工作。这就需要根据冰箱内部环境湿度来进行判断。

解决方法：判断湿度变量是否超过阈值，当湿度超过阈值时，继电器闭合；当湿度低于阈值时，继电器断开。

开发思路如下：

```
如果 hs1101.value_over==1 时,冰箱内部环境湿度超过湿度阈值,RelayOn( );
如果 hs1101.value_over==0 时,冰箱内部环境湿度低于湿度阈值,RelayOff( )
```

扩展阅读：湿度传感器的应用实例

1. 冷链物流环境监测仪

在现代冷链物流中，为了保证冷藏、冷冻类物品在生产、贮藏、运输到销售的各个环节中都保持恒定的温度、湿度，最大程度地保证物品的新鲜和质量，需要对环境的温度、湿度进行实时的监测、分析，并通过无线系统传送到计算机，从而实现对冷链物流环境中湿度的智能化管理。

2. 智能空调

智能空调可以实时监测湿度传感器输出的湿度值，在夏季天气炎热、湿气较重时，智能空调可以开启除湿功能，除湿后空气湿度下降，空气相对干燥，干燥的空气可以让汗液蒸发加快，让人的体表感觉更舒适。

3. 蒸汽检漏系统

在火电站、锅炉等高温高压设备中，为了预防漏气，保证设备可靠运行和防止意外事故发生，可以使用湿度传感器进行实时检测，达到蒸汽检漏的目的。

4. 家用加湿机、除湿机

家电中的加湿机、除湿机就是利用湿度传感器测量的湿度值，来进行相应的加湿和除湿操作，以保持湿度恒定的目的。

任务实施

任务实施前必须先准备好的设备和资源见表5-1-2。

表5-1-2　设备清单表

序号	设备/资源名称	数量	是否准备到位（√）
1	湿度传感模块	1	
2	继电器模块	1	
3	风扇模块	1	
4	单片机开发模块	1	

（续）

序号	设备 / 资源名称	数量	是否准备到位（√）
5	显示模块	1	
6	杜邦线（数据线）	若干	
7	杜邦线转香蕉线	若干	
8	香蕉线	若干	
9	项目 5 任务 1 的代码包	1	

任务实施导航

- 搭建本任务的硬件平台，完成传感器之间的通信连接。
- 打开项目工程文件。
- 对里的代码进行补充，使之完整。
- 对代码进行编译，生成下载所需的 HEX 文件。
- 通过计算机将 HEX 文件下载到单片机开发模块。
- 结果验证。

具体实施步骤

智能冰箱湿度监测系统（硬件环境搭建）

1. 硬件环境搭建

1）给 NEWLab 实验平台插上电源适配器，用串口线将实验平台与 PC 连接起来。

2）利用杜邦线（数据线）完成整个系统的接线，智能冰箱湿度监测系统硬件连接表见表 5-1-3。

表 5-1-3 智能冰箱湿度监测系统硬件连接表

模块名称及接口号	信号连接模块及接口号
湿度传感模块 J4	单片机开发模块 P35
继电器模块 J2	单片机开发模块 P17
显示模块数据接口 DB0~DB7	单片机开发模块 P00~P07
显示模块背光 LCD_BL	单片机开发模块 P27
显示模块复位 LCD_RST	单片机开发模块 P26
显示模块片选 LCD_CS2	单片机开发模块 P25
显示模块片选 LCD_CS1	单片机开发模块 P24
显示模块使能 LCD_E	单片机开发模块 P23
显示模块读写 LCD_RW	单片机开发模块 P22
显示模块数据 / 命令选择 LCD_RS	单片机开发模块 P21

智能冰箱湿度监测系统硬件接线图如图 5-1-16 所示。

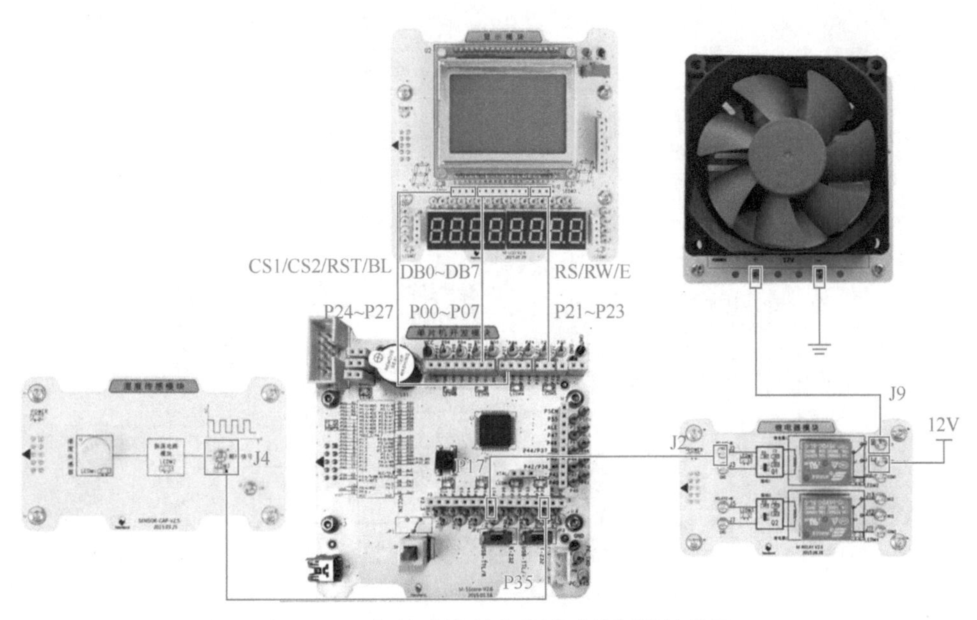

图 5-1-16　智能冰箱湿度监测系统硬件接线图

2. 打开项目工程

单击“Project→Open Project”菜单项，进入本次任务的工程代码文件夹，打开 project 目录下的工程文件“Fridge.uvproj”，如图 5-1-17 和图 5-1-18 所示。

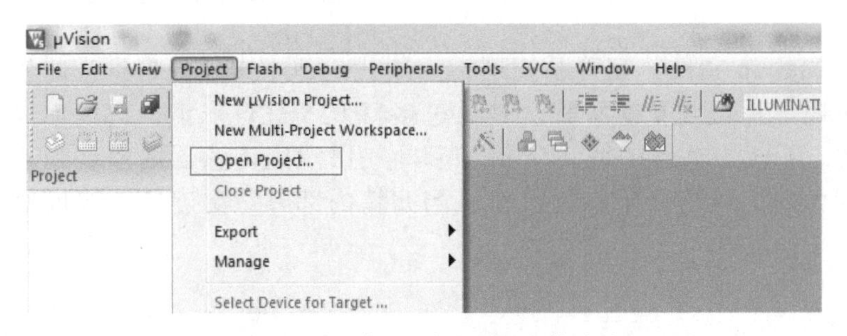

图 5-1-17　打开项目工程文件（1）

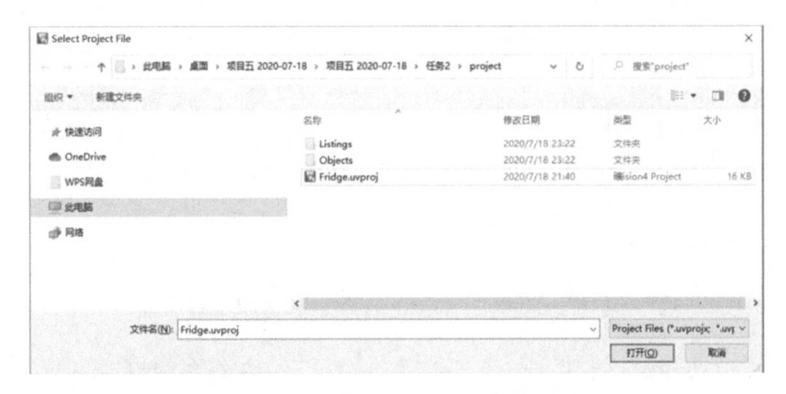

图 5-1-18　打开项目工程文件（2）

3. 代码完善

结合如图 5-1-19 所示的代码程序流程图，完善代码功能。

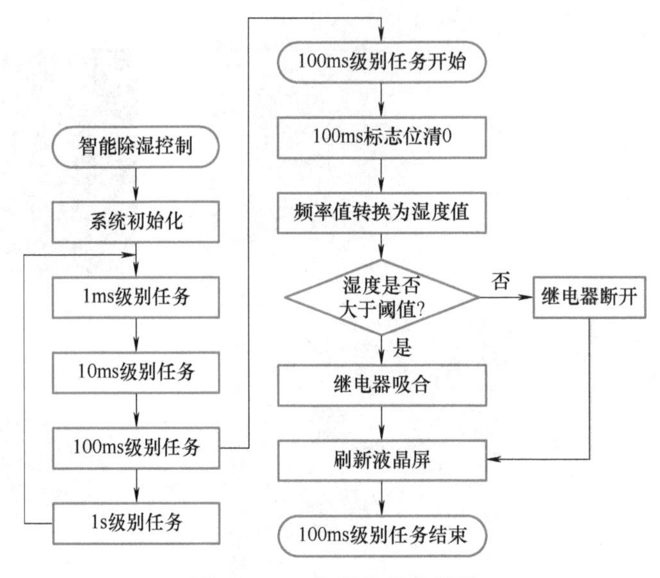

图 5-1-19　代码程序流程图

打开 Relay/Relay.c 文件，设置继电器模块的 RELAYPORT 对应接口 P17。

```
1. #define  RELAYPORT_ON    1          //继电器的实际驱动电平:高电平,1有效
2. #define  RELAYPORT_OFF   0          //继电器的实际驱动电平:低电平,0无效
3. #define  RELAYPORT       P17        //继电器连接的物理接口地址
```

打开 App/Main.c 文件，完善系统逻辑控制代码，本次任务根据定时器 1 确定采集湿度的频率，所以单片机开发模块默认是通过接口 P35 进行采集，这里不需要专门对接口 P35 进行配置，下面要求程序每 0.1s 检测判断一次湿度传感器的值。当冰箱内部环境湿度大于湿度阈值时，风机开始除湿工作；当冰箱内部环境湿度低于湿度阈值时，风机停止除湿工作。

```
1.  if(SystemTime.sec10f==1)          //时间过去0.1s了吗?
2.  {
3.       SystemTime.sec10f=0;
4.       hs1101.value = hs1101freq_to_rh(hs1101.FreqCount);
5.       check_hs1101threshold();
6.       if(hs1101.value_over == 1)          //如果湿度大于阈值
7.       {
8.           RelayOn();                      //继电器闭合
9.       }
10.      else
11.      {
12.          RelayOff();                     //继电器断开
13.      }
14.      Lcd_Display();                      //刷新液晶屏显示内容
15. }
```

4. 代码编译

首先在代码编译前要先进行 HEX 程序文件的生成，单击“Options for Target”按钮，

进入 HEX 文件的生成配置对话框，按图 5-1-20 所示的步骤完成配置。

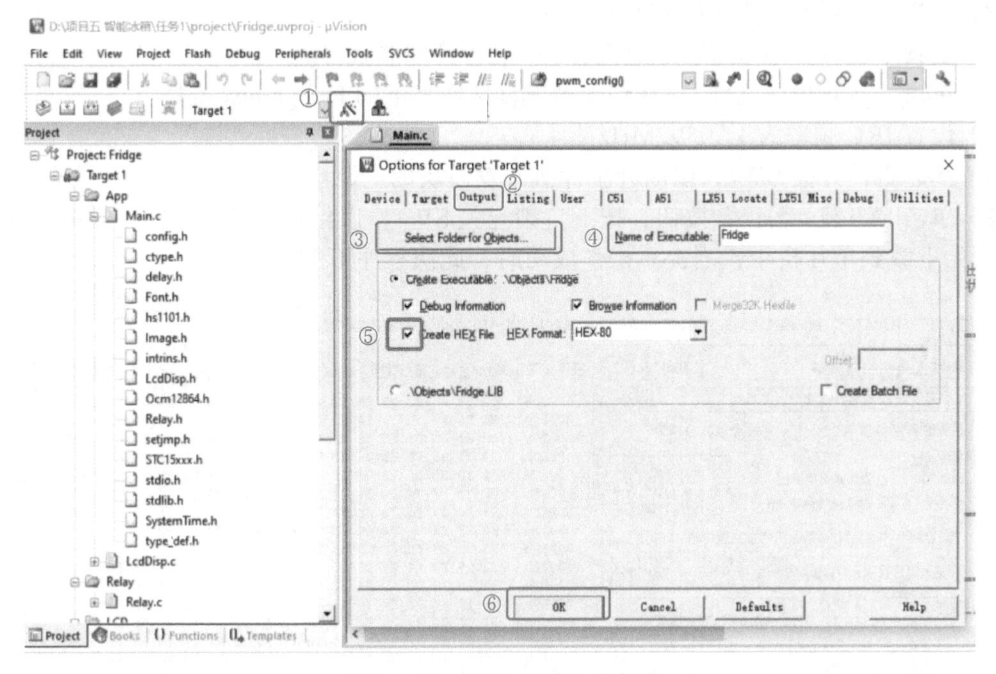

图 5-1-20 HEX 文件生成方式

接下来在工具栏上单击程序编译按钮“”，编译工程文件。在 Build Output 窗口中出现“0 Error（s），0 Warning（s）”时，表示编译通过。具体步骤如图 5-1-21 和图 5-1-22 所示。

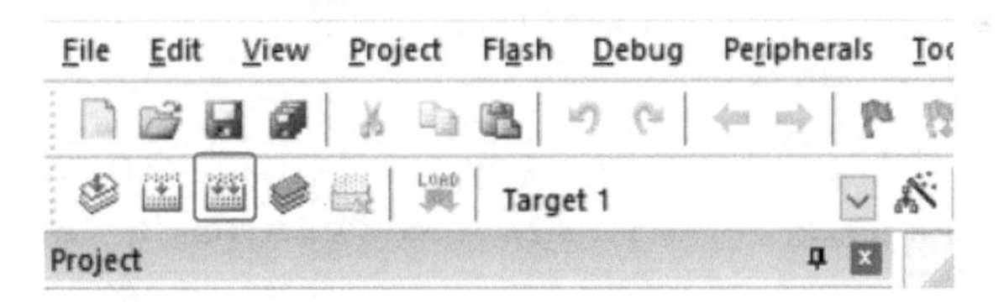

图 5-1-21 代码编译

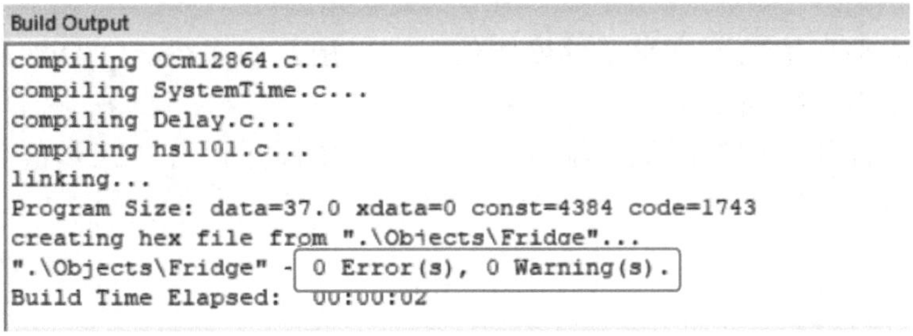

Build Output

```
compiling Ocm12864.c...
compiling SystemTime.c...
compiling Delay.c...
compiling hs1101.c...
linking...
Program Size: data=37.0 xdata=0 const=4384 code=1743
creating hex file from ".\Objects\Fridge"...
".\Objects\Fridge" - 0 Error(s), 0 Warning(s).
Build Time Elapsed:  00:00:02
```

图 5-1-22 代码编译结果

编译通过后，会在工程的 project/Objects 目录中生成 1 个 Fridge.hex 的文件

5. 程序下载

使用 STC-ISP 下载工具进行程序下载，具体步骤如图 5-1-23 所示。

1）将 NEWLab 实训平台旋钮旋转至通信模式。

2）将单片机开发模块上的 JP2 和 JP3 开关拨至左侧。

3）选择单片机型号为 STC15W1K24S。

4）设置串口号，串口号可通过查看 PC 设备管理器获得。

5）单击“打开程序文件”，找到工程项目文件夹下的 Fridge.hex 文件。

6）设置 IRC 频率为 11.0592MHz。

7）弹起自锁开关 SW1，以断开单片机开发模块的电源。

8）单击“下载 / 编程”按钮，按下自锁开关 SW1，以给单片机开发模块供电，这样程序便开始下载到单片机中，当提示操作成功时，此次程序下载完成。

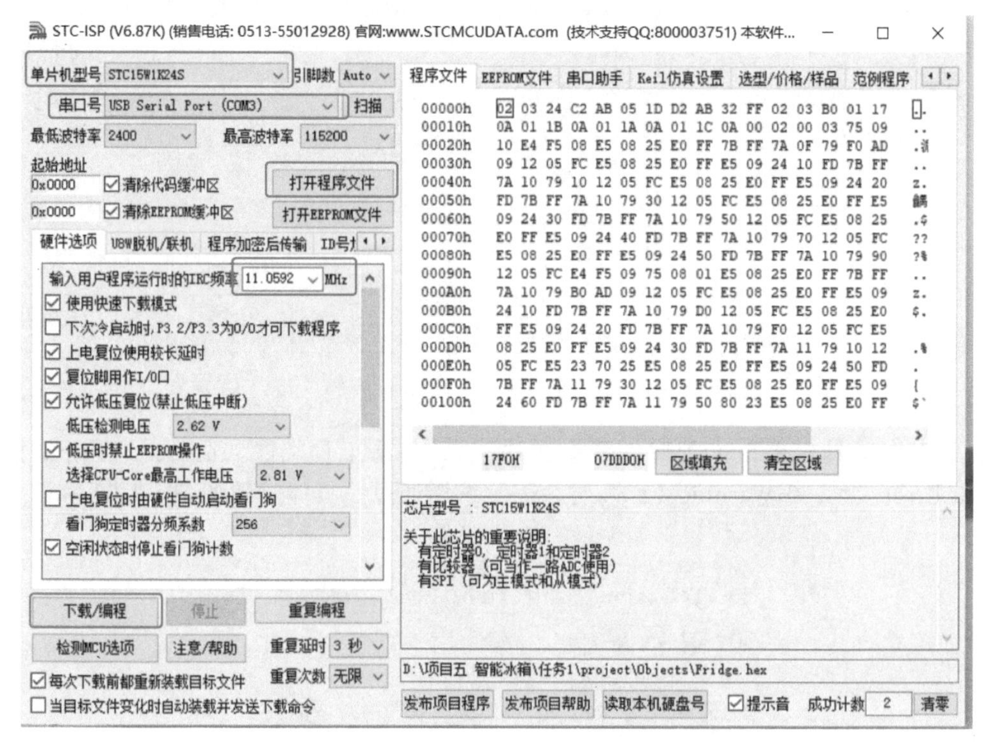

图 5-1-23　程序下载步骤

6. 结果验证

1）当冰箱内部环境的湿度高于湿度阈值时，风扇开始运行，LCD 液晶屏显示“风扇状态开启”，如图 5-1-24 所示。

2）当冰箱内部环境的湿度低于湿度阈值时，风扇停止运行，LCD 液晶屏显示“风扇状态关闭”，如图 5-1-25 所示。

任务检查与评价

完成任务后，进行任务检查与评价，任务检查与评价表存放在本书配套资源中。

任务小结

本任务小结如图 5-1-26 所示。

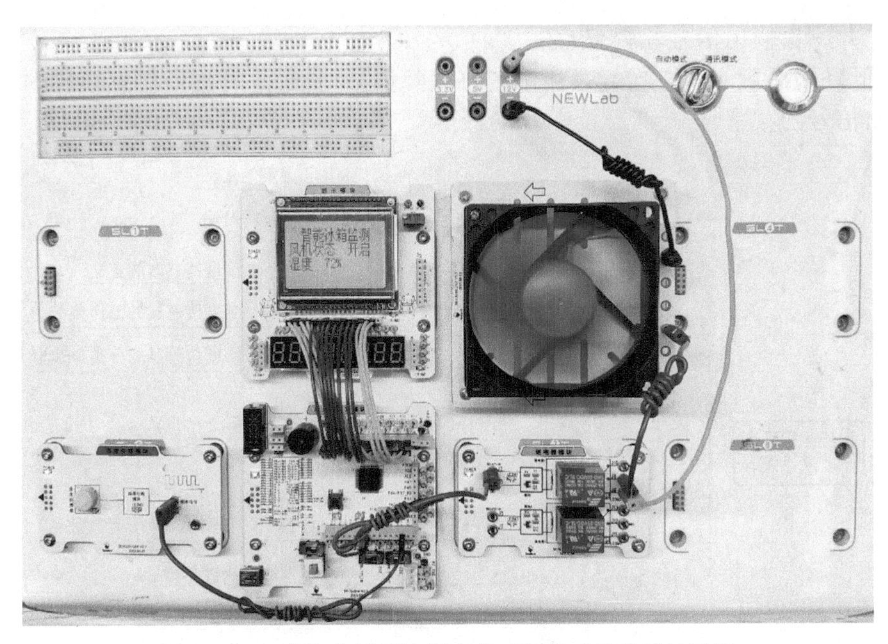

图 5-1-24　冰箱内部环境湿度高于阈值时风扇开始运行

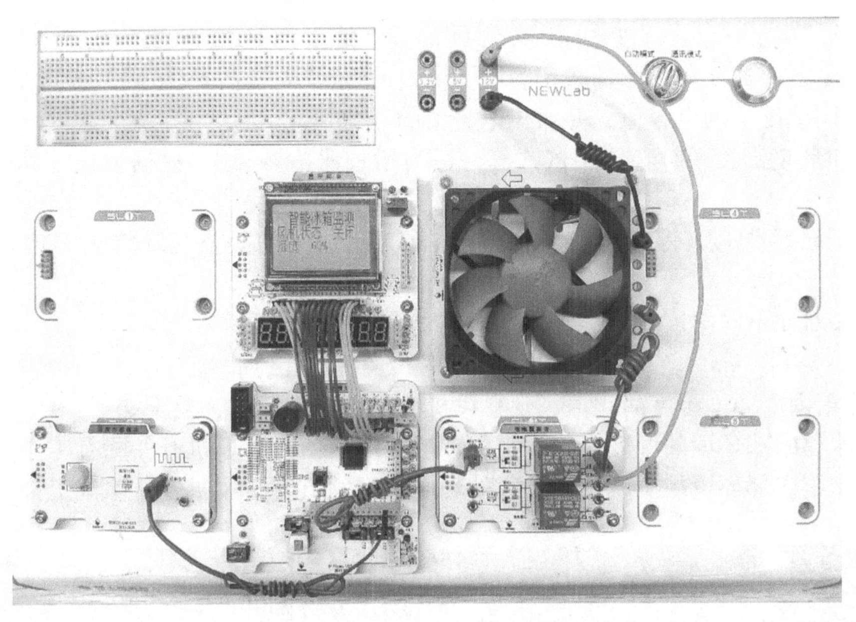

图 5-1-25　冰箱内部环境湿度低于阈值时风扇停止运行

任务拓展

1. 了解湿度传感器在不同湿度下的信号输出变化情况

将示波器的一个输入通道的探头接入湿度传感模块的 J4 频率信号接口，地线接头和 J2（GND）接口连接好，用来观察、对比不同湿度环境条件下，J4 频率信号接口输出的波形信号情况。

1）增加环境湿度（对着传感器吹气，适当增加水汽浓度），测量此时湿度传感模块的输出波形，并测量输出信号的频率。

2）降低环境湿度（停止吹气，让湿度自然降低），测量此时湿度传感模块的输出波形，并测量输出信号的频率。

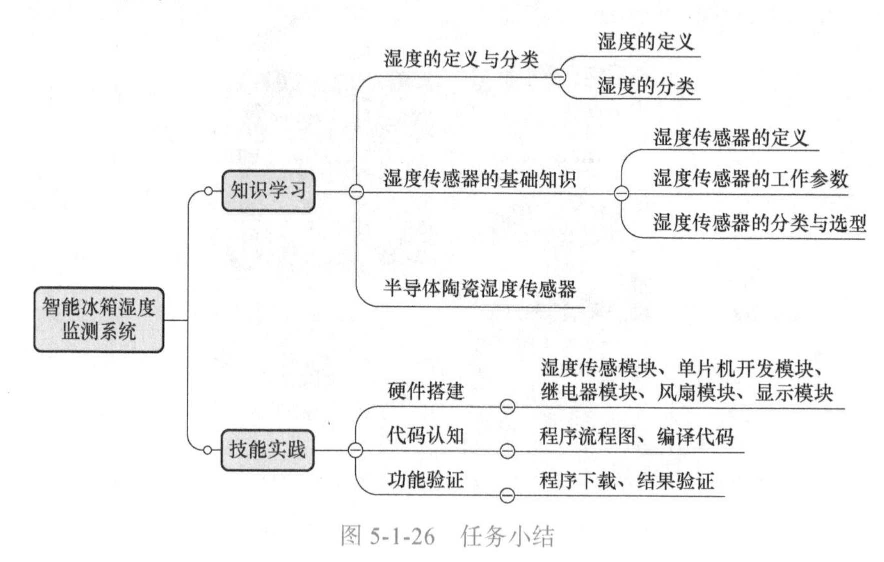

图 5-1-26　任务小结

2. 计算、对比电容式湿度传感器在不同湿度下的电容值变化情况

已知湿度传感器模块中脉冲频率$f=1/T=1/[C_3\times(2R_2+R_1)\times\ln 2]$，试计算电容式湿度传感器在不同湿度下的电容值，并对比电容值的变化情况。

1）增加环境湿度（对着传感器吹气，适当增加水汽浓度），根据公式计算出湿度传感器的电容值。

2）降低环境湿度（停止吹气，让湿度自然降低），根据公式计算出湿度传感器的电容值。

3）观察对比不同湿度下，湿度传感器的电容值变化情况。

3. 改变冰箱内部环境湿度的阈值，观察风机的除湿工作情况

改变冰箱内部环境湿度的阈值，观察风机的除湿工作情况，要求如下：

1）当冰箱内部环境的湿度高于设定的环境湿度阈值时，风机开始除湿工作。

2）当冰箱内部环境的湿度低于设定的环境湿度阈值时，风机停止除湿工作。

任务 2　智能冰箱门磁感应监测系统

职业能力目标

- 能根据霍尔元件的结构、主要特性与基本参数以及霍尔传感器的组成和分类，正确地查阅相关数据手册，实现对霍尔传感器的识别和选型。
- 能根据霍尔传感器的数据手册，结合单片机技术，准确地采集冰箱门的开关状态信息。
- 能理解继电器和执行器的工作原理，根据单片机获取的霍尔传感器的状态信息，准

确地控制继电器和执行器。

任务描述与要求

任务描述： 现要进行第2个功能的改造设计，要求能实时监测冰箱门开关的状态信息。

任务要求：

● 实现对冰箱门开关状态的实时监测，当冰箱门开启时，报警指示灯亮；当冰箱门关闭时，报警指示灯灭。

● 可以将冰箱门开关的状态信息显示在管理中心系统上。

任务分析与计划

根据所学相关知识，制订本次任务的实施计划，见表5-2-1。

表5-2-1　任务计划表

项目名称	智能冰箱
任务名称	智能冰箱门磁感应监测系统
计划方式	自我设计
计划要求	请分步骤来完整描述如何完成本次任务
序号	任务计划
1	
2	
3	
4	
5	
6	
7	
8	
9	
10	

知识储备

一、磁敏传感器的基础知识

1. 磁场与电磁感应

磁场是描述实物间磁力作用的物理量。磁场是一种看不见、摸不着的特殊物质，但磁场是客观存在的。磁体周围会存在磁场，磁体之间不需要相互接触就会产生作用力，主要是靠磁场的相互作用。

磁感应强度是用来描述磁场强弱和方向的物理量，它是一个矢量，国际通用单位是特斯拉（T）。磁感应强度越大，表示磁场越强；磁感应强度越小，表示磁场越弱。

在一个磁感应强度为 B 的匀强磁场中，有一个垂直于磁场方向的平面，该平面面积为 S，那么磁感应强度 B 与面积 S 的乘积，就是穿过这个平面的磁通量。磁通的国际单位是韦伯（Wb），$1\text{Wb}=1\text{T}\cdot\text{m}^2$。

电磁感应是指当穿过闭合回路的磁通量发生变化时，闭合回路中产生电流和电动势的现象。在电磁感应现象中产生的电流称为感应电流，产生的电动势称为感应电动势。感应电动势的大小和穿过这个电路的磁通变化率成正比。若 E 为感应电动势，$\Delta\phi$ 为磁通变化量，Δt 为磁通量的变化时间，那么感应电动势为

$$E=\frac{\Delta\phi}{\Delta t} \tag{5-1}$$

感应电动势单位通常用伏特（V）来表示。

2. 磁敏传感器的定义与分类

磁敏传感器是感知磁性物体存在或磁场大小的传感器，是一种将各种磁场及其变化的物理量转化为电信号输出的装置。

磁敏传感器可以分为两大类，一类是磁电感应式传感器，另一类是磁电效应传感器。

磁电感应式传感器是利用导体和磁场间的相对运动，在导体两端产生感应电动势的传感器。磁电感应式传感器可以利用电磁感应原理将被测物理量（速度、位移、加速度、压力、转速等）转换为电信号。

磁电效应是指磁场对通有电流的物体引起的电效应，磁电效应传感器是利用磁电效应原理制作的传感器。磁电效应传感器可以分为霍尔元件、磁敏电阻、磁敏二极管、磁敏晶体管等。

二、霍尔效应与霍尔传感器

1. 霍尔效应

当置于磁场中的静止金属或半导体薄片中有电流流过时，若该电流方向与磁场方向不一致，则垂直于电流和磁场的方向上将产生电动势，这种物理现象称为霍尔效应。如图 5-2-1 所示，在垂直于外磁场 B 的方向上放置一个金属或半导体薄片，其两端通过控制电流 I，方向如图 5-2-1 所示，那么在垂直于电流和磁场的方向上就会产生电动势，电动势的大小正比于控制电流 I 和磁感应强度 B。

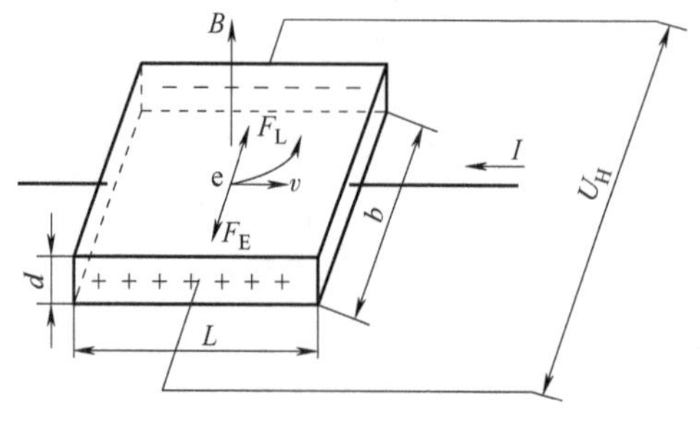

图 5-2-1　霍尔效应原理图

霍尔效应

霍尔电动势 U_H 为

$$U_H = R_H \frac{IB}{d} = K_H IB \tag{5-2}$$

式中 U_H——霍尔电动势，单位为V；

R_H——霍尔常数，单位为m^3/C；

K_H——霍尔片的灵敏度，是一个常数，单位为V/（A·T）；

I——控制电流，单位为A；

d——霍尔元件的厚度，单位为m；

B——外部磁场的磁感应强度，单位为T。

由式（5-2）可见，霍尔电动势正比于控制电流及磁感应强度，其灵敏度与霍尔常数成正比，与霍尔片厚度成反比。为了提高灵敏度，霍尔元件常制成薄片形状。

2. 霍尔元件

（1）霍尔元件的结构与材料

利用霍尔效应制成的传感元件称为霍尔元件。目前常用的霍尔元件材料有锗、硅、砷化铟、锑化铟等半导体材料，其中N型锗容易加工制造，其霍尔系数、温度性能和线性度都较好，应用最为普遍。

霍尔元件的结构很简单，它由霍尔片、引线和壳体组成（见图5-2-2a）。霍尔片是矩形半导体单晶薄片（见图5-2-2b），国产霍尔片的尺寸一般为4mm×2mm×0.1mm。在元件的长度方向的两个端面上焊有a、b两根控制电流端引线，通常用红色导线，称为控制电流极；在元件的另两侧端面的中间以点的形式对称地焊接c、d两根霍尔端输出引线，通常用绿色导线，称为霍尔电极。霍尔元件的壳体采用非导磁金属、陶瓷或环氧树脂封装。

霍尔元件在电路中可用如图5-2-2c所示的三种符号表示。标注时，国产元件常用H代表霍尔元件，后面的字母代表元件的材料，数字代表产品序号。如HZ-1型元件，表示是用锗材料制造的霍尔元件；HT-1型元件，表示是用锑化铟制作的元件；HS-1型元件，表示用砷化铟制作的元件。

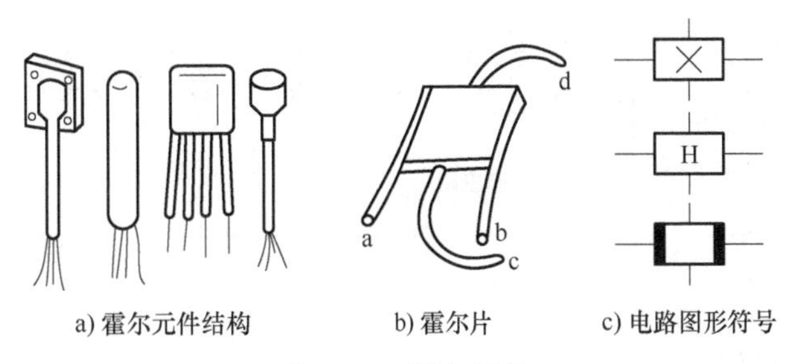

图5-2-2 霍尔元件

（2）霍尔元件的主要特性与基本参数

1）霍尔灵敏度系数是指在单位磁感应强度下，通过单位控制电流所产生的霍尔电动势。

2）额定控制电流。霍尔元件因接通电流而发热。额定控制电流是使霍尔元件在空气中产生10℃温升的控制电流。额定控制电流的大小与霍尔元件的尺寸有关，尺寸越小，额定控制电流越小。额定控制电流一般为几毫安到几十毫安，最大的可达几百毫安。

3）输入电阻是指在规定条件下（磁感应强度为零且环境温度为20℃ ±5℃），元件的两个控制电流极（输入端）之间的等效电阻。

4）输出电阻是指在规定条件下（磁感应强度为零且环境温度为 20℃ ±5℃），两个霍尔电极（输出端）之间的等效电阻。

5）不等位电动势和不等位电阻。霍尔元件在额定电流作用下，当外加磁场为零时，霍尔输出端之间的开路电压称为不等位电动势，它与电极的几何尺寸和电阻率不均匀等因素有关，要完全消除霍尔元件的不等位电动势很困难。不等位电动势与额定电流之比称为不等位电阻，不等位电阻越小越好。

6）寄生直流电动势。在外加磁场为零、霍尔元件用交流激励时，霍尔电极的输出除了交流不等位电动势外，还有一个直流电动势，称寄生直流电动势，它主要由电极与基片之间接触不良、形成非欧姆接触所产生的整流效应造成的。

7）霍尔电动势的温度系数是指在一定磁场强度和控制电流作用下，温度每变化 1℃，霍尔电动势变化的百分数。它与霍尔元件的材料有关。

3. 霍尔传感器

用集成电路工艺，将霍尔元件、放大器、温度补偿电路和稳压电源电路等集成在一个芯片上的传感器称为霍尔传感器。霍尔传感器在工业自动化、自动控制、监测技术、信息处理等方面具有广泛的应用。

（1）霍尔传感器的组成与分类

按照信号的输出形式，霍尔传感器可以分为开关型和线性型两种。开关型霍尔传感器输出的是一个高电平或低电平的数字信号；线性型霍尔传感器输出的是模拟信号。

开关型霍尔传感器一般由霍尔元件、稳压电路、差分放大器、施密特触发器以及集电极开路输出门电路等组成。线性型霍尔传感器通常由霍尔元件、差分放大器、射极跟随输出及稳压电路等组成。

（2）霍尔传感器集成电路

1）开关型霍尔集成电路框图如图 5-2-3 所示。

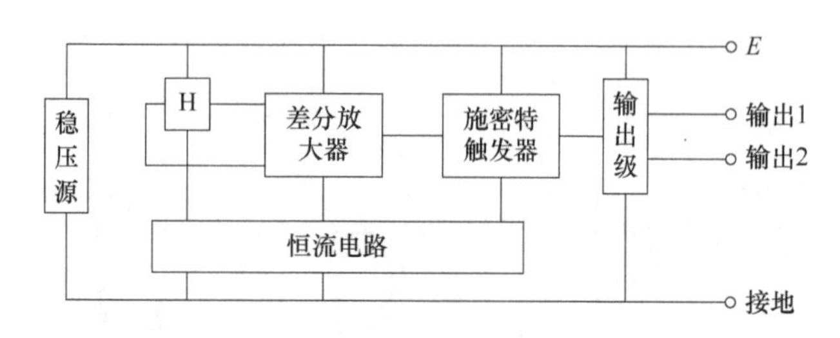

图 5-2-3　开关型霍尔集成电路框图

各部分电路的功能如下：

① 稳压源进行电压调整。电源电压在 4.5~24V 范围变化时，输出稳定。该电路还具有反向电压保护功能。

② 霍尔元件将磁信号转变为电信号后送给下级电路。

③ 差分放大器用于将霍尔元件产生的微弱的电信号进行放大处理。

④ 施密特触发器用于将放大后的模拟信号转变为数字信号进行输出，以实现开关功能(输出为矩形脉冲)。

⑤ 恒流电路的作用主要是进行温度补偿，保证温度在 −40~+130℃范围内，电路仍可正常工作。

⑥输出级通常设计成集电极开路输出结构，带负载能力强，接口方便，输出电流可达

20mA。

以霍尔传感器A3144为例，图5-2-4所示为霍尔传感器A3144。它是宽温的开关型霍尔传感器，其工作温度范围可达-40~150℃。它由电压调整电路、反向电源保护电路、霍尔元件、温度补偿电路、微信号放大器、施密特触发器和OC门输出级构成，通过使用上拉电路可以将其输出接入CMOS逻辑电路。该传感器具有尺寸小、稳定性好、灵敏度高等特点。传感器的输出开关信号可直接用于驱动继电器、三端双向晶闸管、LED等负载。

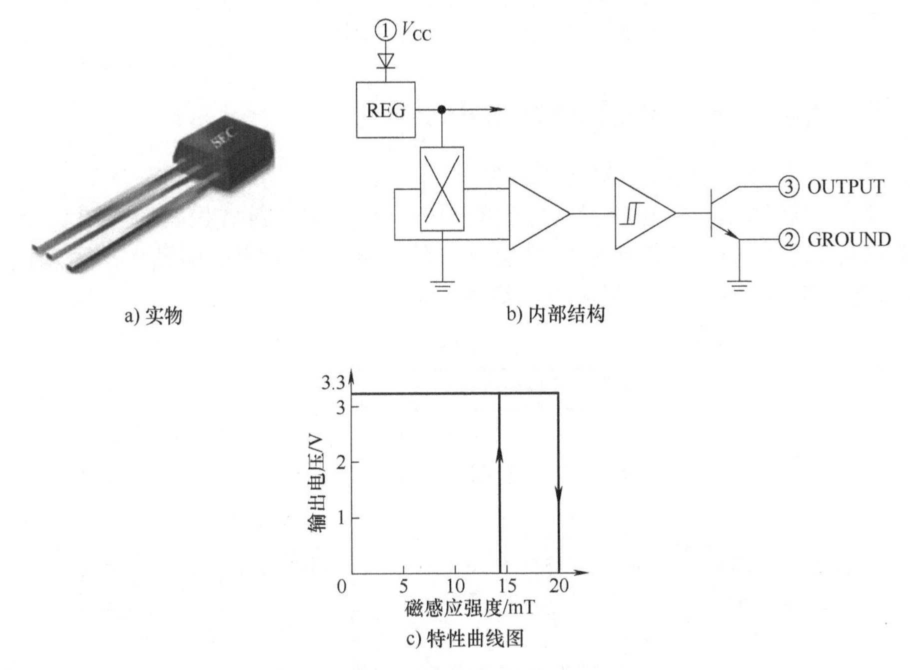

图5-2-4 霍尔传感器A3144

2）线性型霍尔集成电路　线性型霍尔集成电路通常由霍尔元件、差分放大器、射极跟随输出及稳压电路四部分组成，其输出电压与外加磁场强度呈线性比例关系，它有单端输出和双端输出两种形式。图5-2-5所示为单端输出的线性型霍尔集成电路。典型型号有UGN-3501T、UGN-3501U两种，两者的区别是厚度不同。

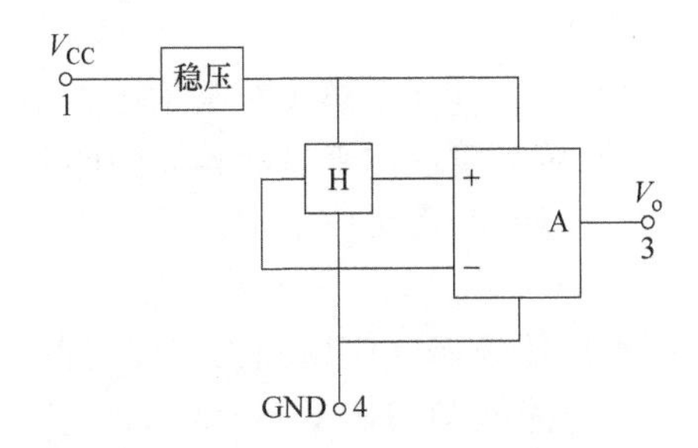

图5-2-5 线性型霍尔集成电路单端输出

以线性型霍尔传感器SS49E为例，图5-2-6所示为线性型霍尔传感器SS49E。它体积小，功能多，在永久磁铁或电磁铁产生的磁场中工作。线性输出电压由电源电压控制并随磁场强度的变化而等比例变化。先进的内置功能电路确保了它的低输出噪声，从而使得该传感器使用时无需搭配外部滤波电路。内置薄膜电阻大大增强了传感器的温度稳定性和输出精度。其工作温度范围宽达-40~150℃，适用于绝大多数商业及工业应用。

SS49E的优点和特性有4.5~6V的工作电压范围；微型系统架构；低噪声输出；磁优化封装；准确的线性输出为外围电路的设计提供了更多灵活性；工作温度范围宽达-40~150℃。

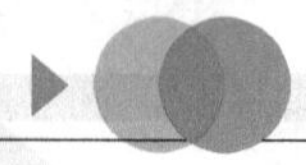

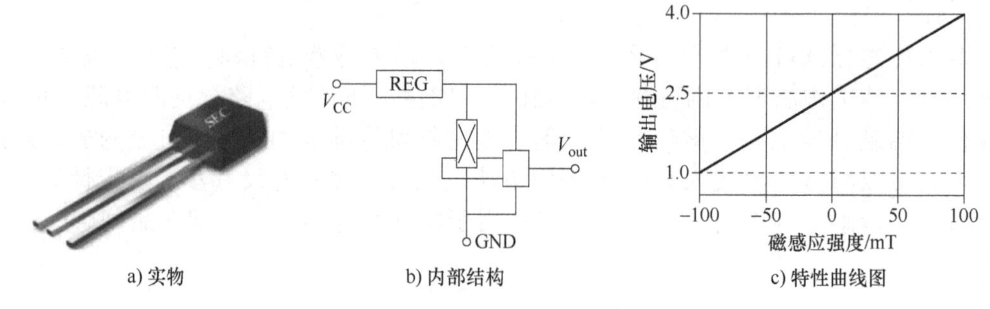

图 5-2-6 线性型霍尔传感器 SS49E

三、智能冰箱门磁感应监测系统结构分析

1. 智能冰箱门磁感应监测系统的硬件框图

图 5-2-7 是智能冰箱门磁感应监测系统的硬件框图，该系统各模块的主要功能如下：

1）霍尔传感模块用于分析霍尔传感器分析的冰箱门开关状态信息，当冰箱门开启时，报警指示灯亮；冰箱门关闭时，报警指示灯灭。

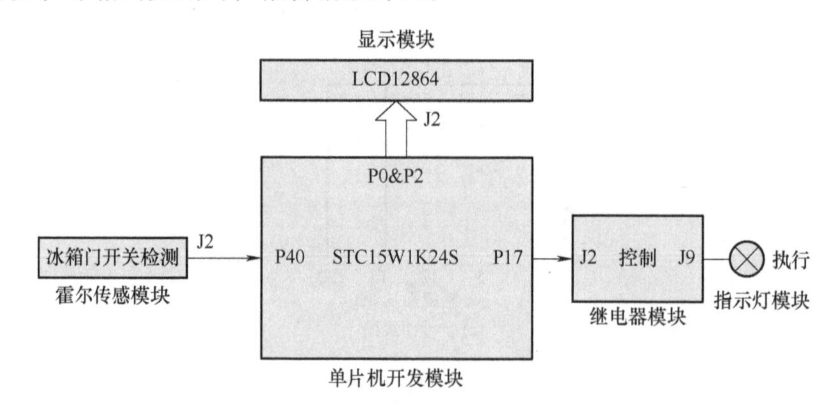

图 5-2-7 智能冰箱门磁感应监测系统硬件框图

2）单片机开发模块对霍尔传感模块输入的冰箱门开关状态信息进行检测。

3）显示模块用于显示冰箱门的开关状态信息。

4）继电器模块用于配合单片机开发模块控制冰箱门开关报警指示灯的亮灭。

2. 霍尔传感模块的认识

本次任务需要使用到霍尔传感器，因此我们选用 NEWLab 实验平台配套的霍尔传感模块，其电路板结构如图 5-2-8 所示。

1）图 5-2-8 中数字对应模块情况如下：

①——SS49E 及相对应由霍尔线性元件构成的电路，一共四个。

②、③——霍尔开关传感器及相对应由霍尔线性元件构成的电路，一共两个。

④、⑤、⑥、⑦——线性 AD 输出 1、2、3、4 接口 J4、J6、J7、J5，测量霍尔线性元件电路的输出电压。

⑧、⑨——霍尔开关输出 1、2 接口 J2、J3，测量霍尔开关元件电路的输出电压。

⑩——接地 GND 接口 J1。

模块中还提供霍尔线性特性曲线和霍尔开关特性曲线。

2）SS49E 的检测方法为 SS49E 的输入接口（引脚 1）与直流稳压电源的 5V 端相连，

GND接口（引脚2）与直流稳压电源的GND相连，输出接口（引脚3）串联一个20kΩ的电阻。将万用表调到电压档，测试SS49E的输出端（引脚3）电压，当磁铁从远到近慢慢靠近该霍尔元件时，霍尔线性元件的输出电压也会增加。那么，SS49E是可以正常工作的。

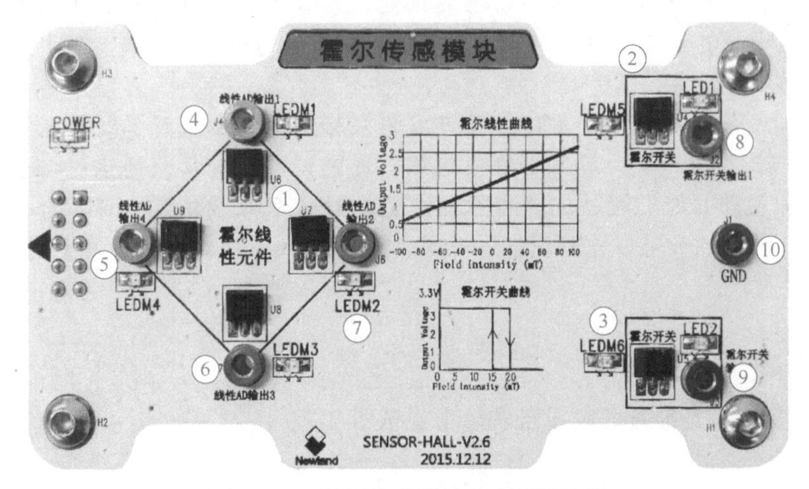

图5-2-8　霍尔传感模块电路板结构图

3）霍尔开关元件的检测方法为霍尔开关元件A3144的输入接口（引脚1）与直流稳压电源的5V端相连，GND接口（引脚2）与直流稳压电源的GND相连，输出接口（引脚3）串联一个20kΩ的电阻。将万用表调到电压档，测试A3144的输出端（引脚3）电压，当没有磁铁靠近霍尔开关元件时，霍尔开关元件输出5V左右的高电平；当磁铁靠近霍尔开关元件时，霍尔开关元件输出0V左右的低电平。那么，A3144是可以正常工作的。

3. 执行器的认识

本次任务中采用指示灯模块作为执行器，当冰箱门开启时，指示灯模块的报警指示灯亮；当冰箱门关闭时，报警指示灯灭。

四、霍尔传感器系统功能代码设计

需求：实现对冰箱门开关状态的实时监测，当冰箱门开启时，报警指示灯亮；当冰箱门关闭时，报警指示灯灭；

解决方法：判断霍尔传感器输出变量，当冰箱门开启时，霍尔开关输出为1，继电器闭合；当冰箱门关闭时，霍尔开关输出为0，继电器断开。

开发思路如下：

```
如果HALLSENSOR==1时,冰箱门开启,继电器闭合,RelayOn( );
如果HALLSENSOR==0时,冰箱门关闭,继电器断开,RelayOff( )
```

扩展阅读：霍尔传感器的应用实例

1. 出租车计价器

在出租车车轮的非磁性材料上安装一块磁铁，霍尔传感器放在靠近磁铁的边缘处，当车轮转动时，霍尔传感器就会产生一个脉冲，从而测出出租车的车轮转数。车轮的周长和出租车转速的乘积，就是出租车的里程数，这样就可以实现根据里程数来完成出租车自动计价的功能。

2. 电流计

由于在电流流过的导线周围会生成感应磁场，利用霍尔传感器，可以检测出电流产生磁场的大小，从而得到产生这个磁场的电流值。霍尔传感器制作成的电流计，不需要接入待测电路中就可以完成电流的检测，使用方便、安全。

3. 笔记本式计算机

在笔记本式计算机中，霍尔传感器可以用来检测笔记本式计算机翻盖的开启、闭合情况。在笔记本式计算机的屏幕上安装磁体，在笔记本式计算机的主板上安装霍尔传感器，当屏幕翻盖开启时，磁铁远离霍尔传感器，计算机正常工作，屏幕自动亮起；当屏幕翻盖闭合时，磁铁靠近霍尔传感器，计算机进入关机或休眠状态，屏幕自动熄灭。

任务实施

任务实施前必须先准备好的设备和资源见表 5-2-2。

表 5-2-2　设备清单表

序号	设备 / 资源名称	数量	是否准备到位（√）
1	霍尔传感模块	1	
2	继电器模块	1	
3	指示灯模块	1	
4	单片机开发模块	1	
5	显示模块	1	
6	杜邦线（数据线）	若干	
7	杜邦线转香蕉线	若干	
8	香蕉线	若干	
9	项目 5 任务 2 的代码包	1	

任务实施导航

- 搭建本任务的硬件平台，完成传感器之间的通信连接。
- 打开项目工程文件。
- 对工程里的代码进行补充完整。
- 对代码进行编译，生成下载所需的 HEX 文件。
- 通过计算机将 HEX 文件下载到单片机开发模块。
- 结果验证。

具体实施步骤

1. 硬件环境搭建

1）给 NEWLab 实验平台插上电源适配器，用串口线将实验平台与 PC 连接起来。

2）利用杜邦线（数据线）完成整个系统的接线，智能冰箱门磁感应监测系统硬件连接表见表 5-2-3。

表 5-2-3　智能冰箱门磁感应监测系统硬件连接表

模块名称及接口号	硬件连接模块及接口号
霍尔传感模块 J2	单片机开发模块 P40
继电器模块 J2	单片机开发模块 P17
显示模块数据接口 DB0~DB7	单片机开发模块 P00~P07
显示模块背光 LCD_BL	单片机开发模块 P27
显示模块复位 LCD_RST	单片机开发模块 P26
显示模块片选 LCD_CS2	单片机开发模块 P25
显示模块片选 LCD_CS1	单片机开发模块 P24
显示模块使能 LCD_E	单片机开发模块 P23
显示模块读写 LCD_RW	单片机开发模块 P22
显示模块数据 / 命令选择 LCD_RS	单片机开发模块 P21

智能冰箱门磁感应监测系统硬件接线图如图 5-2-9 所示。

2. 打开项目工程

单击“Project→Open Project”菜单项，进入本次任务的工程代码文件夹，打开 project 目录下的工程文件“Fridge.uvproj”。

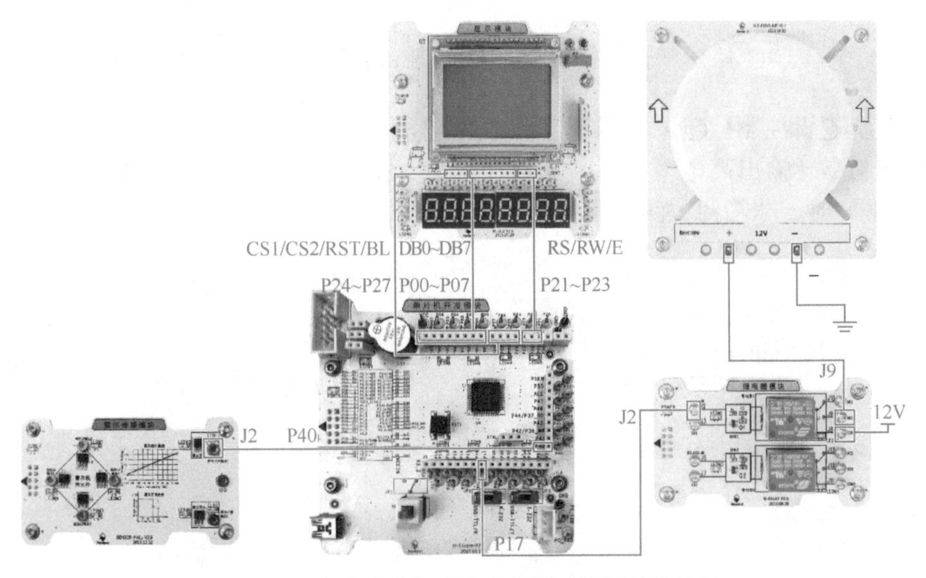

图 5-2-9　智能冰箱门磁感应监测系统硬件接线图

3. 代码完善

结合图 5-2-10 所示代码程序流程图，完善代码功能。

打开 Relay/Relay.c 文件，确定继电器模块的 RELAYPORT 对应接口 P17。

```
1. #define   RELAYPORT_ON   1                    //继电器的实际驱动电平:高电平,1 有效
2. #define   RELAYPORT_OFF   0                   //继电器的实际驱动电平:低电平,0 无效
3. #define   RELAYPORT       P17                 //继电器连接的物理接口地址
```

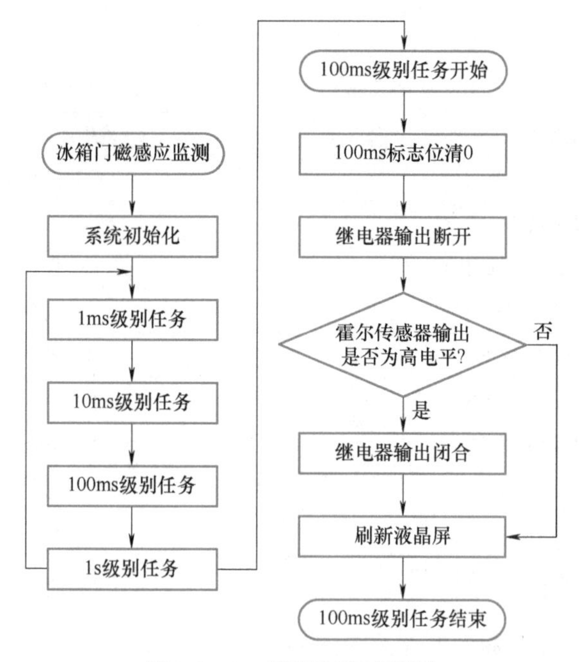

图 5-2-10　代码程序流程图

打开 App/Main.c 文件，添加霍尔传感模块的接口定义，霍尔传感模块的变量 HALLSENSOR 对应的是接口 P40。

```
1. sbit HALLSENSOR=P4^0;            //霍尔传感器的信息输入到 MCU 的接口 P40
```

完善系统逻辑控制代码，要求程序每 0.1s 检测、判断一次霍尔传感器的状态。当霍尔传感器输出有效（输出高电平）时，冰箱门开启，报警指示灯亮；当霍尔传感器输出无效（输出低电平）时，冰箱门关闭，报警指示灯关闭。

```
1.  if(SystemTime.sec10f==1)            //时间过去 0.1s 了吗?
2.  {
3.          SystemTime.sec10f=0;
4.          if(HALLSENSOR==1)            //如果霍尔传感器输出有效
5.          {
6.                  RelayOn( );          //继电器闭合
7.          }
8.          else
9.          {
10.                 RelayOff( );         //继电器断开
11.         }
12.         Lcd_Display( );              //刷新液晶屏显示内容
13.  }
```

4. 代码编译

1）单击“Options for Target”按钮，进入 HEX 文件的生成配置对话框，具体操作可参考本项目任务 1 中的“代码编译”部分完成配置。

2）单击工具栏上程序编译按钮“ ”，完成该工程文件的编译。在 Build Output 窗口中出现“0 Error（s），0 Warning（s）”时，表示编译通过。

编译通过后，会在工程的 project/Objects 目录中生成 1 个 Fridge.hex 的文件。

5. 程序下载

使用 STC-ISP 下载工具进行程序下载，具体步骤如下所示：

1）将 NEWLab 实训平台旋钮旋转至通信模式。

2）将单片机开发模块上的 JP2 和 JP3 开关拨至左侧。

3）选择单片机型号为 STC15W1K24S。

4）设置串口号，串口号可通过查看 PC 设备管理器获得。

5）单击打开程序文件，找到工程项目文件夹下的 Fridge.hex 文件。

6）设置 IRC 频率为 11.0592MHz。

7）弹起自锁开关 SW1，以断开单片机开发模块的电源。

8）单击“下载 / 编程”按钮，按下自锁开关 SW1，以给单片机开发模块供电，这样程序便开始下载到单片机中，当提示操作成功时，此次程序下载完成。

6. 结果验证

当冰箱门开启时（霍尔传感器 J2 输出高电平），报警指示灯亮；LCD 液晶屏显示“冰箱门状态开启”，如图 5-2-11 所示。

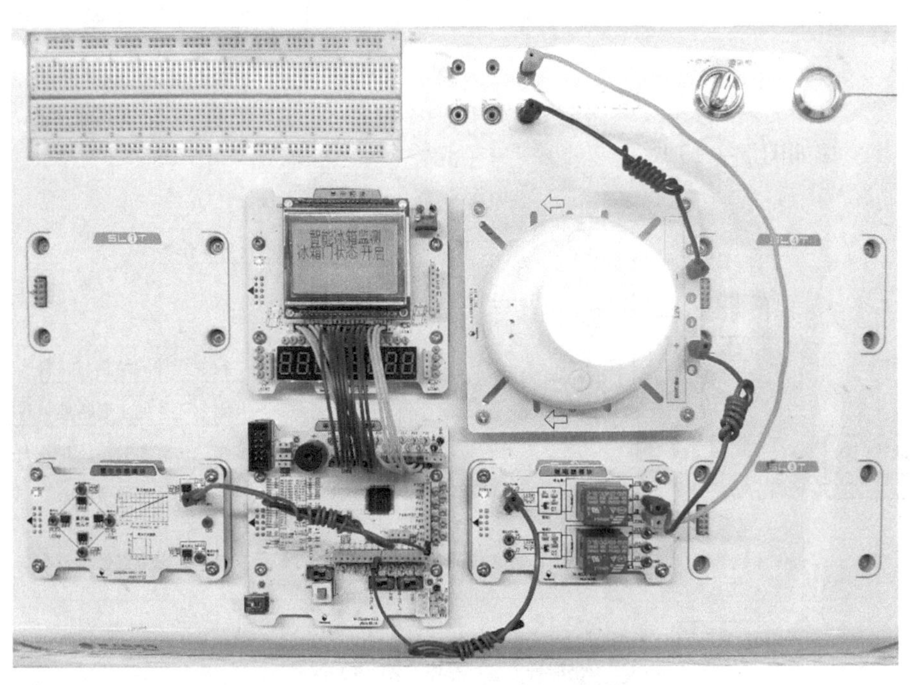

图 5-2-11　冰箱门开启时报警指示灯亮

当冰箱门关闭时（霍尔传感器 J2 输出低电平），报警指示灯灭；LCD 液晶屏显示“冰箱门状态关闭”，如图 5-2-12 所示。

任务检查与评价

完成任务后，进行任务检查与评价，任务检查与评价表存放在本书配套资源中。

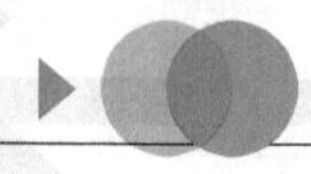

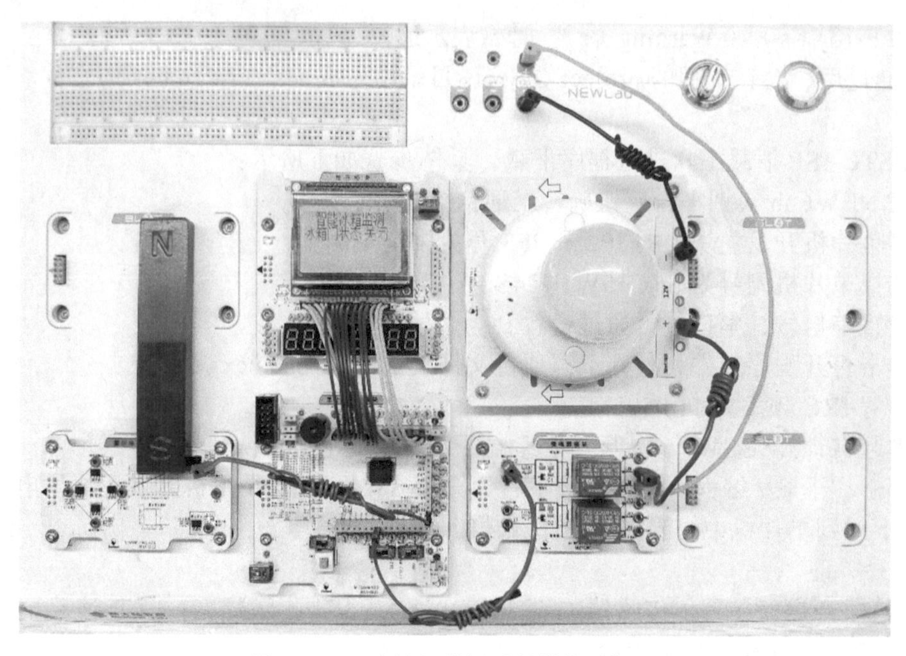

图 5-2-12　冰箱门关闭时报警指示灯灭

任务小结

本任务小结如图 5-2-13 所示 。

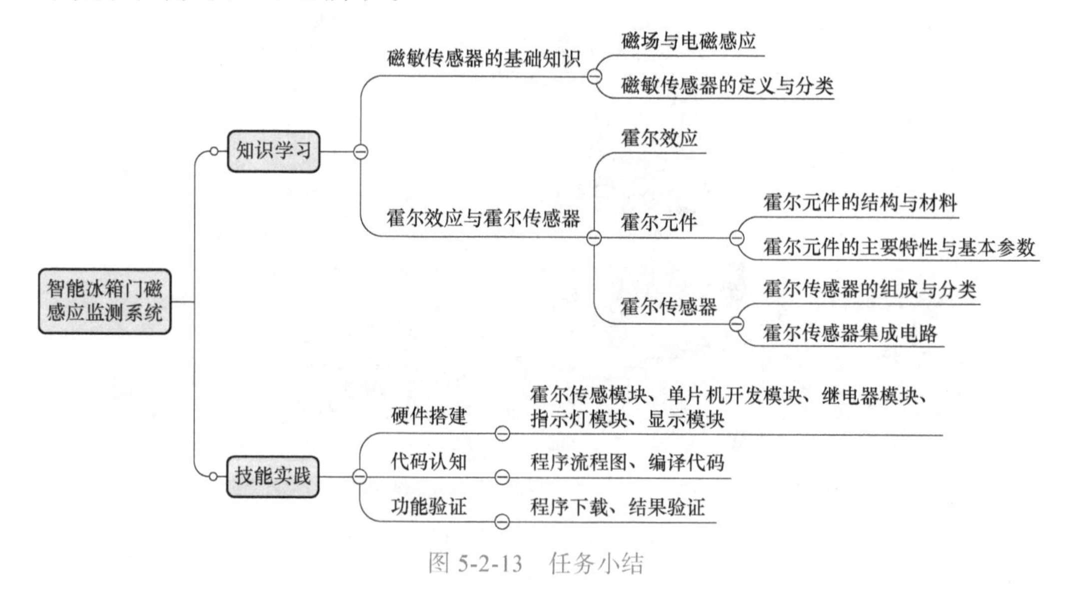

图 5-2-13　任务小结

任务拓展

1. 了解线性型霍尔传感器在不同磁场强度下的输出情况

用万用表测量霍尔传感模块 J4 对地的电压值，用来观察、对比不同的磁场强度下，线性型霍尔传感器电路输出的电压值。

1）在没有磁铁的情况下，测量输出的电压值。

2）将磁铁S极移到霍尔线性元件（U6）的中间，测量输出的电压值。

3）将磁铁N极移到霍尔线性元件（U6）的中间，测量输出的电压值。

2. 监测一台冰箱的两个冰箱门的开关状态信息

假定原来监测的是一个冰箱门的开关状态信息，现在要完成对一台冰箱的两个冰箱门的开关状态信息进行实时监测，要求如下：

1）利用现有的2个霍尔传感器的输出来模拟两个冰箱门的开关状态。

2）只要有一个冰箱门开，报警指示灯就亮；当两个冰箱门都关闭时，报警指示灯灭。

任务3 智能冰箱监测系统

职业能力目标

● 能正确使用湿度传感器和霍尔传感器，运用单片机技术，采集冰箱内部的环境湿度和冰箱门开关的状态信息。

● 能理解继电器和执行器的工作原理，根据单片机开发模块获取的传感器状态信息，准确控制继电器和执行器。

任务描述与要求

任务描述：根据任务1、任务2的改造设计结果，完成智能冰箱改造项目的最终样品输出，要求可以实现对冰箱内部环境湿度的实时监测，当湿度过高时风机进行除湿工作；同时还可以实现对冰箱门的开关状态信息的实时监测。

任务要求：

● 当冰箱内部环境的湿度高于设定的湿度阈值时，风机进行除湿工作；当冰箱内部环境的湿度低于设定的湿度阈值时，风机停止除湿工作。

● 当冰箱门打开时，报警指示灯亮；当冰箱门关闭时，报警指示灯灭。

● 可以将冰箱内部的环境湿度或冰箱门的开关状态信息显示在管理中心系统上。

任务分析与计划

根据所学相关知识，制订本次任务的实施计划，见表5-3-1。

表5-3-1 任务计划表

项目名称	智能冰箱
任务名称	智能冰箱监测系统
计划方式	自我设计
计划要求	请分步骤来完整描述如何完成本次任务

（续）

序号	任务计划
1	
2	
3	
4	
5	
6	
7	
8	

知识储备

一、湿度传感模块工作原理

湿度传感模块电路图如图 5-3-1 所示。集成定时器 555 芯片的外接电阻 R_1、R_2 与湿敏电容 C_3 构成了 C_3 的充电回路；引脚 7 通过芯片内部的晶体管接地构成了 C_3 的放电回路；将引脚 2、6 相连引入到芯片内部的比较器，构成了一个典型的多谐振荡器，即方波发生器。另外，R_4、R_5 是防止输出短路的保护电阻，R_3 用于平衡温度系数。

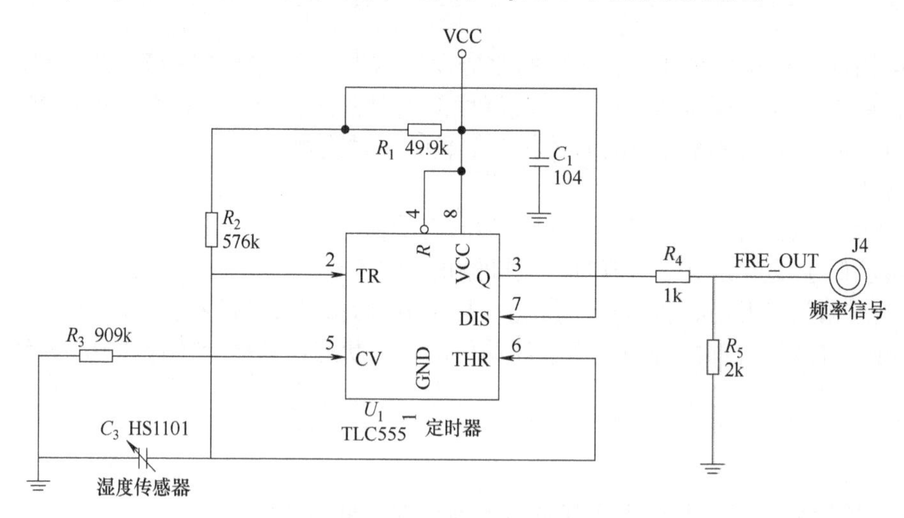

图 5-3-1 湿度传感器模块电路图

充电时间 $T_{high}=C_3\times(R_1+R_2)\times\ln2$；

放电时间 $T_{low}=C_3\times R_2\times\ln2$；

脉冲周期 $T=T_{high}+T_{low}=C_3\times(2R_2+R_1)\times\ln2$；

脉冲频率 $f=1/T=1/[C_3\times(2R_2+R_1)\times\ln2]$；

脉冲占空比 $T_{high}/T=(R_2+R_1)/(2R_2+R_1)$；

注：C_3 为传感器等效电容；ln2 为 2 的自然对数，约为 0.693。

湿度传感器产生的电容影响输出信号的频率，当湿度增加时，湿度传感器的电容量也变大，输出信号的频率降低。湿度和电压频率的关系参考表 5-3-2。

表 5-3-2　湿度和电压频率的关系

湿度（% RH）	频率 /Hz	湿度（% RH）	频率 /Hz
0	7351	60	6600
10	7224	70	6468
20	7100	80	6330
30	6976	90	6186
40	6853	100	6033
50	6728		

二、霍尔传感模块工作原理

线性型霍尔传感模块主要由四个霍尔线性元件电路构成，图 5-3-2a 所示为其中一个霍尔线性元件电路。从霍尔线性曲线看，当磁场增大时，霍尔线性元件电路输出电压也会增加。当区域磁场发生变化时，四个霍尔线性元件电路构成的模块可比较清晰地反应出该区域的磁场变化情况。

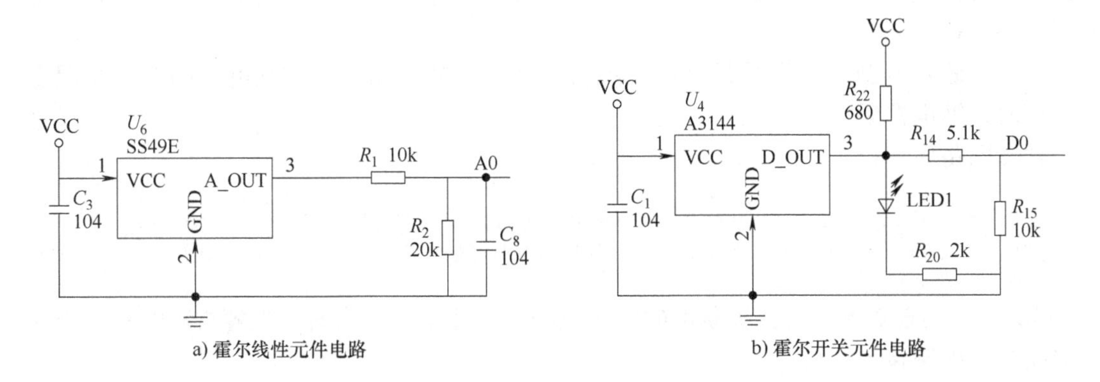

图 5-3-2　霍尔传感模块电路板功能电路图

开关型霍尔传感模块主要由两个霍尔开关元件电路构成，图 5-3-2b 所示为其中一个霍尔开关元件电路。从霍尔开关曲线看，当磁场增大到一定程度时，霍尔开关元件电路输出电压发生跳变，从高电平变成低电平。

三、智能冰箱监测系统结构分析

图 5-3-3 是智能冰箱监测系统的硬件框图，该系统各模块的主要功能如下：

1）湿度传感模块用于分析湿度传感器采集的湿度信息，湿度阈值可以根据需求在程序中设定。

2）霍尔传感模块用于分析霍尔传感器采集的冰箱门开关状态信息，当冰箱门开启时，报警指示灯亮；当冰箱门关闭时，报警指示灯灭。

3）单片机开发模块对湿度传感模块输入的湿度、霍尔传感模块输入的冰箱门开关状态信息进行检测。

4）显示模块用于显示智能冰箱的湿度值及冰箱门的开关状态信息。

5）继电器模块用于配合单片机开发模块控制除湿机（风扇模块）的工作，控制冰箱门开关报警指示灯的亮灭。

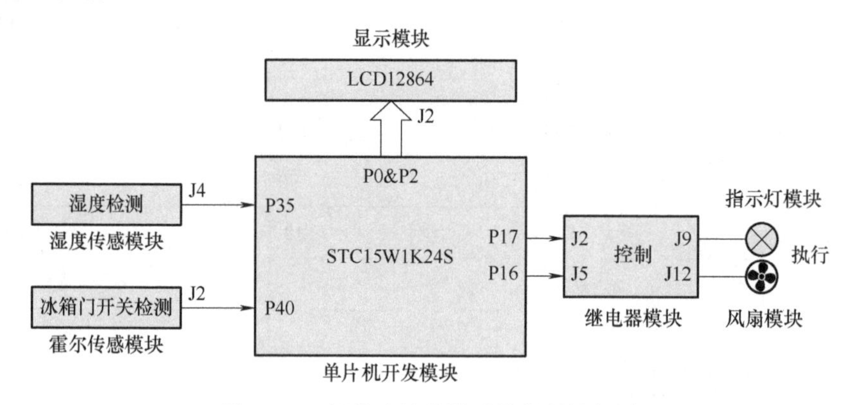

图 5-3-3　智能冰箱监测系统的硬件框图

四、智能冰箱监测系统功能代码设计

需求 1：当智能冰箱内部环境的湿度高于设定的湿度阈值时，风机进行除湿工作；当冰箱内部环境的湿度低于设定的湿度阈值时，风机停止除湿工作。这就需要根据冰箱内部环境湿度来进行判断。

解决方法：判断湿度变量是否超过阈值，当湿度超过阈值时，继电器闭合；当湿度低于阈值时，继电器断开。

开发思路如下：

```
如果 hs1101.value_over==1 时,冰箱内部环境湿度超过湿度阈值,Relay1On( );
如果 hs1101.value_over==0 时,冰箱内部环境湿度低于湿度阈值,Relay1Off( )
```

需求 2：实现对冰箱门开关状态的实时监测，当冰箱门开启时，报警指示灯亮；当冰箱门关闭时，报警指示灯灭；

解决方法：判断霍尔传感器输出变量，当冰箱门开启时，霍尔开关输出为 1，继电器闭合；当冰箱门关闭时，霍尔开关输出为 0，继电器断开。

开发思路如下：

```
如果 HALLSENSOR==1 时,冰箱门开启,继电器闭合,Relay2On( );
如果 HALLSENSOR==0 时,冰箱门关闭,继电器断开,Relay2Off( )
```

扩展阅读：冰箱智能控制的应用实例

冰箱是我们日常居家生活中不可缺少的家用电器。传统的冰箱无法进行温度、湿度的实时监测，而智能冰箱能够实时地监测冰箱内部环境的温度、湿度，温度、湿度信息可以在智能冰箱的液晶面板上显示，也可以在手机 APP 上显示。用户可以根据需要选择保鲜模式、速冻模式、手动模式等，从而保持食材新鲜、锁住食物的营养成分。

智能冰箱可以监测冰箱门是否关好，如果冰箱门忘记关，或者没有关紧，冰箱的液晶面板或手机APP上会发出提示信息，提醒用户关好冰箱门。

传统冰箱在温度控制方面的效果并不理想，而智能冰箱采用了精控微风道技术，可以根据不同区域的温度需求，通过多个通风口进行差异化送风，达到精确控制不同区域温度的目的，食材保鲜的效果也变得更好。

传统冰箱的湿度无法进行控制，而智能冰箱可以实现干湿分离，冰箱里划分干区和湿区。智能冰箱可以控制干区保持在45%左右的湿度，湿区保持在90%左右的湿度。用户可以根据食材的差异，选择将其存放在湿度不同的区域，达到保持食材新鲜，减少营养流失的目的。

智能冰箱可以通过APP管理食材，通过APP可以查看智能冰箱里食材的保存时间、保质期、数量等，当食材保存过久时，智能冰箱会发出提示信息，提醒用户及时处理即将过期的食材。

通过智能冰箱的液晶面板，就可以控制和连接家里的电视、风扇、空调、音响等家用设备。冰箱液晶面板上的大屏幕可以观看电视、播放电影等，在厨房做菜的同时，也给用户提供了良好的娱乐体验。

任务实施

任务实施前必须先准备好的设备和资源见表5-3-3。

表5-3-3　设备清单表

序号	设备/资源名称	数量	是否准备到位（√）
1	湿度传感模块	1	
2	霍尔传感模块	1	
3	继电器模块	1	
4	风扇模块	1	
5	指示灯模块	1	
6	单片机开发模块	1	
7	显示模块	1	
8	杜邦线	若干	
9	杜邦线转香蕉线	若干	
10	香蕉线	若干	
11	项目5任务3的代码包	1	

任务实施导航

- 搭建本任务的硬件平台，完成传感器之间的通信连接。
- 打开项目工程文件。
- 对工程里的代码进行补充，使之完整。
- 对代码进行编译，生成下载所需的HEX文件。

- 通过计算机将 HEX 文件下载到单片机开发模块。
- 结果验证。

具体实施步骤

1. 硬件环境搭建

1）给 NEWLab 实验平台插上电源适配器，用串口线将实验平台与 PC 连接起来。

2）利用杜邦线（数据线）完成整个系统的接线，智能冰箱监测系统硬件连接表见表 5-3-4。

表 5-3-4　智能冰箱监测系统硬件连接表

模块名称及接口号	硬件连接模块及接口号
湿度传感模块 J4	单片机开发模块 P35
霍尔传感模块 J2	单片机开发模块 P40
继电器模块 J2	单片机开发模块 P17
继电器模块 J5	单片机开发模块 P16
显示模块数据接口 DB0~DB7	单片机开发模块 P00~P07
显示模块背光 LCD_BL	单片机开发模块 P27
显示模块复位 LCD_RST	单片机开发模块 P26
显示模块片选 LCD_CS2	单片机开发模块 P25
显示模块片选 LCD_CS1	单片机开发模块 P24
显示模块使能 LCD_E	单片机开发模块 P23
显示模块读写 LCD_RW	单片机开发模块 P22
显示模块数据 / 命令选择 LCD_RS	单片机开发模块 P21

智能冰箱监测系统硬件接线图如图 5-3-4 所示。

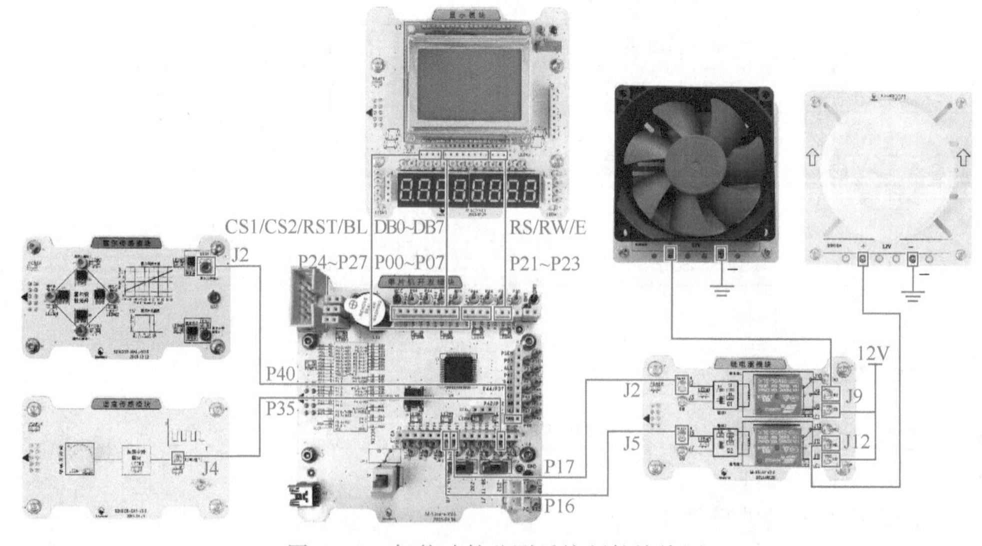

图 5-3-4　智能冰箱监测系统硬件接线图

2. 打开项目工程

打开本次任务的初始代码工程，具体操作步骤可参考本项目任务1中的“打开项目工程”部分。

3. 代码完善

结合如图5-3-5所示的代码程序流程图，完善代码功能。

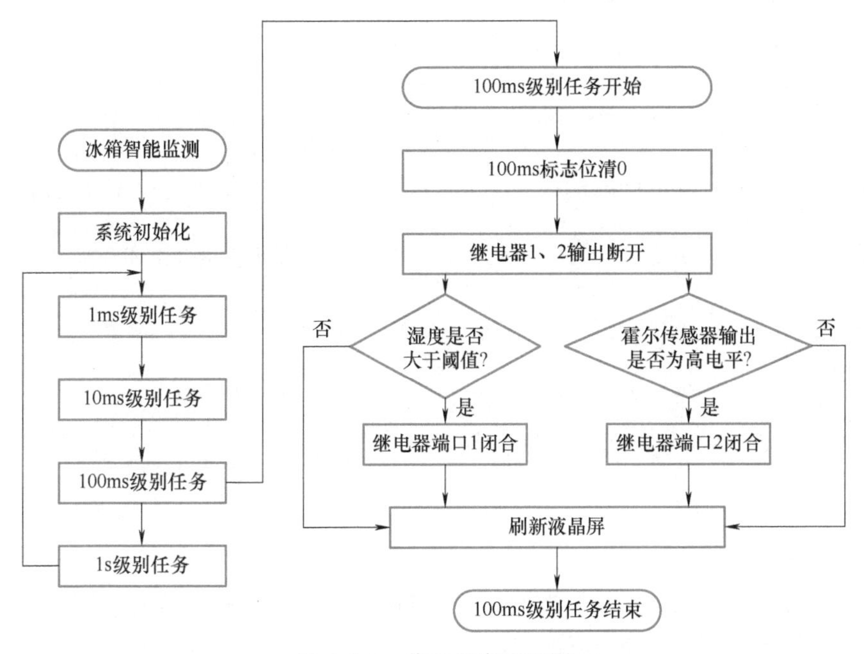

图5-3-5 代码程序流程图

打开Relay/Relay.c文件，设置继电器1模块的RELAYPORT对应接口P17、继电器2模块的RELAYPORT对应接口P16。

```
1. #define  RELAYPORT_ON  1           //继电器的实际驱动电平:高电平,1有效
2. #define  RELAYPORT_OFF  0          //继电器的实际驱动电平:低电平,0无效
3. #define  RELAY1PORT  P17           //继电器1连接的物理接口地址
4. #define  RELAY2PORT  P16           //继电器2连接的物理接口地址
```

打开App/Main.c文件，设置霍尔传感模块的接口定义，霍尔传感模块的变量HALLSENSOR对应的是接口P40。

```
1. sbit HALLSENSOR=P4^0;             //霍尔传感器的信息输入到MCU的接口P40
```

完善系统逻辑控制代码，要求程序每0.1s检测判断一次湿度传感器的状态和霍尔传感器的输出状态。当冰箱内部环境湿度大于湿度阈值时，风机开始除湿工作；当冰箱内部环境湿度低于湿度阈值时，风机停止除湿工作。当霍尔传感器输出有效（输出高电平）时，冰箱门开启，报警指示灯亮；当霍尔传感器输出无效（输出低电平）时，冰箱门关闭，报警指示灯关闭。

```
1. if(SystemTime.sec10f==1)                  //时间过去0.1s了吗?
2. {
```

```
3.        SystemTime.sec10f=0;
4.        hs1101.value=hs1101freq_to_rh(hs1101.FreqCount); //频率湿度转化
5.        check_hs1101threshold( );             //检查湿度是否超出阈值
6.        if(hs1101.value_over==1)              //如果湿度超出阈值
7.        {
8.            Relay1On( );                      //继电器端口1闭合,打开风扇
9.        }
10.       else
11.       {
12.           Relay1Off( );                     //继电器端口1断开
13.       }
14.       if(HALLSENSOR==1)                     //如果霍尔传感器输出为高电平
15.       {
16.           Relay2On( );                      //继电器端口2闭合
17.       }
18.       else
19.       {
20.           Relay2Off( );                     //继电器2断开
21.       }
22.       Lcd_Display( );                       //刷新液晶屏显示内容
23. }
```

4. 代码编译

1）单击“Options for Target”按钮，进入HEX文件的生成配置对话框，可参考本项目任务1中的“代码编译”部分完成配置。

2）单击工具栏上程序编译按钮“ ”，完成该工程文件的编译。在Build Output窗口中出现“0 Error(s)，0 Warning(s)”时，表示编译通过，可参考本项目任务1中的“代码编译”部分完成编译。

编译通过后，会在工程的project/Objects目录中生成1个Fridge.hex的文件

5. 程序下载

使用STC-ISP下载工具进行程序下载，具体步骤如下所示：

1）将NEWLab实训平台旋钮旋转至通信模式。

2）将单片机开发模块上的JP2和JP3开关拨至左侧。

3）选择单片机型号为STC15W1K24S。

4）设置串口号，串口号可通过查看PC设备管理器获得。

5）单击打开程序文件，找到工程项目文件夹下的Fridge.hex文件。

6）设置IRC频率为11.0592MHz。

7）弹起自锁开关SW1，以断开单片机开发模块的电源。

8）单击“下载/编程”按钮，按下自锁开关SW1，以给单片机开发模块供电，这样程序便开始下载到单片机中，当提示操作成功时，此次程序下载完成。

6. 结果验证

1）当冰箱内部环境的湿度高于湿度阈值时，风扇开始运行，LCD液晶屏显示“风扇状态开启”；当冰箱门开启时（霍尔传感器J2输出高电平），报警指示灯亮，LCD液晶屏显示：“冰箱门状态开启”，如图5-3-6所示。

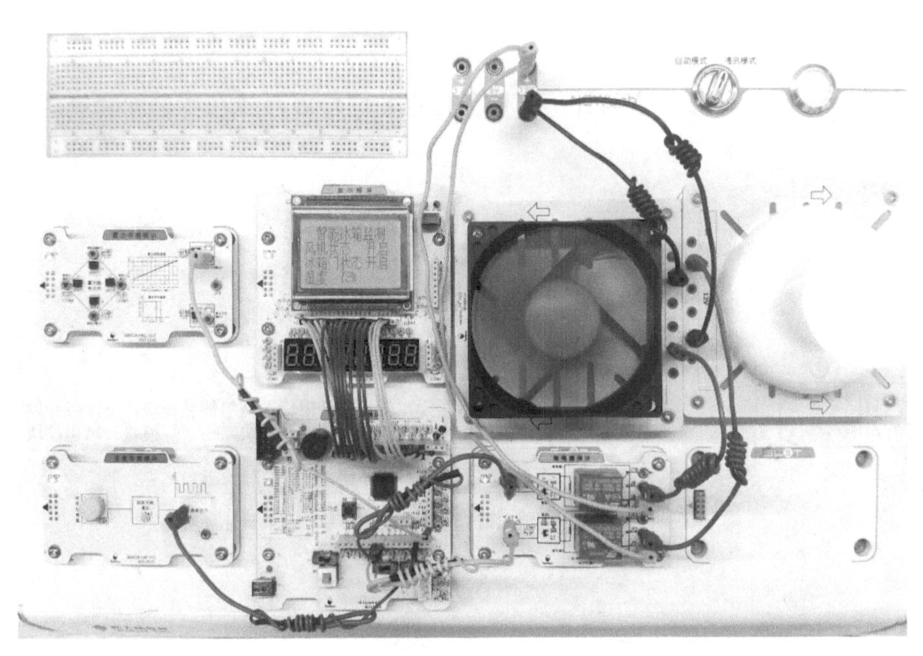

图 5-3-6　冰箱内部环境湿度高于阈值且冰箱门开启时

2）当冰箱内部环境的湿度低于湿度阈值时，风扇停止运行，LCD 液晶屏显示：“风扇状态关闭”；当冰箱门关闭时（霍尔传感器 J2 输出低电平），报警指示灯灭，LCD 液晶屏显示：“冰箱门状态关闭”，如图 5-3-7 所示。

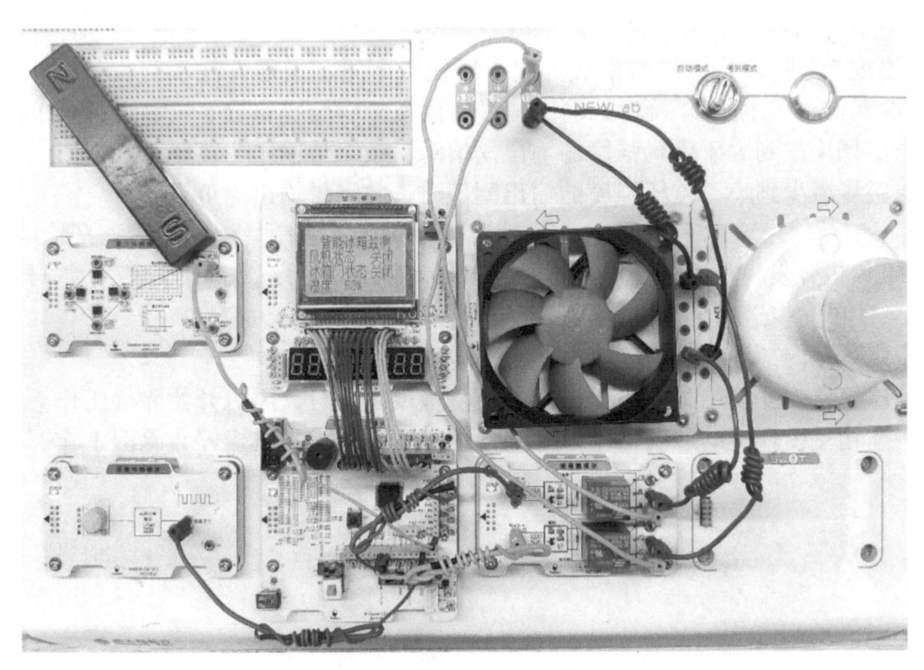

图 5-3-7　冰箱内部环境湿度低于阈值且冰箱门关闭时

任务检查与评价

完成任务后，进行任务检查与评价，任务检查与评价表存放在本书配套资源中。

任务小结

本任务小结如图 5-3-8 所示。

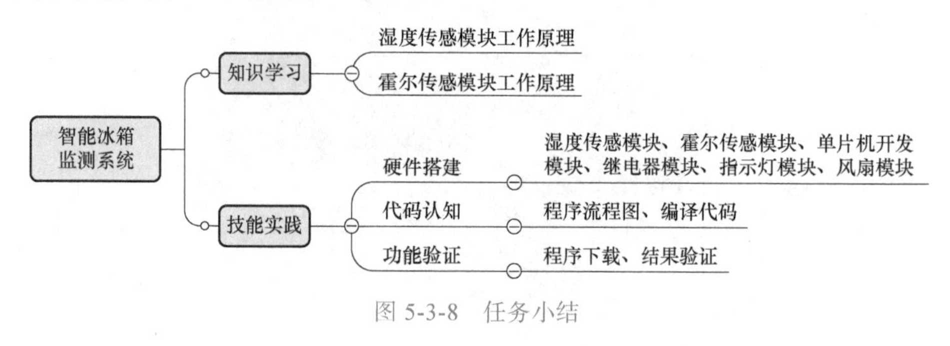

图 5-3-8　任务小结

任务拓展

1. 验证冰箱内部环境湿度和输出信号频率的关系

准备一个湿度计，先用示波器测量出 J4 频率信号接口波形信号的输出频率，根据传感器数据手册中湿度和频率的关系表，读出冰箱内部湿度的数值，然后与湿度计上显示的湿度数值进行对比，验证湿度传感模块输出的湿度数据的准确度与精度。

2. 将霍尔线性元件构成电路的输出信号从模拟量变为数字量

结合温度 / 光照传感模块的集成运放电压比较电路，设定好磁场强度的输出阈值，使得霍尔线性元件构成电路 J4 接口的输出信号由模拟量输出变为数字量输出，要求如下：

1）当磁场增加到大于磁场强度的输出阈值时，数字量输出为高电平。

2）当磁场减少到小于磁场强度的输出阈值时，数字量输出为低电平。

3. 对湿度传感模块 J4 接口输出信号进行 A/D 转换，实时监测冰箱内部环境湿度

结合单片机开发模块和功能扩展模块上集成的 AD 单元，将湿度传感模块 J4 接口输出信号通过 AD 单元传送到单片机，并实现报警提示功能，要求如下：

1）设定冰箱内部湿度环境阈值。

2）当冰箱室内环境的湿度高于设定的环境湿度阈值时，风机开始除湿工作。

3）当冰箱室内环境的湿度低于设定的环境湿度阈值时，风机停止除湿工作。

项目6

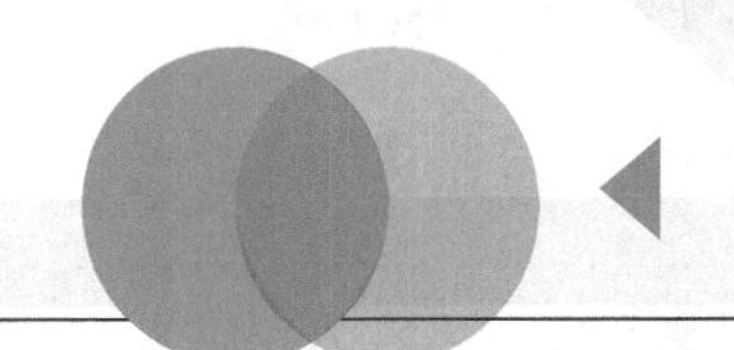

智能平衡车

引导案例

平衡车是一种电力驱动、具有自我平衡能力的个人运输载具，是都市交通工具的一种，国外称作摄位车，摄位车最初由 Segway 音译而来。摄位车由美国发明家狄恩·卡门（Dean Kamen）与他的 DEKA 研发公司（DEKA Research and Development Corp.）团队发明设计。

目前，市场上主要有独轮和双轮两类。其运作主要是建立在一种被称为“动态稳定”（Dynamic Stabilization）的基本原理上。利用车体内部的陀螺仪和加速度传感器来检测车体姿态的变化，并利用伺服控制系统，精确地驱动电动机进行相应的调整，以保持系统的平衡。当身体移动时，动作中的重心会不断改变，并达到平衡，前进、后退、拐弯、刹车一切均由身体控制。平衡车是现代人用来作为代步工具、休闲娱乐的一种新型的绿色环保的产物。

在电动平衡车系统中，要获取加速度和角速度信息，加速度传感器能将人体运动中产生的加速度转换为信号并进行有效的处理，从而判断出人体做出的动作；陀螺仪可将电动平衡车的旋转角速度转换为信号，旋转角速度积分处理对应着平衡车倾斜角度，从而可控制电动平衡车的平衡；通过超声波测距获取平衡车周边的障碍物信息，据此控制平衡车自动停车或避让障碍物，实现平衡车的自动避障功能。智能平衡车如图 6-1-1 所示。

图 6-1-1　智能平衡车

任务 1　智能平衡车超声波监测系统

职业能力目标

- 能根据超声波传感器的结构、工作原理、工作参数和应用领域，正确地查阅相关数据手册，实现对其进行识别和选型。
- 能根据超声波传感器的数据手册，结合单片机技术，准确地计算出障碍物的距离。
- 能理解继电器和执行器的工作原理，根据单片机获取超声波传感器的状态信息，准确地控制继电器和执行器。

任务描述与要求

任务描述： ××公司承接了一个智能平衡车项目设计，客户要求除了要有基本的智能平衡功能外，还要求有自动避障功能。现要进行自动避障功能设计，通过超声波测距获取平衡车周边的障碍物信息，据此控制平衡车自动停车或避让障碍物，实现平衡车的自动避障功能。

任务要求：

- 实现当到障碍物距离小于阈值时，报警灯亮；当到障碍物距离大于阈值时，报警灯灭；
- 可以将到障碍物距离显示在管理中心系统上。

任务分析与计划

根据所学相关知识，制订本次任务的实施计划，见表 6-1-1。

表 6-1-1　任务计划表

项目名称	智能平衡车
任务名称	智能平衡车超声波监测系统
计划方式	自我设计
计划要求	请分步骤来完整描述如何完成本次任务
序号	任务计划
1	
2	
3	
4	
5	
6	
7	
8	

知识储备

一、超声波传感器的基础知识

1. 超声波的特性

(1) 声波

发声体产生的振动在空气或其他物质中的传播叫作声波。声波是一种机械波，由声源振动产生，是声音的传播形式。根据声波频率的不同，可以分为以下几类：

频率低于 20Hz 的声波称为次声波或超低声；

频率为 20Hz~20kHz 的声波称为可闻声；

频率为 20kHz~1GHz 的声波称为超声波；

频率大于 1GHz 的声波称为特超声或微波超声。

人耳可以听到的声波的频率一般在 20Hz 至 20kHz 之间。

（2）超声波的物理性质

超声波是频率高于 20kHz 的声波，由于超声波指向性强，能量消耗缓慢，在介质中传播的距离较远，因而超声波经常用于距离的测量，如测距仪和物位测量仪等都可以通过超声波来实现。超声波检测迅速、方便、计算简单、易于做到实时控制，并且在测量精度方面能达到工业实用的要求，因此在移动机器人研制上也得到了广泛的应用。

（3）超声波测距原理

超声波发射器向某一方向发射超声波，在发射的同时开始计时，超声波在空气中传播，途中碰到障碍物就立即返回来，超声波接收器收到反射波就立即停止计时。超声波在空气中的传播速度为 340m/s，根据计时器记录的时间 t，就可以计算出发射点距障碍物的距离 s，即 $s=340t/2$。这就是所谓的时间差测距法。

超声波测距的原理是利用超声波在空气中的传播速度为已知，测量声波在发射后遇到障碍物反射回来的时间，根据发射和接收的时间差计算出发射点到障碍物的实际距离。由此可见，超声波测距原理与雷达原理是一样的。

测距的公式表示为

$$L = CT$$

式中　L——测量的距离长度，单位为 m；

　　C——超声波在空气中的传播速度，单位为 m/s；

　　T——测量距离传播的时间差，单位为 s（T 为发射到接收时间数值的一半）。

超声波测距主要应用于倒车提醒、建筑工地、工业现场等的距离测量，虽然目前的测距量程上能达到百米，但测量的精度往往只能达到厘米数量级。

2. 超声波传感器的定义与分类

超声波传感器是将超声波信号转换成其他能量信号（通常是电信号）的传感器。为了研究和利用超声波，人们已经设计和制成了许多超声波传感器。总体上讲，超声波传感器可以分为两大类：一类是用电气方式产生超声波，一类是用机械方式产生超声波。电气方式包括压电型、磁致伸缩型和电动型等；机械方式有加尔统笛、液哨和气流旋笛等。它们所产生的超声波的频率、功率和声波特性各不相同，因而用途也各不相同。目前较为常用的是压电式超声波传感器。图 6-1-2 所示为超声波传感器。

图 6-1-2　超声波传感器

3．超声波传感器的特点与应用

超声波是振动频率高于20kHz的机械波。它具有频率高、波长短、绕射现象小，特别是方向性好、能够成为射线而定向传播等特点。超声波对液体、固体的穿透本领很大，尤其是在不透明的固体中。超声波碰到杂质或分界面会产生显著反射形成反射回波，碰到活动物体能产生多普勒效应。超声波传感器广泛应用在工业、国防、生物医学等方面。

二、超声波传感器的发射器与接收器

超声波传感器一般包括两个部分，即超声波发射器和超声波接收器，如图6-1-3所示为空气传导行超声波发射器、接收器的结构，发射器和接收器的核心部件是超声波探头，超声波发射探头与接收探头要选择对应的型号，主要是频率要一致，否则会因无法产生共振而影响接收，甚至无法接收。

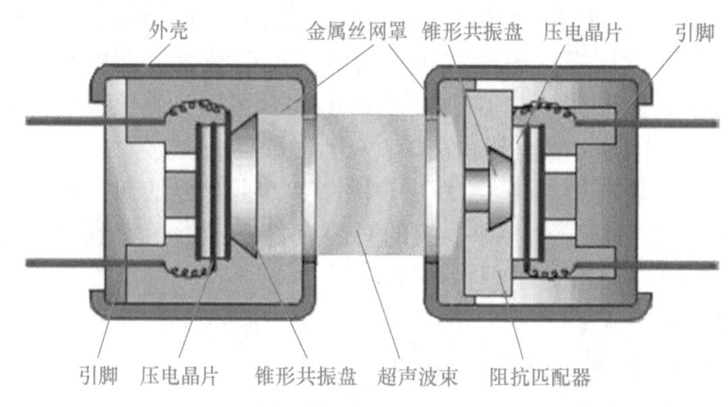

图6-1-3　空气传导型超声波发射器、接收器的结构

1．超声波探头的结构与性能指标

超声波探头主要由压电晶片、共振盘、保护膜、引线组成，既可以发射超声波，也可以接收超声波。小功率超声探头多作探测作用。它有许多不同的结构，可分直探头（纵波）、斜探头（横波）、表面波探头（表面波）、兰姆波探头（兰姆波）、双探头（一个探头发射、一个探头接收）等。

超声探头的核心是其塑料外套或者金属外套中的一块压电晶片。构成晶片的材料可以有许多种；晶片的大小，如直径和厚度也各不相同，因此每个探头的性能是不同的，使用前必须预先了解它的性能。超声波传感器的主要性能指标包括：

（1）工作频率

工作频率就是压电晶片的共振频率。当加到它两端的交流电压的频率和晶片的共振频率相等时，输出的能量最大，灵敏度也最高。

（2）工作温度

由于压电材料的居里点一般比较高，特别是诊断用超声波探头使用功率较小，所以工作温度比较低，可以长时间地工作而不产生失效。医疗用的超声波探头的温度比较高，需要单独的制冷设备。

（3）灵敏度

主要取决于制造晶片本身。机电耦合系数大，灵敏度高；反之，灵敏度低。

（4）指向性

超声波传感器探测的范围。

2. 超声波发射器

超声波发射器一般由振荡电路、驱动电路和超声波发射探头三部分组成。振荡电路用于产生超声波传感器工作所需要的频率信号（如 40kHz）；驱动电路用于增大驱动电流，有效驱动超声波振子发送超声波；超声波发射探头用于发出超声波信号；超声波发射探头一般利用压电晶体的逆压电效应来发射超声波，当高频电压信号作用在压电晶片上，且其频率等于压电晶片的固有振荡频率时，压电晶片将会发生共振，并带动共振盘振动，产生超声波。

3. 超声波接收器

超声波接收器一般由超声波接收探头、选频放大电路和波形变换电路组成。超声波接收探头一般利用压电晶体的压电效应来接收超声波，当共振盘接收到超声波时，将压迫压电晶片振动，将机械能转换为电信号。因接收探头接收到的正弦波信号非常弱，需要经过选频放大电路放大。选频放大后的正弦波信号再进行波形变换，输出矩形波脉冲，实现 A/D 转换，方便处理器接收处理。

三、智能平衡车超声波监测系统结构分析

本任务要求能完成对平衡车前进时到障碍物距离的检测，进而实现对平衡车的自动避障控制。设计采用超声波测距原理来实现，通过单片机对超声波传感器进行检测，计算出障碍物的距离，当距离小于单片机内部设置的阈值时，单片机对平衡车发出减速、甚至停车指令，自动避免撞上障碍物。实验时使用指示灯亮来指示到障碍物距离小于阈值。单片机将智能平衡车的状态显示在 LCD12864 显示模块上。

1. 超声波监测系统的硬件设计框图

图 6-1-4 所示是超声波监测系统的硬件设计框图。

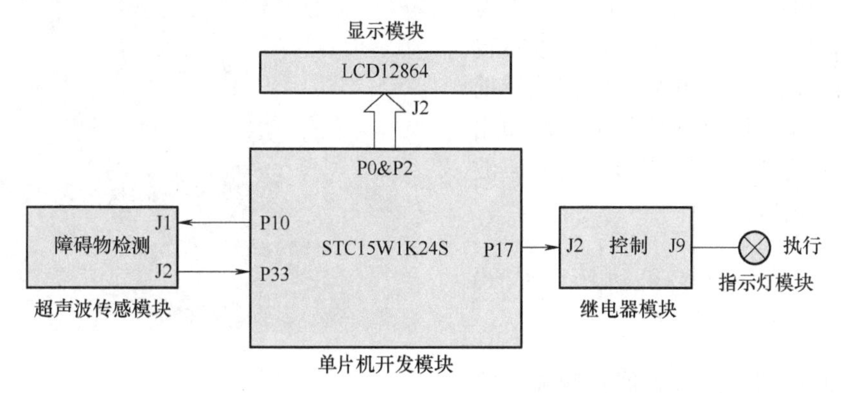

图 6-1-4　超声波监测系统的硬件设计框图

2. 超声波传感模块的认识

超声波传感模块由检测底板和超声波收发传感器组成，如图 6-1-5 所示，左侧为检测底板，右侧为超声波收发传感器。超声波收发传感器的型号为 TCT40-16R/T；检测底板由单片机电路和信号调理电路完成。“测量触发信号”端子 J1 低电平时进入测距状态，“距离脉冲输出”端子 J2 输出脉冲，当“测量触发信号”端子 J1 持续处于低电平时，重复测试的周期约为 50ms。端子 J2 输出脉冲波形示意图如图 6-1-6 所示，脉冲宽度 = 超声波接收时刻 – 超声波发射时刻，根据该脉冲宽度的时间就可以求出发射点到障碍物的实际距离。

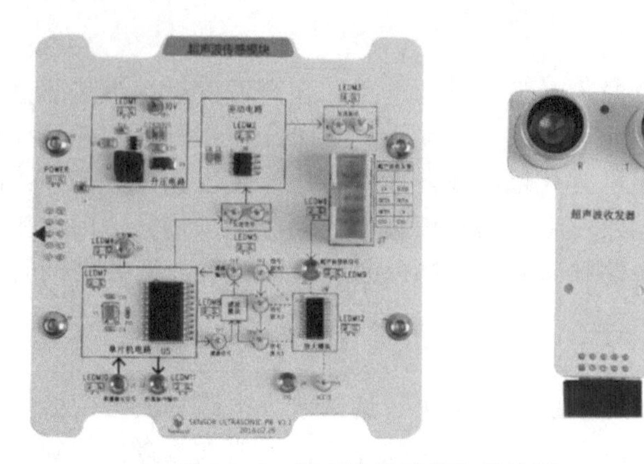

图 6-1-5　超声波传感模块实物图

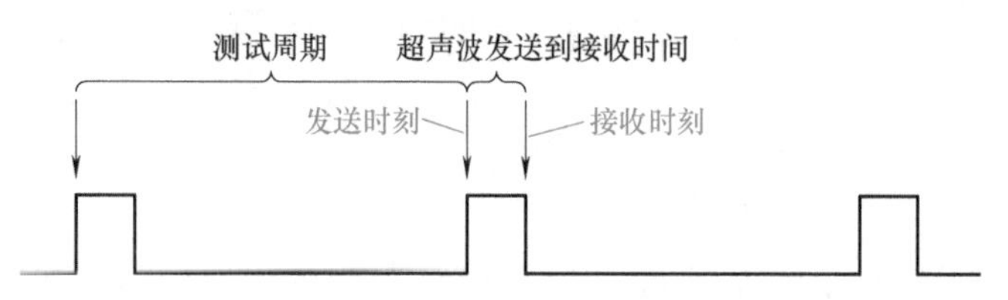

图 6-1-6　端子 J2 输出脉冲波形示意图

超声波传感模块检测方法：

按照插座的方向正确连接超声波收发器小板到检测底板上，如图 6-1-7 所示。将“测量触发信号”端子 J1 连到 J4，使得“测量触发信号”端子 J1 持续处于低电平。将示波器探头接到“距离脉冲输出”端子 J2，用纸板挡在超声波传感器前一段距离，利用示波器观察距离脉冲输出波形，如果能检测到脉冲波形，则超声波传感模块工作正常。

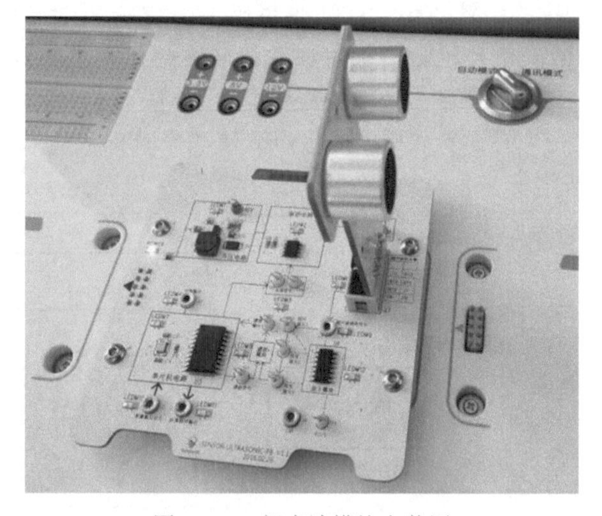

图 6-1-7　超声波模块安装图

四、超声波传感器系统功能代码分析

需求：通过超声波传感器检测障碍物的距离，当距离少于阈值时，灯亮，否则灯灭。

解决方法：超声波测距需要一个测量触发信号，触发脉冲宽度不低于 10μs，设计时，触发信号 P_TRIGGER 置高，延时 20μs 后再将 P_TRIGGER 置低，从而产生触发信号。距离输出信号的时间长短采用定时器 T1 的计数功能完成，距离输出信号作为外部中断信号 INT1 给单片机，由定时器 T1 的计数值可得到外部脉冲宽度，再换算即可得到障碍物的距离。最后将所测的距离与预设的阈值 DISLimit 比较，即可控制灯亮灭。

开发思路如下：

测量触发信号的生成，可通过延时 20μs 生成，可定时一段时间触发一次。

```
P_TRIGGER=1;
延时 20μs;
P_TRIGGER=0;
```

距离获得计算过程：

```
在外部中断 INT1 的中断函数里获取定时器的计数值 TH1 和 TL1
Ultrasonic.AcousticTime = TL1 +(TH1≪8);得到超声波的测距的往返时间
Ultrasonic.AcousticTime≪1;除以 2 就可得单程时间(单位是 μs)
Ultrasonic.AcousticTime*340*0.0001 即得距离,单位是 cm
```

扩展阅读：超声波传感器的应用实例

超声检验：超声波的波长比一般声波要短，具有较好的方向性，而且能穿透不透明物质，这一特性已被广泛用于超声波探伤、测厚、测距、遥控和超声成像技术。

超声处理：利用超声的机械作用、空化作用、热效应和化学效应，可进行超声焊接、钻孔、固体的粉碎、乳化、脱气、除尘、去锅垢、清洗、灭菌、促进化学反应和进行生物学研究等，在工矿业、农业、医疗等各个部门获得了广泛应用。

医学超声波检查：医学超声波检查的工作原理与声纳有一定的相似性，即将超声波发射到人体内，当它在体内遇到界面时会发生反射及折射，并且在人体组织中被吸收而衰减。因为人体各种组织的形态与结构是不相同的，因此其反射、折射以及吸收超声波的程度也就不同，医生们正是通过仪器所反映出的波型、曲线或影像的特征来辨别它们。此外再结合解剖学知识、正常与病理的改变，便可诊断所检查的器官是否有病。

任务实施

任务实施前必须先准备好的设备和资源见表 6-1-2。

表 6-1-2　设备清单表

序号	设备 / 资源名称	数量	是否准备到位（√）
1	超声波传感器模块	1	
2	继电器模块	1	
3	指示灯模块	1	
4	单片机开发模块	1	
5	显示模块	1	
6	杜邦线（数据线）	若干	
7	杜邦线转香蕉线	若干	
8	香蕉线	若干	
9	项目 6 任务 1 的代码包	1	

任务实施导航

- 搭建本任务的硬件平台，完成各个设备之间的通信连接。

- 打开项目工程文件。
- 对工程里的代码进行补充，使之完整。
- 对代码进行编译，生成下载所需的 HEX 文件。
- 通过计算机将 HEX 文件下载到单片机开发模块。
- 结果验证。

具体实施步骤

1. 硬件环境搭建

本任务的硬件接线图如图 6-1-8 所示。

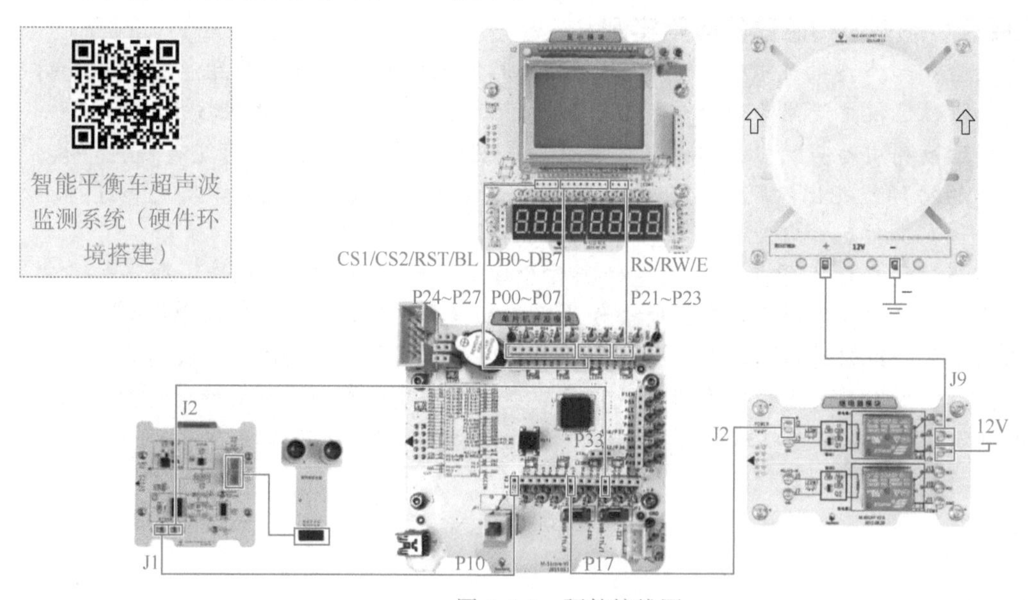

图 6-1-8　硬件接线图

根据图 6-1-8 选择相应的设备模块，进行电路连接，智能平衡车超声波监测系统硬件连接表见表 6-1-3。

表 6-1-3　智能平衡车超声波监测系统硬件连接表

模块名称及接口号	硬件连接模块及接口号
超声波传感模块 J1	单片机开发模块 P10
超声波传感模块 J2	单片机开发模块 P33
继电器模块 J2	单片机开发模块 P17
继电器模块 J9	指示灯模块的正极“+”
继电器模块 J8	NEWLab 平台 12V 的正极“+”
指示灯模块的负极“–”	NEWLab 平台 12V 的负极“–”
显示模块数据端口 DB0~DB7	单片机开发模块 P00~P07
显示模块背光 LCD_BL	单片机开发模块 P27
显示模块复位 LCD_RST	单片机开发模块 P26
显示模块片选 LCD_CS2	单片机开发模块 P25

（续）

模块名称及接口号	硬件连接模块及接口号
显示模块片选 LCD_CS1	单片机开发模块 P24
显示模块使能 LCD_E	单片机开发模块 P23
显示模块读写 LCD_RW	单片机开发模块 P22
显示模块数据 / 命令选择 LCD_RS	单片机开发模块 P21

2. 打开项目工程

进入本次任务的工程文件夹，打开 project 目录，打开工程文件 balance car，如图 6-1-9 所示。

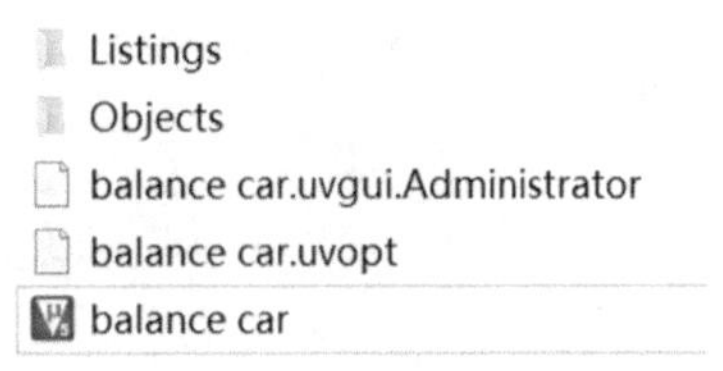

图 6-1-9　打开 balance car 文件

3. 代码完善

图 6-1-10 所示是智能平衡车超声波监测系统的代码程序流程图，结合该流程框图，对项目代码进行完善，超声波测距每 10ms 触发一次。

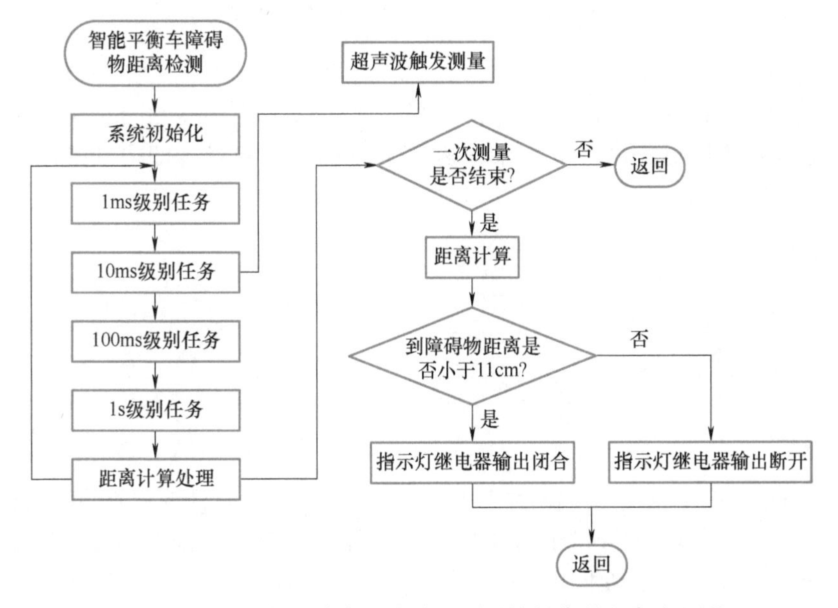

图 6-1-10　智能平衡车超声波监测系统的代码程序流程图

1）打开 ultrasonic/ultrasonic.c 文件，编写超声波测量功能的初始化过程代码，将定时器 T1 配置为方式 1，即 16 位定时器。将 Gate 门控打开，即当 INT1 引脚为高电平且 TR1 置位（TR1=1）时，启动定时器 T1。超声波返回信号通过 INT1 接入单片机，通过定时器的定时值就可完成脉冲宽度的测量。

```
1.  void Init_ultrasonic(void)
2.  {
3.      IP = 0x04;              //Int1 High preority
4.      TMOD |= 0x90;           //Ctc1 Gate control,mode 1
5.      EX1 = 1;
6.      IT1 = 1;                //Edge activate Int1
7.      TL1 = 0x00;             // 设置定时初值
```

```
8.     TH1 = 0x00;             //设置定时初值
9.     ET1 = 0;                //Disable CTC1 int
10.    TR1 = 1;                //start CTC1
11. }
```

2）打开 ultrasonic/ultrasonic.c 文件，编写外部中断 1 的中断函数，当待测信号的下降沿到来时，进入中断，在中断过程中将定时器 T1 的计数值除以 2，即可得到待测信号宽度所对应的时间值。

```
1. void int0entry( )interrupt 2       //INT1 中断入口
2. {
3.   Ultrasonic.AcousticTime = TL1 +(TH1≪8);      //计数值
4.   Ultrasonic.AcousticTime = Ultrasonic.AcousticTime>>1;  //除以 2 得到
                                                             单程时间计数值
5.   TL1 = 0x00;
6.   TH1 = 0x00;
7.   Ultrasonic.GetUSonicF = 1;       //一次测量结束标志
8. }
```

3）打开 ultrasonic/ultrasonic.c 文件，编写距离计算函数 time_distance( )，将获得的单程时间值与超声波的传输速度 340 相乘，再将单位换算成厘米，即得到障碍物的距离。其中最后的距离加 2cm 为误差修正。

```
1. void time_distance( )
2. {
3.    Ultrasonic.AcousticDistance =(Ultrasonic.AcousticTime*0.0001)*340;
                                                                   //声速
4.    Ultrasonic.ResultCM =(unsigned char)Ultrasonic.AcousticDistance+2;
5. }
```

4）打开 App/Main.c 文件，编写主程序的控制流程，触发测量任务每 10ms 执行一次。等待一次测量结束标志 GetUSonicF 置 1 后，开始计算出距离 ResultCM，将 ResultCM 与阈值 DISLimit 进行比较，再控制继电器的闭合与打开。阈值 DISLimit 预设为 11，即 11cm。

```
1.  if(Ultrasonic.GetUSonicF ==1)          //一次测量结束
2.  {
3.     Ultrasonic.GetUSonicF = 0;
4.     time_distance( );                     //计算到障碍物距离
5.     if(Ultrasonic.ResultCM < DISLimit)    //当到障碍物距离小于阈值时,灯亮
6.     {
7.         RelayOn( );
8.     }
9.     else
10.    {
11.        RelayOff( );
12.    }
13. }
```

4. 代码编译

首先我们在代码编译前要先进行 HEX 程序文件的生成，具体操作步骤如下：

1）单击工具栏中的“魔术棒”。

2）再单击“Output”选项卡进入 HEX 文件设定。

3）在 Select Folder for Objects 里设定 HEX 文件生成位置。

4）在 HEX 文件的生成配置下进行打钩。

5）单击 OK 完成设定。

接下来在工具栏上单击程序编译按钮“ ”，编译工程文件。在下方 Build Output 窗口中出现“0 Error(s)，0 Warning(s)”时，表示编译通过，如图 6-1-11 所示。

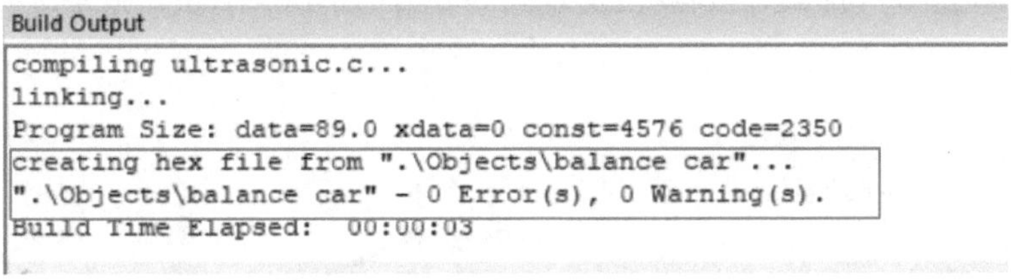

```
Build Output
compiling ultrasonic.c...
linking...
Program Size: data=89.0 xdata=0 const=4576 code=2350
creating hex file from ".\Objects\balance car"...
".\Objects\balance car" - 0 Error(s), 0 Warning(s).
Build Time Elapsed:  00:00:03
```

图 6-1-11 编译成功后显示内容

编译通过后，会在工程的 project/Objects 目录中生成 1 个 balance car.hex 的文件，如图 6-1-12 所示。

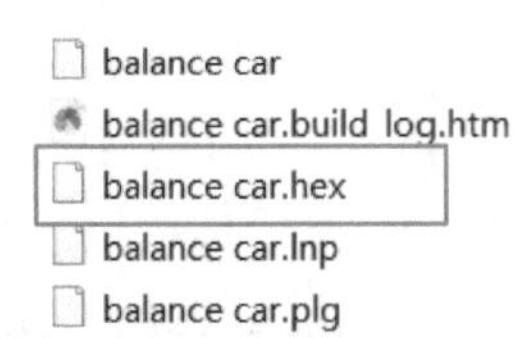

图 6-1-12 HEX 文件生成

5. 程序下载

使用 STC-ISP 下载工具进行程序下载，具体步骤如图 6-1-13 所示。

1）将 NEWLab 实训平台旋钮旋转至通信模式。

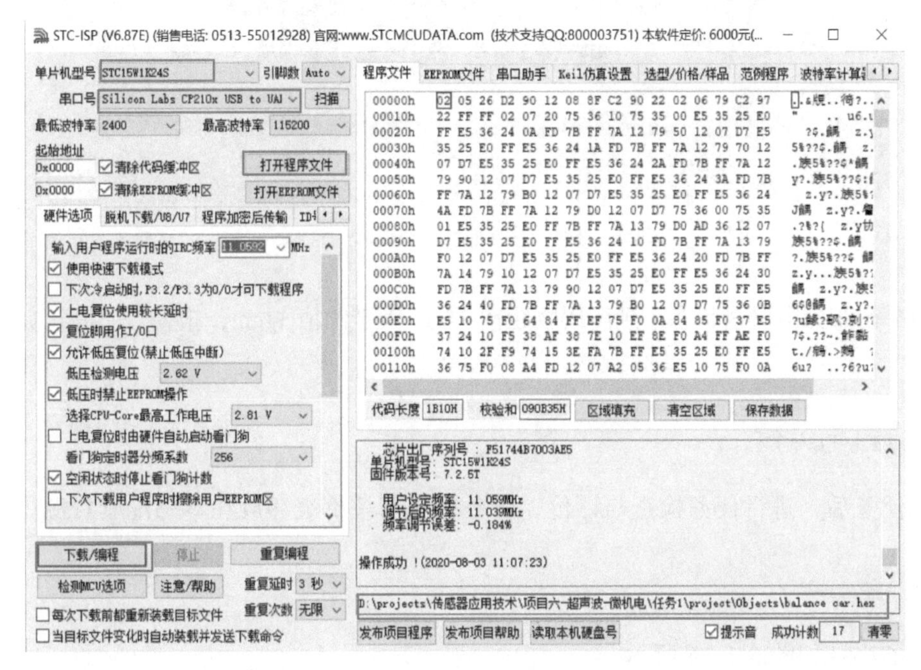

图 6-1-13 程序下载步骤

2）将单片机开发模块上的 JP2 和 JP3 开关拨至左侧。

3）选择单片机型号为 STC15W1K24S。

4）设置串口号，串口号可通过查看 PC 设备管理器获得。

5）单击“打开程序文件”，找到工程项目文件夹下的 balance car.hex 文件。

6）设置 IRC 频率为 11.0592MHz。

7）弹起自锁开关 SW1，以断开单片机开发模块的电源。

8）单击“下载 / 编程”按钮，按下自锁开关 SW1，以给单片机开发模块供电，这样程序便开始下载到单片机中，当提示操作成功时，此次程序下载完成。

6. 结果验证

模拟平衡车遇障碍物状态，到障碍物距离 5cm 小于阈值 11cm，报警灯亮，如图 6-1-14 所示。

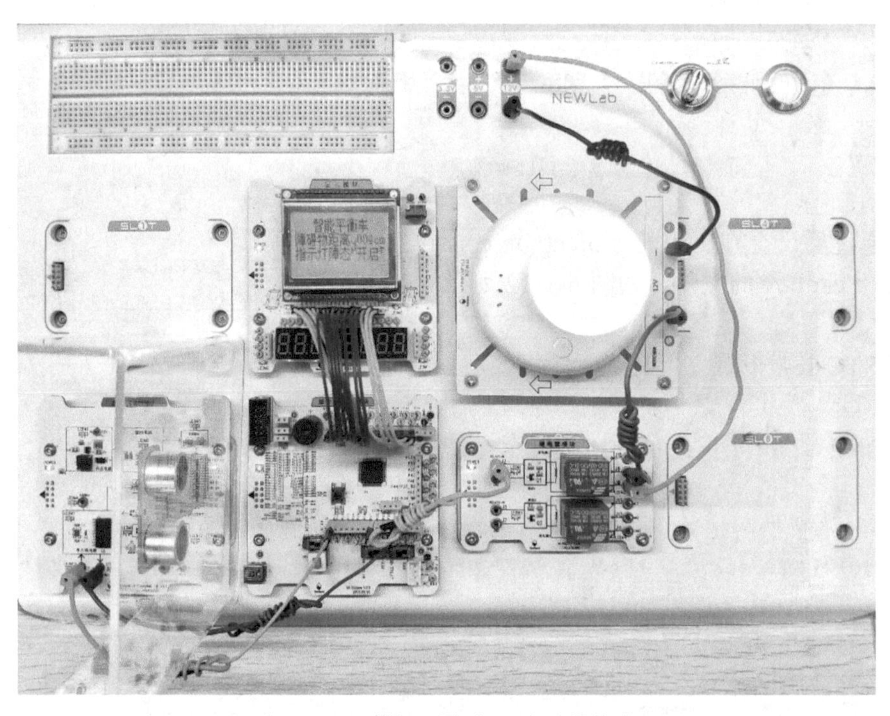

图 6-1-14　模拟平衡车遇障碍物状态

模拟平衡车无障碍物状态，到障碍物距离 15cm 大于阈值 11cm，报警灯不亮，如图 6-1-15 所示。

任务检查与评价

完成任务后，进行任务检查与评价，任务检查与评价表存放在本书配套资源中。

任务小结

本任务小结如图 6-1-16 所示。

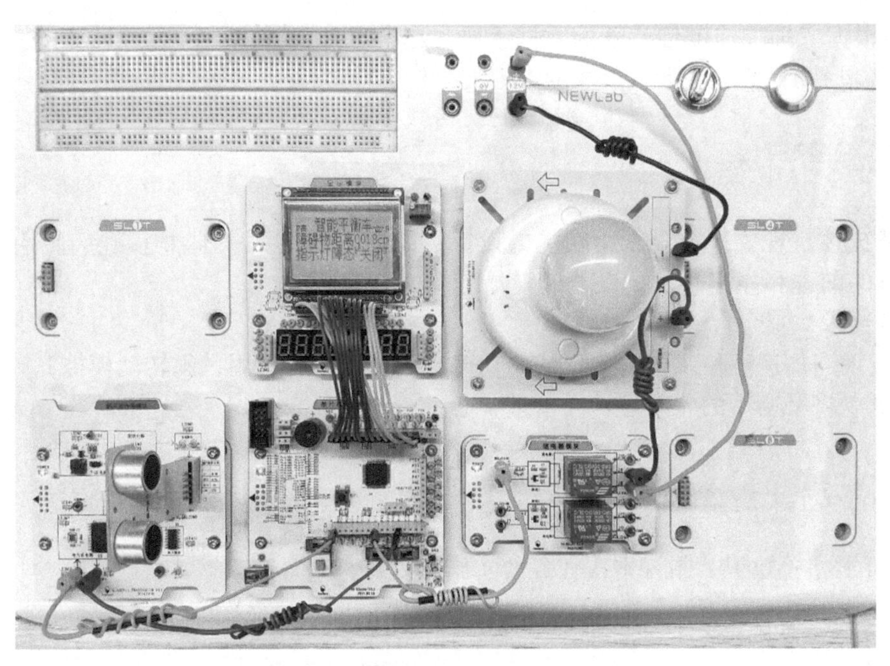

图 6-1-15　模拟平衡车无障碍物状态

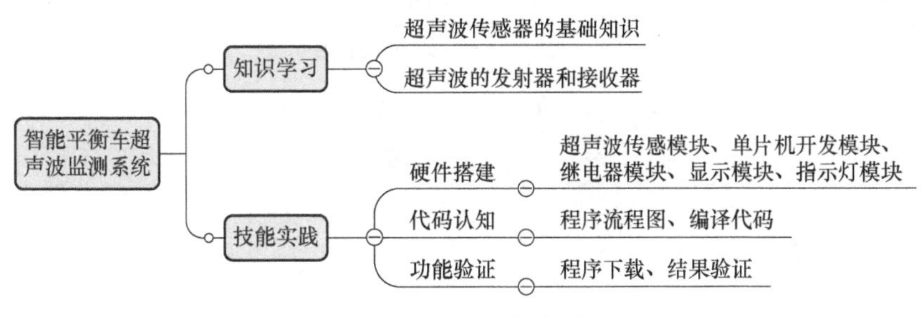

图 6-1-16　任务小结

任务拓展

1. 观察超声波传感器的触发信号和返回信号波形

改变障碍物的距离，用示波器双通道测量 J1 和 J2 的波形，观察波形的变化。

2. 了解测距类别

除了超声波测距，还有红外测距、激光测距等，这几类的区别是什么？

任务 2　智能平衡车平衡监测系统

职业能力目标

● 能根据三轴加速度传感器的结构、工作原理、工作参数和应用领域，正确地查阅相关数据手册，实现对其进行识别和选型。

● 能根据三轴加速度传感器的数据手册，结合单片机技术，准确地计算出三轴的加速度分量并控制执行器。

任务描述与要求

任务描述： 现要进行第二个功能的设计，即要求能根据三轴加速度传感器的信息实现平衡车的前进和停车。

任务要求：

● 实现当加速度传感器有一定的倾角时，平衡车动作（用风扇转动模拟）。

● 可以将平衡车的状态显示在管理中心系统上。

任务分析与计划

根据所学相关知识，制订本次任务的实施计划，见表 6-2-1。

表 6-2-1 任务计划表

项目名称	智能平衡车
任务名称	智能平衡车平衡监测系统
计划方式	自我设计
计划要求	请分步骤来完整描述如何完成本次任务
序号	任务计划
1	
2	
3	
4	
5	
6	
7	
8	

知识储备

一、微机电系统的基础知识

1. 微机电系统的定义

微机电系统（Micro-Electro-Mechanical System，MEMS）是利用集成电路制造技术和微加工技术将微执行器、微传感器、控制处理电路甚至接口、通信和电源等制造在一块或多块芯片上的微型器件系统。其目标是将信息的获取、处理和执行集成在一起，组成具有多种功能的微型系统，并集成于大尺寸系统中，从而大幅度地提升系统的自动化、智能化和可靠性。

2. 微机电系统的特点

MEMS 的突出特点是微型化和多学科交叉，涉及电子、机械、材料、制造、控制、物理、半导体、化学、生物等诸多学科。其典型应用有惯性传感器、喷墨打印机、数字投影仪、压力传感器、麦克风等，其中，加速度传感器和陀螺仪是常见的惯性传感器。

加速度传感器是广泛应用的 MEMS 之一，可以对单轴、双轴甚至三轴加速度进行测量并产生模拟或数字输出，用来测量加速度或者检测倾斜、冲击、振动等运动状态，实现工业、医疗、通信、消费电子和汽车等领域中的多种应用。

二、微机电传感器的基础知识

1. 微机电传感器的原理结构

微机电传感器是利用微电子和微机械加工技术制造出来的新型传感器，将基于各种物理效应的机电敏感元器件和处理电路集成在一块芯片上。如图 6-2-1 所示，微机电传感器主要由机械元件、机电或机光电元件和信号处理电路组成，其中机光电元件是用 MEMS 工艺实现的传感器；信号处理电路则是对敏感元件输出的数据进行各种处理，以补偿和校正敏感元件特性不理想和影响量引入的失真，进而恢复真实的被测量。

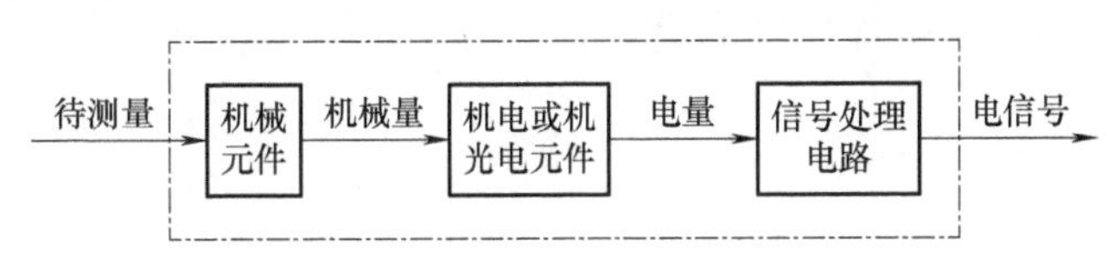

图 6-2-1　微机电传感器原理框图

2. 微机电传感器的分类应用

微机电传感器通常被分为 7 类。

1）压力传感器：绝对压力传感器和计量压力的传感器。

2）热学传感器：温度和热量传感器。

3）力学传感器：力、压强、速度和加速度传感器。

4）化学传感器：化学浓度、化学成分和反应率传感器。

5）磁学传感器：磁场强度、磁通密度和磁化强度传感器。

6）辐射传感器：电磁波强度传感器。

7）电学传感器：电压、电流和电荷传感器。

除了上面介绍的几种传感器外，还有许许多多的微机电传感器，如用于微观判断的触觉传感器、生物传感器、图像传感器等。在不同环境中，微机电传感器的技术应用也是不同的。

三、加速度传感器的工作原理

加速度传感器是能够感受加速度并将其转换成可用输出信号的传感器。加速度传感器通常由质量块、阻尼器、弹性元件、敏感元件和适调电路等部分组成。传感器在加速过程中，通过对质量块所受惯性力的测量，利用牛顿第二定律获得加速度值。根据传感器敏感元件的不同，常见的加速度传感器包括电容式、电感式、应变式、压阻式、压电式等。

加速度传感器的测量原理可以用如图 6-2-2 所示的模型来理解，一个质量块的两端通过弹簧固定，在没有加速度的情况下，弹簧不会发生形变，质量块静止；当产生加速度时，弹簧发生形变，相应地，质量块的位置会发生变化；弹簧的形变量随着加速度的增大而增大。根据胡克定律，弹簧所产生的力与弹簧的劲度系数 k 和弹簧的形变量成正比，用公式来表示就是 $F = kx$，其中 k 为弹簧的劲度系数，它由材料的性质所决定，通常是一个已知的参数，x 为弹簧的形变量。根据牛顿第二定律，物体的加速度 a 跟物体所受的合外力 F 成正比，跟物体的质量 m 成反比，用公式表示为 $F = ma$。结合胡克定律 $F = kx$，可以知道加速度值 $a = kx/m$。通常弹簧的劲度系数 k 和质量块的质量 m 都是已知的，所以只要求出产生加速度时弹簧的形变量就可以求出系统的加速度。传感器内固定弹簧的两端相当于两个电容极板，当有加速度时，加速度传感器内部的质量块产生相对运动，位移的变化会导致差分电容的变化，通过测量电容的变化获得产生加速度时质量块的位移，从而进一步获得加速度的大小。

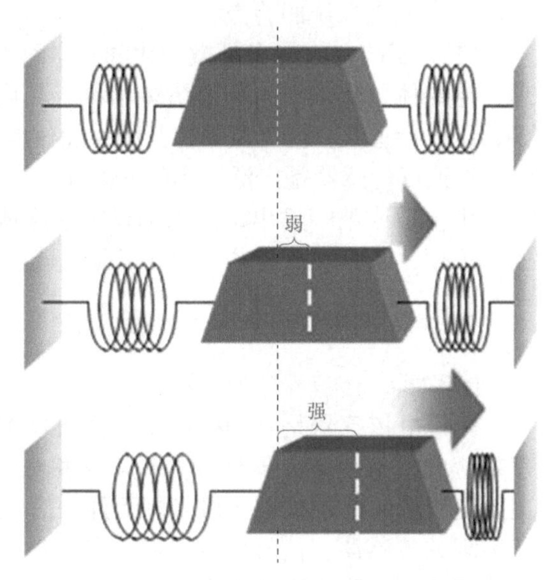

图 6-2-2　加速度传感器的测量原理模型

四、智能平衡车平衡监测系统结构分析

1. 智能平衡车平衡监测系统的硬件设计框图

本任务要求能完成平衡车的平衡监测，进而实现对平衡车的运动控制。设计通过单片机对微机电传感器进行检测，微传感器输出的为模拟量，而单片机内部无 A/D 转换功能，这就需要利用功能扩展模块来实现。如图 6-2-3 所示，单片机开发模块通过控制风扇的开和关来模拟平衡车的运动。单片机将平衡车的状态显示在 LCD12864 显示模块上。

2. 微机电传感模块的认识

微机电传感模块由检测底板和加速度检测模块组成，如图 6-2-4 所示。右边的检测底板上主要是单片机和相关的接口电路，单片机负责采集加速度检测模块输出的数据并发送给上位机的 NEWLab 实验平台；左侧的加速度检测模块主要由三轴加速度传感器 ADXL335 组成。

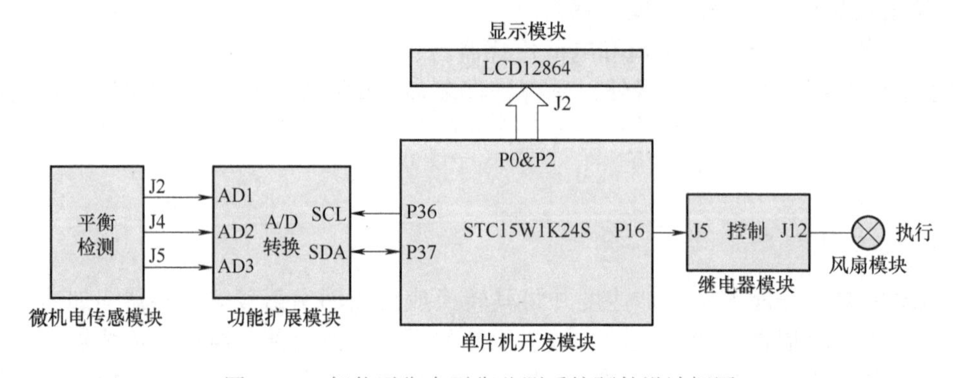

图 6-2-3　智能平衡车平衡监测系统硬件设计框图

(1) 三轴加速度传感器简介

如图 6-2-5 所示，ADXL335 是一款小尺寸、薄型、低功耗的完整的三轴加速度测量系

统，提供经过信号调理的模拟电压输出，该三轴加速度传感器的最小满量程加速度测量范围为 ±3*g*（*g* 为重力加速度），既可以测量倾斜检测应用中的静态加速度（比如重力加速度），也可以测量运动、冲击或振动导致的动态加速度。用户根据 X_{OUT}、Y_{OUT} 和 Z_{OUT} 引脚上的电容 C_X、C_Y 和 C_Z 选择该加速度传感器的带宽，X 轴和 Y 轴的带宽范围为 0.5~1600Hz，Z 轴的带宽范围为 0.5~550Hz。

图 6-2-4　微机电传感模块

该传感器为多晶硅表面微加工结构，置于晶圆顶部；多晶硅弹簧悬挂于晶圆表面的结构之上，提供加速度力量阻力；差分电容由独立固定板和活动质量连接板组成，能对结构偏转进行测量，固定板由 180° 反向方波驱动。加速度使活动质量块偏转，差分电容失衡，从而使传感器输出的幅度与加速度成比例。

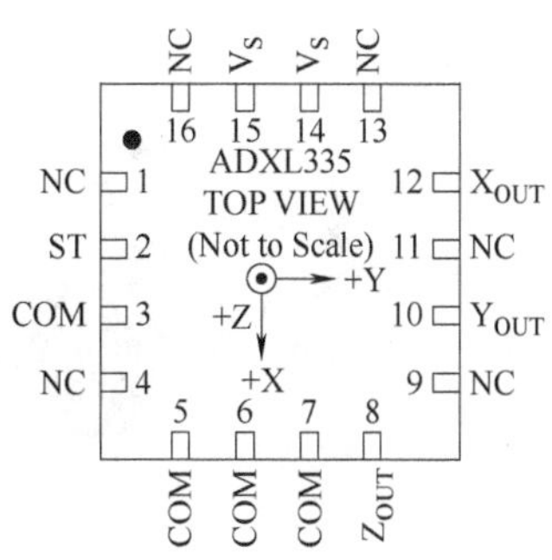

图 6-2-5　ADXL335 引脚信息

（2）加速度数据的读取

ADXL335 的测量值可以通过对应的三个输出口直接获得，如图 6-2-6 所示，只需对相应的输出电压 X_{OUT}、Y_{OUT} 和 Z_{OUT} 进行 A/D 转换后再换算成加速度值即可。

ADXL335 的参数见表 6-2-2，当传感器的供电电压为 3V 时，三个轴向的灵敏度为 300mV/*g*，单个轴向的加速度值为 0*g* 时对应轴向的输出电压典型值为 1.5V，依此可计算各方向加速度。ADXL335 的额定工作电压是 1.8~3.6V，当使用其它供电电压时，输出灵敏度与电源电压成比例变化，比如供电电压为 3.6V 时，输出灵敏度为 360mV/*g*，供电电压为 2.0V 时，输出灵敏度为 195mV/*g*。

表 6-2-2　ADXL335 的参数

供电电压 /V	X_{OUT}、Y_{OUT}、Z_{OUT} 的敏感度 /（mV/g）	温度引起的灵敏度变化 /[（%）·℃$^{-1}$]	X_{OUT}、Y_{OUT} 时的 0*g* 电压 /V	Z_{OUT} 时的 0*g* 电压 /V	温度引起的 0*g* 偏移量 /（mg/℃）
3	300	±0.01	1.5	1.5	±1

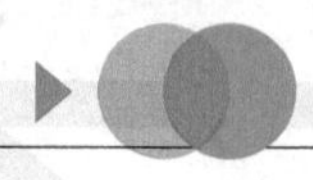

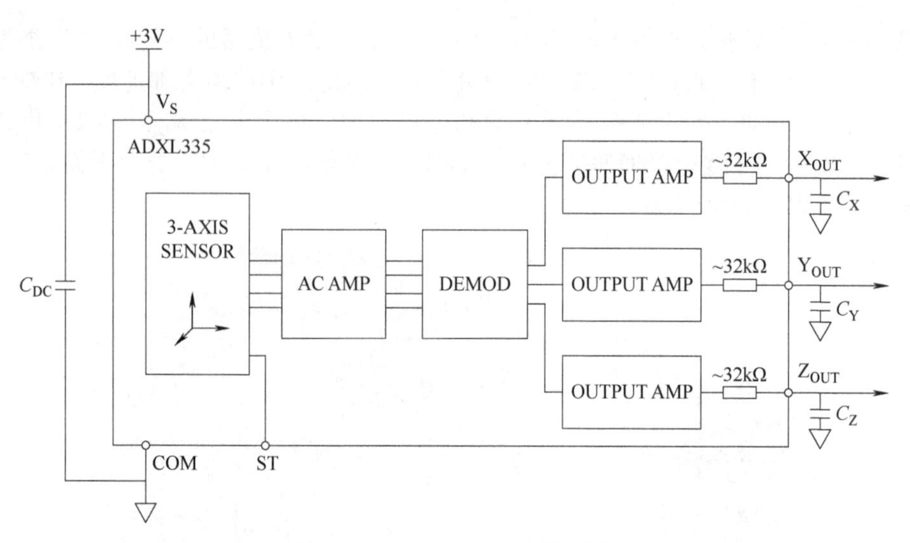

图 6-2-6　ADXL335 功能框图

（3）方向的判断

如图 6-2-7、图 6-2-8 所示，图中芯片表面的小白点可作为方位的参考点。ADXL335 传感器模块水平向上放置时，X、Y 轴方向的加速度为 0*g*，Z 轴上为 1*g*。上下翻转后，Z 轴上为 −1*g*。顺着某个方向旋转 90° 时，其加速度加 1*g*，反向则为 −1*g*。

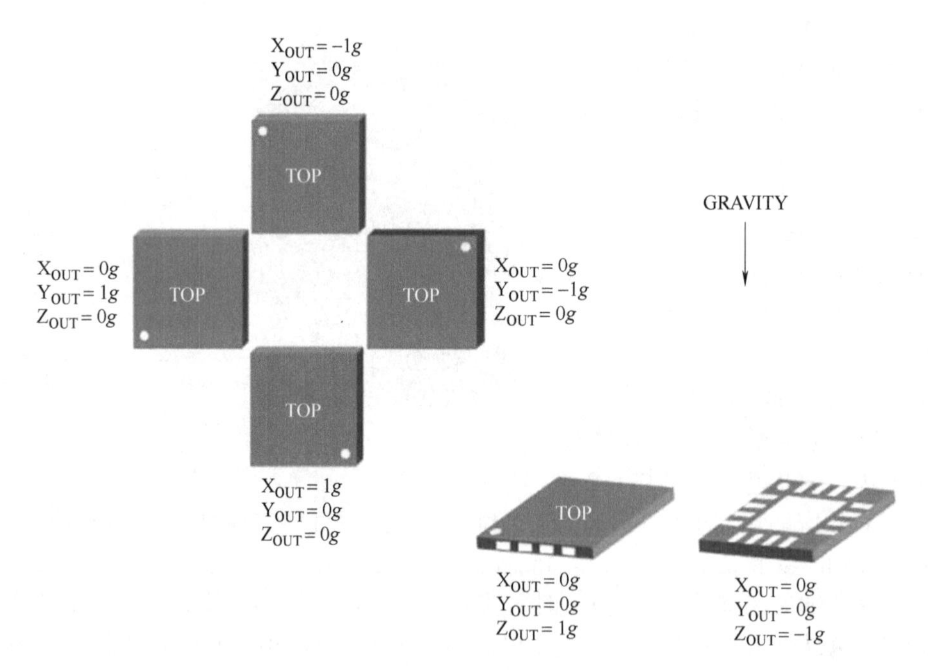

图 6-2-7　输出响应与相对于重力方向的关系

（4）微机电传感模块检测方法

将加速度检测模块连接到检测底板的 MEMS 信号插座，检测底板放至 NEWLab 实验平台上，实验平台通电。将万用表调至电压档，黑表笔固定接检测底板的 J6，红表笔接 J2，改变加速度检测模块的方向，观察万用表的电压值。同样操作，测试 J4 和 J5 的电压值，如果都有变化，则微机电传感模块正常。

五、微机电传感器系统功能代码分析

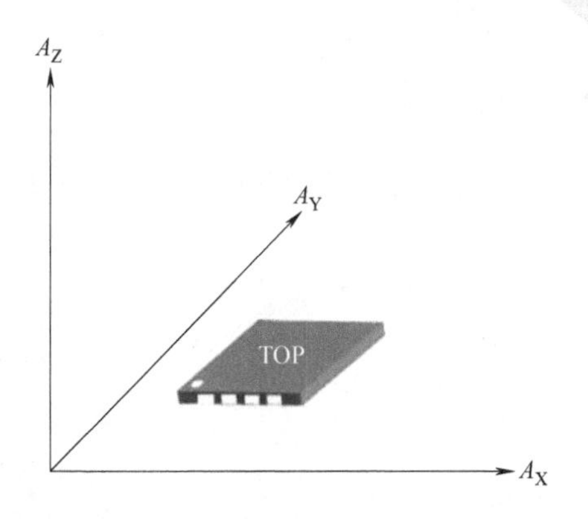

图 6-2-8　ADXL335 的加速度灵敏度轴

需求：本任务要模拟检测人前倾时，平衡车能前进，这就需要检测出倾斜角度，当角度值大于阈值时，平衡车前进（风扇转动来模拟）。

解决办法：为了获得角度信息，利用三轴加速度传感器来实现。三轴加速度传感器的输出为 3 个方向的模拟量，需通过 A/D 转换变成数字量后，单片机才能处理。设计运用 8 位的 A/D 转换器 PCF8591 进行转换。

单片机读取 PCF8591 的通道寄存器值，得到加速度传感器的各方向值。

```
通过 PCF8591_Readch(0x01)读取通道 1 获得 Y 方向的值 adc.AdcVale2;
通过 PCF8591_Readch(0x02)读取通道 2 获得 Z 方向的值 adc.AdcVale3;
```

再将 Y 和 Z 方向的值转化成电压值，（adc.AdcVale2*3.3）/255，该值再减去各方向 0g 时的初始电压值，一般为电压电源的一半，也可通过万用表测量实际值。

```
Ayout=(adc.AdcVale2*3.3)/255-1.70;1.70 是 Y 方向 0g 时的实测电压值
Azout=(adc.AdcVale3*3.3)/255-1.61;1.61 是 Z 方向 0g 时的实测电压值
```

最后通过反正切函数，可以算出 Y 和 Z 两个方向的夹角，即为前倾角度 Roll。

```
adc.Roll=(int16u)((atan2(adc.Azout,-adc.Ayout)*57.2957796)+180);
```

扩展阅读：三轴加速度传感器的应用实例

加速度传感器广泛应用于游戏控制、手柄振动和摇晃、汽车制动起动检测、地震检测、工程测振、地质勘探、振动测试与分析以及安全保卫振动侦察等多种领域。

1. 车身操控、安全及导航系统中的应用

加速度传感器已被广泛应用于汽车电子领域，主要集中在车身操控、安全和导航系统，典型的应用如汽车安全气囊（Airbag）、ABS 防抱死刹车系统、电子稳定程序（ESP）、电控悬挂系统等。除车身安全系统这类重要应用以外，目前加速度传感器在导航系统中也在扮演重要角色。当汽车进入卫星信号接收不良的区域或环境中，如隧道、高楼林立、丛林地带等，就会因失去 GPS 信号而丧失导航功能。基于 MEMS 技术的三轴加速度传感器配合陀螺仪或电子罗盘等元件一起可创建方位推算系统，对 GPS 系统实现互补性应用。

2. 消费产品中的创新应用

三轴加速度传感器为传统消费及手持电子设备实现了革命性的创新。三轴加速度传感器可被安装在游戏机手柄上，作为用户动作采集器来感知其手臂前后、左右和上下等的移动动作。此外，三轴加速度传感器还可用于电子计步器，人在走动的时候会产生一定规律性的振动，而加速度传感器可以检测振动的过零点，从而计算出走路或跑步的步数，进而计算出人所移动的位移，并且利用一定的公式可以计算出卡路里的消耗。也可用于数码相机的防抖，检测手持设备的振动 / 晃动幅度，当振动 / 晃动幅度过大时锁住相机快门，使所拍摄的图像永远是清晰的。

任务实施

任务实施前必须先准备好的设备和资源见表 6-2-3。

表 6-2-3　设备清单表

序号	设备 / 资源名称	数量	是否准备到位（√）
1	微机电传感模块	1	
2	继电器模块	1	
3	风扇模块	1	
4	单片机开发模块	1	
5	功能扩展模块	1	
6	显示模块	1	
7	杜邦线（数据线）	若干	
8	杜邦线转香蕉线	若干	
9	香蕉线	若干	
10	项目 6 任务 2 的代码包	1	

任务实施导航

- 搭建本任务的硬件平台，完成个设备之间的通信连接。
- 打开项目工程文件。
- 对工程里的代码进行补充，使之完整。
- 对代码进行编译，生成下载所需的 HEX 文件。
- 通过计算机将 HEX 文件下载到单片机开发模块。
- 结果验证。

具体实施步骤

1. 硬件环境搭建

本任务的硬件接线图如图 6-2-9 所示。

根据图 6-2-9 选择相应的设备模块，进行电路连接，智能平衡车平衡监测系统硬件连接表见表 6-2-4。

表 6-2-4　智能平衡车平衡监测系统硬件连接表

模块名称及接口号	硬件连接模块及接口号
微机电传感模块 J2	功能扩展模块 AD1
微机电传感模块 J4	功能扩展模块 AD2
微机电传感模块 J5	功能扩展模块 AD3
功能扩展模块 SCL	单片机开发模块 P36
功能扩展模块 SDA	单片机开发模块 P37
继电器模块 J5	单片机开发模块 P16

（续）

模块名称及接口号	硬件连接模块及接口号
继电器模块 J12	风扇模块的正极“+”
继电器模块 J11	NEWLab 平台 12V 的正极“+”
风扇模块的负极“–”	NEWLab 平台 12V 的负极“–”
显示模块数据端口 DB0~DB7	单片机开发模块 P00~P07
显示模块背光 LCD_BL	单片机开发模块 P27
显示模块复位 LCD_RST	单片机开发模块 P26
显示模块片选 LCD_CS2	单片机开发模块 P25
显示模块片选 LCD_CS1	单片机开发模块 P24
显示模块使能 LCD_E	单片机开发模块 P23
显示模块读写 LCD_RW	单片机开发模块 P22
显示模块数据 / 命令选择 LCD_RS	单片机开发模块 P21

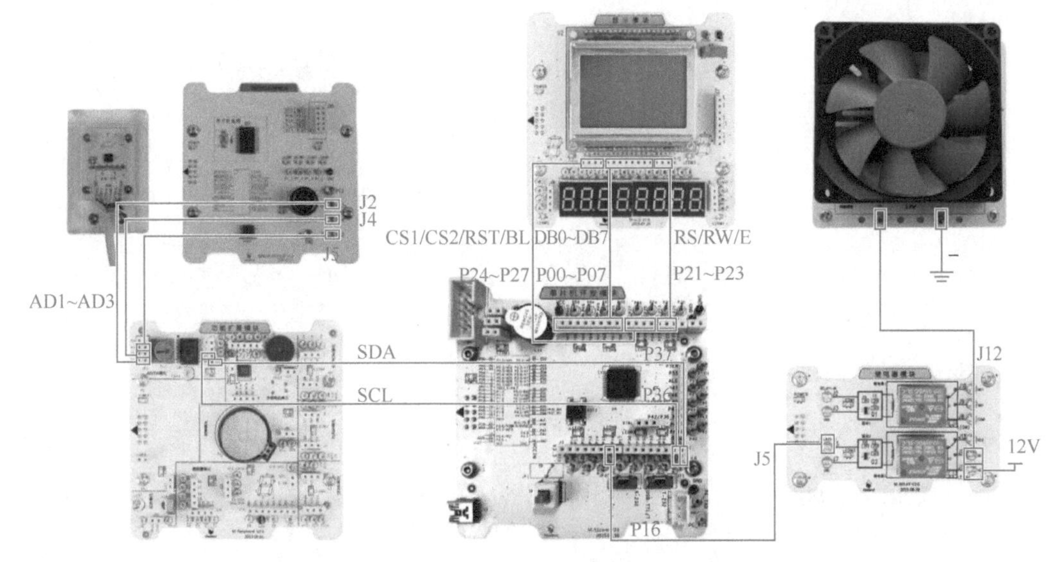

图 6-2-9　硬件接线图

2. 打开项目工程

进入本次任务的工程文件夹中，打开 project 目录，打开工程文件 balance car，如图 6-2-10 所示。

3. 代码完善

图 6-2-11 所示是智能平衡车平衡监测系统的代码程序流程图，结合该流程框图，对项目代码进行完善，角度信息获取每 0.1s 执行一次。

1）打开 adc/adc.c 文件，编写读取 AD 值并转化成角度的过程代码，读通道 1 获得 Y 方向的值，读通道 2 获得 Z 方向的值，由于 A/D 转换器是 8 位的（2^8=256），电源电压是 3.3V，将数字量 AdcVale2 转成模拟量的公式是 AdcVale2 × 3.3/256，将该值再减去各方向 0*g* 时的初始电压值，一般为电压电源的一半，也可通过万用表测量实际值，设计中的 1.70 就是 Y 方向 0*g* 时实测的电压值，1.61 是 Z 方向 0*g* 时实测的电压值。最后，将 Y 和 Z 两

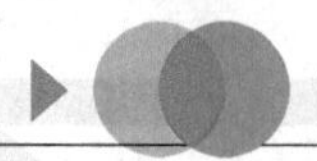

个方向的值进行反正切计算，即可得到 Y 和 Z 两个方向的夹角，即为前倾夹角。通过该角度的大小来控制平衡车的前进。

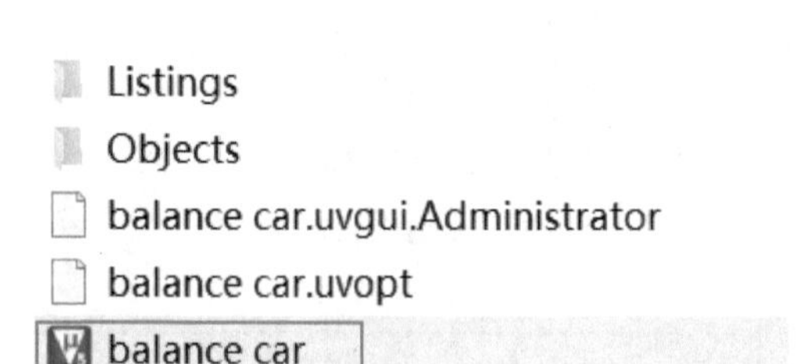

图 6-2-10　打开 balance car 文件

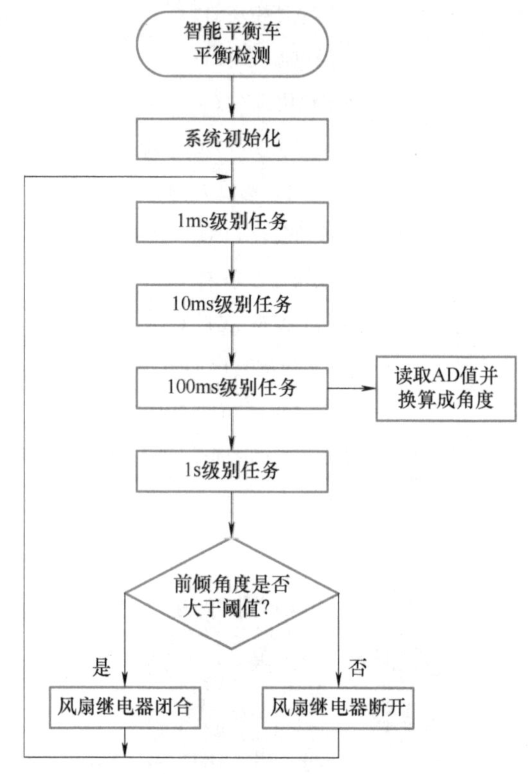

图 6-2-11　智能平衡车平衡监测系统的代码程序流程图

```
1.  void GetAdcVale(void)
2.  {
3.      adc.AdcVale2 = PCF8591_Readch(0x01);//
4.      adc.AdcVale3 = PCF8591_Readch(0x02);//
5.      adc.Ayout =  adc.AdcVale2*0.0129411765-1.70;//
6.      adc.Azout =  adc.AdcVale3*0.0129411765-1.61;//
7.      adc.Roll =(int16u)((atan2(adc.Azout,-adc.Ayout)*57.2957796)+180);
8.  }
```

2）打开 App/Main.c 文件，编写主程序的控制流程代码，任务 GetAdcVale ( ) 每 0.1s 执行一次。默认的角度是 270°，当角度在 260°~290° 时，关闭风扇。

```
1.  if((adc.Roll > 260)&&(adc.Roll < 290))
2.  {
3.      Relay2Off( );//
4.  }
5.  else     //前倾方向夹角超阈值,就开启
6.  {
7.      Relay2On( );
8.  }
```

4. 代码编译

1）单击“Options for Target”按钮，进入HEX文件的生成配置对话框，具体操作可参考本项目任务1中的“代码编译”部分完成配置。

2）单击工具栏上程序编译按钮“”，完成该工程文件的编译。在Build Output窗口中出现“0 Error(s)，0 Warning(s)”时，表示编译通过，可参考本项目任务1中的“代码编译”部分完成编译。

编译通过后，会在工程的project/Objects目录中生成1个balance car.hex的文件

5. 程序下载

使用STC-ISP下载工具进行程序下载，具体步骤如下：

1）将NEWLab实训平台旋钮旋转至通信模式。

2）将单片机开发模块上的JP2和JP3开关拨至左侧。

3）选择单片机型号为STC15W1K24S。

4）设置串口号，串口号可通过查看PC设备管理器获得。

5）单击“打开程序文件”，找到工程项目文件夹下的balance car.hex文件。

6）设置IRC频率为11.0592MHz。

7）弹起自锁开关SW1，以断开单片机开发模块的电源。

8）单击“下载/编程”按钮，按下自锁开关SW1，以给单片机开发模块供电，这样程序便开始下载到单片机中，当提示操作成功时，此次程序下载完成。

6. 结果验证

模拟平衡车不动状态，当平衡车倾斜角度在260°~290°范围内时，相当于平衡车处于直立状态，这时风扇不转，如图6-2-12所示。

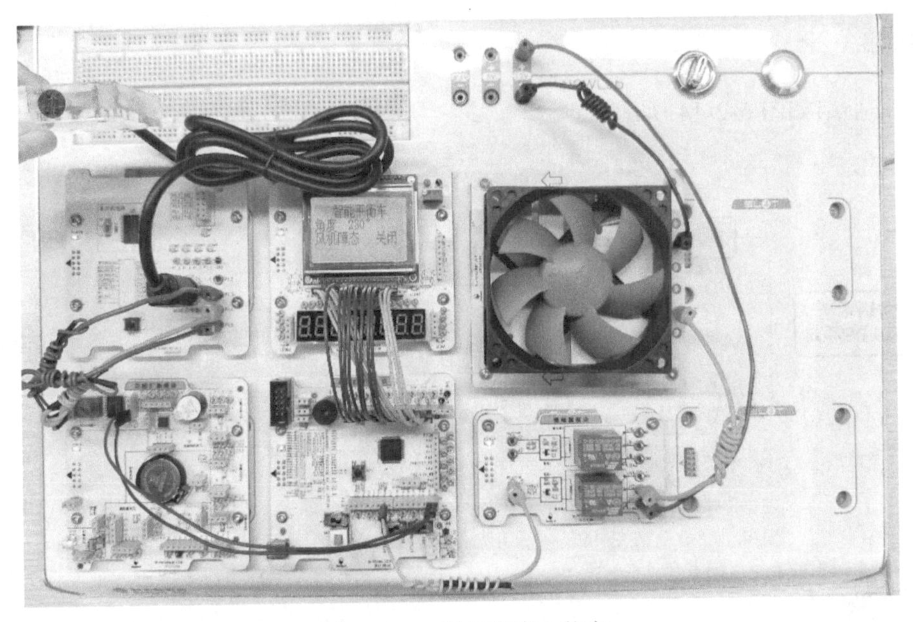

图6-2-12　平衡车直立状态

模拟平衡车前进/后退状态，当倾斜角度不在260°~290°范围内时，相当于平衡车处于前倾/后倾的状态，这时风扇转动，如图6-2-13所示。

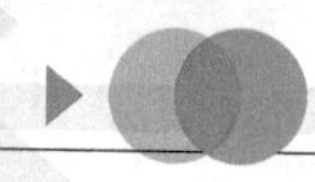

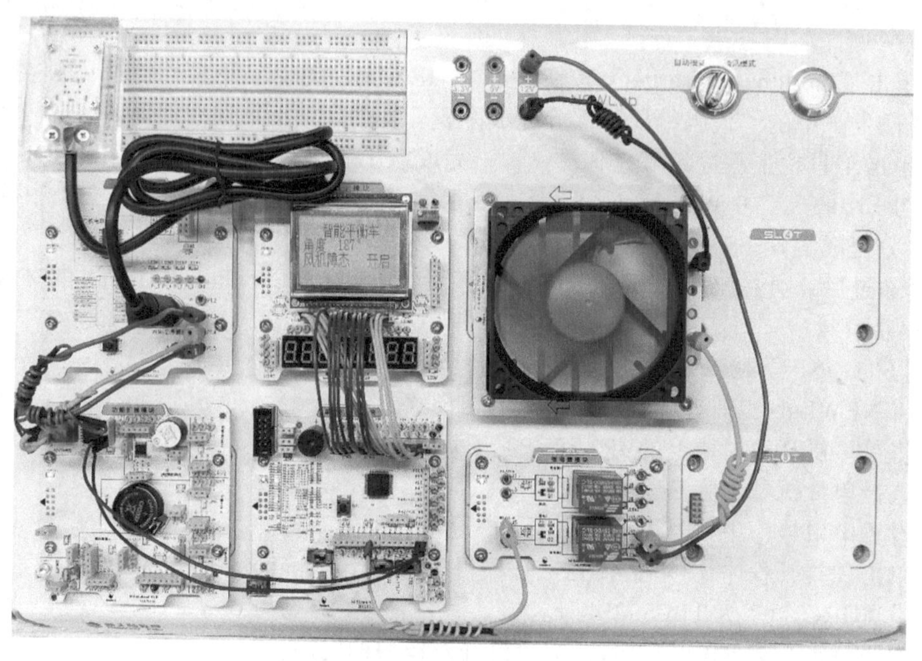

图 6-2-13　平衡车倾斜状态

任务检查与评价

完成任务后，进行任务检查与评价，任务检查与评价表存放在本书配套资源中。

任务小结

本任务小结如图 6-2-14 所示。

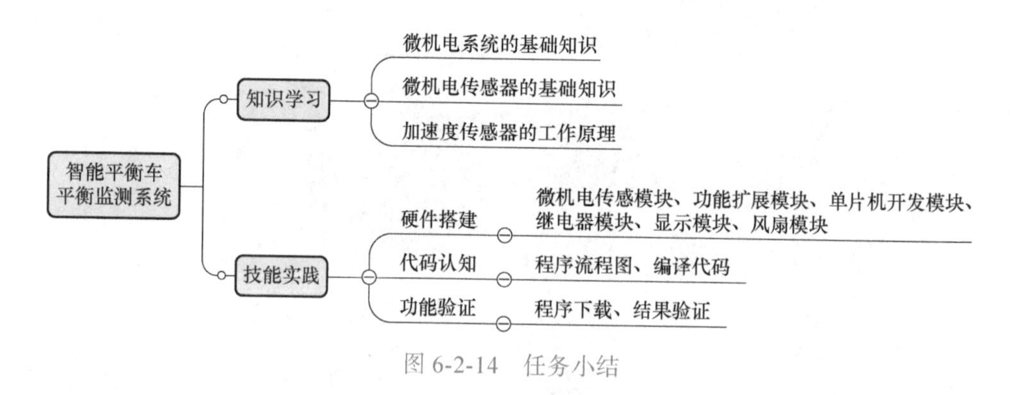

图 6-2-14　任务小结

任务拓展

1. 了解三轴加速度传感器的信号输出

不同的加速度下，三轴加速度传感器输出电压会不同，用万用表测量 J2、J4、J5 的电压变化。

1）测量加速度模块三个方向 0g 时的电压值。

2）从各个方向进行旋转，测量三个方向的分量电压值。

2. 认识加速度传感器的灵敏度及加速度大小计算

加速度传感器的灵敏度单位是 mV/g，而加速度大小为相对 0g 电压的偏移量与灵敏度的比值。通过前面测量的电压值计算加速度大小，灵敏度按 330mV/g 计算。

任务 3 智能平衡车监测系统

职业能力目标

● 能正确使用超声波传感器和三轴加速度传感器，运用单片机技术，采集距离和角度信息。

● 能理解继电器和执行器的工作原理，根据单片机开发模块获取传感器的状态信息，准确控制继电器和执行器。

任务描述与要求

任务描述：根据任务 1、任务 2 的设计结果，完成智能平衡车项目的最终样品输出，要求能同时根据超声波传感器和三轴加速度传感器的信息实现智能平衡车的自动避障功能。

任务要求：

● 实现当到障碍物距离小于阈值时，报警灯亮；当到障碍物距离大于阈值时，报警灯灭；

● 实现加速度传感器有一定的倾角且到障碍物距离大于阈值时平衡车动作（用风扇转动模拟），当到障碍物距离小于阈值时，风扇停止。

● 可以将平衡车的状态信息显示在管理中心系统上。

任务分析与计划

根据所学相关知识，制订本次任务的实施计划，见表 6-3-1。

表 6-3-1 任务计划表

项目名称	智能平衡车
任务名称	智能平衡车监测系统
计划方式	自我设计
计划要求	请分步骤来完整描述如何完成本次任务

（续）

序号	任务计划
1	
2	
3	
4	
5	
6	
7	
8	

知识储备

一、超声波传感模块的工作原理

1. 单片机 STC15W408AS 电路

单片机 STC15W408AS 及外围电路构成的信号源产生电路如图 6-3-1 所示，单片机的 SIG_OUTA（TP8）和 SIG_OUTB（TP9）产生 L9110 的输入控制信号，此信号是一对交替变化的信号，控制 L9110 内部的 H 桥去驱动超声波发生器发出超声波，同时输出滤波信号 FILTER_MCU 用于超声波检波使用。

2. L9110 驱动电路

L9110 是为控制和驱动电动机设计的两通道推挽式功率放大专用集成电路，它将分立电路集成在单片 IC 之中，使外围器件成本降低，整机可靠性提高。该驱动电路有两个 TTL/CMOS 兼容电平输入，具有良好的抗干扰性；两个输出端能直接驱动电动机的正反向运动，具有较大的电流驱动能力，每通道能通过 800mA 的持续电流，峰值电流能力可达 1.5A；同时它具有较低的输出饱和压降；内置的钳位二极管能释放感性负载的反向冲击电流，使它在驱动继电器、直流电动机、步进电动机或开关功率管的使用上安全可靠。L9110 被广泛应用于玩具汽车电动机驱动、脉冲电磁阀门驱动、步进电动机驱动和开关功率管等电路上。

本次模块中，使用 L9110 来驱动超声波发送器，如图 6-3-2 所示。

3. 超声波接收处理电路

超声波接收器接收到超声波信号后，经过由 LM324 组成的三级放大电路进行信号放大，最后与单片机产生的滤波信号进行比较，得到接收信号 SIG_REV，如图 6-3-3 所示。

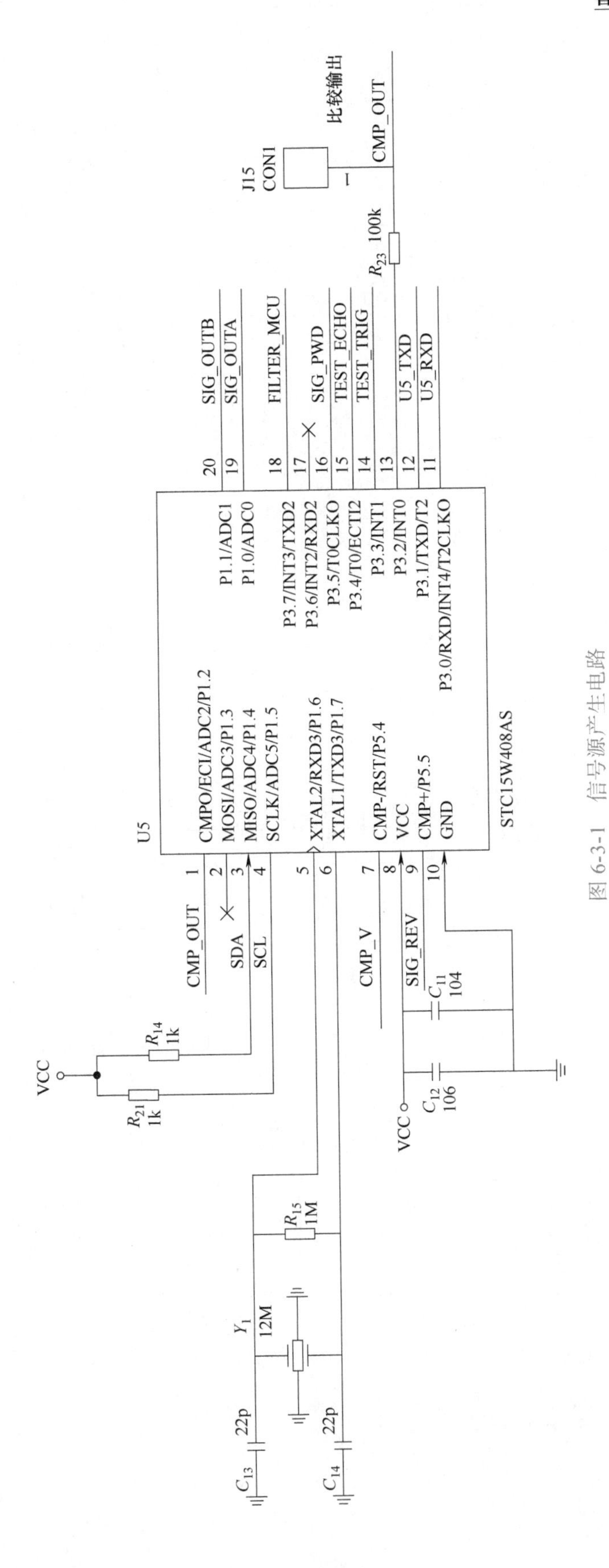

图 6-3-1 信号源产生电路

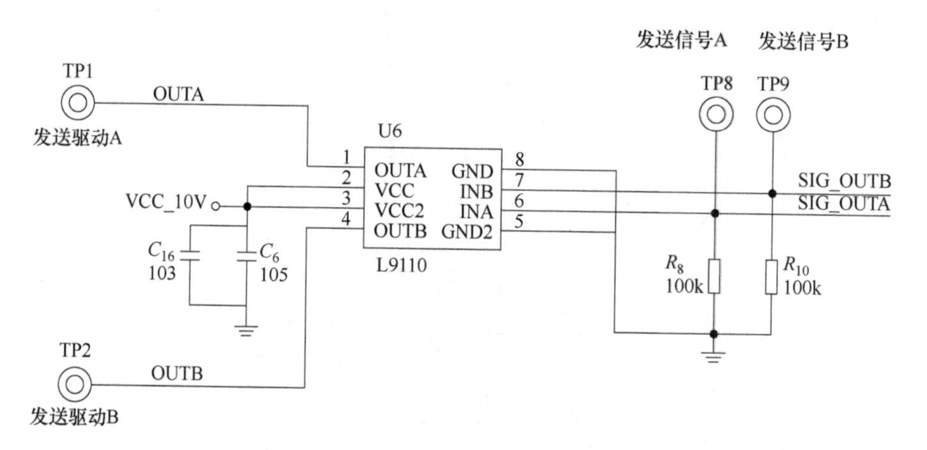

图 6-3-2 L9110 驱动电路

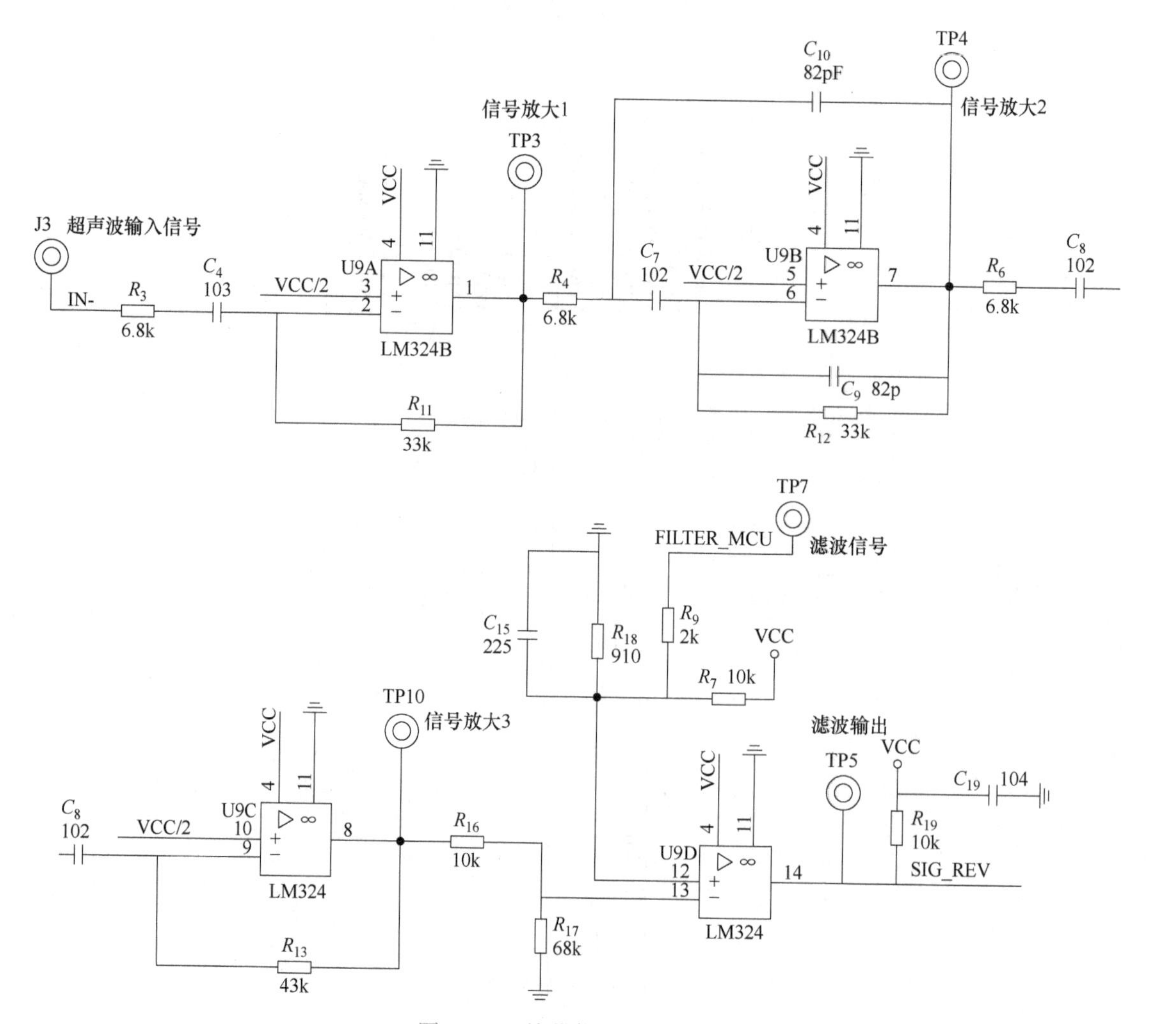

图 6-3-3 接收信号调理电路

二、微机电传感模块的工作原理

ADXL335 是一款小尺寸、薄型、低功耗、完整的三轴加速度传感器，提供经过信号调理的输出电压，单电源供电电压为 1.8~3.6V，电路原理如图 6-3-4 所示，外围器件简单，使用 X_{OUT}、Y_{OUT} 和 Z_{OUT} 引脚上的电容 C_X、C_Y 和 C_Z 选择该加速传感器的带宽，推荐设计三个电容为 0.1μF。ST 引脚控制自测功能，当该引脚连接电源时，会有静电力施加于加速度传感器的波束上，使波束移动，以便用户测试加速度传感器是否工作，正常使用中，此 ST 引脚可保持开路或连接到公共端（COM）。在 0*g* 条件下，X_{OUT}、Y_{OUT} 和 Z_{OUT} 三个方向的输出电压为电源电压的一半。

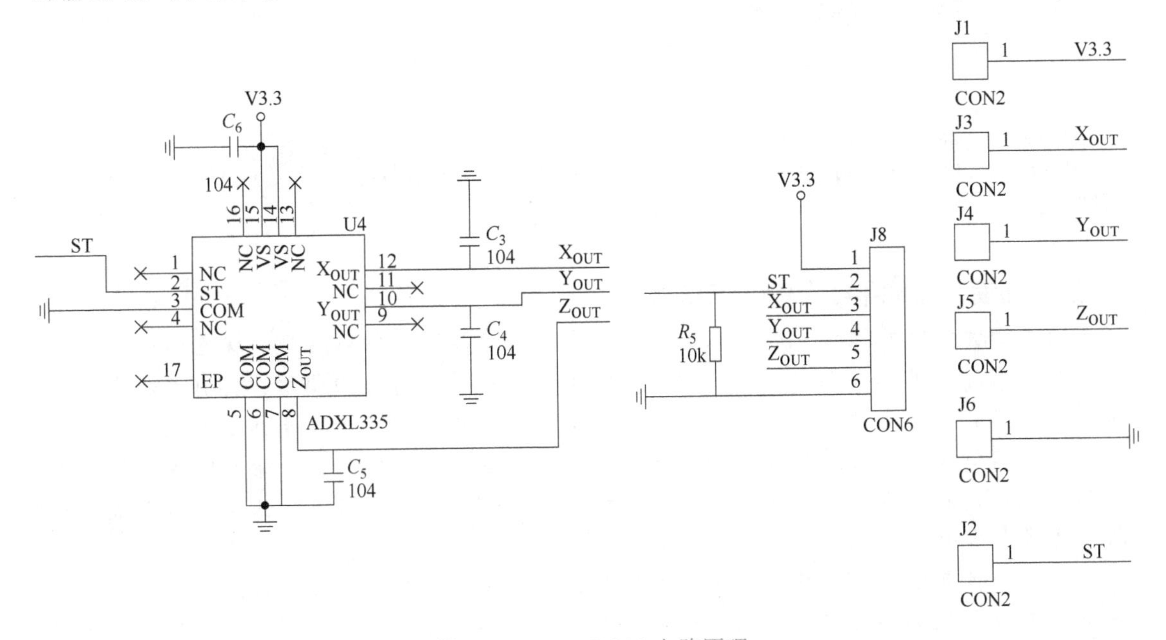

图 6-3-4 ADXL335 电路原理

三、智能平衡车监测系统结构分析

本任务要求能同时根据超声波传感器和三轴加速度传感器信号设计具备自动避障功能的智能平衡车，实现三轴加速度传感器有一定的倾角且到障碍物距离大于阈值时平衡车动作（用风扇转动模拟），当到障碍物距离小于阈值时，风扇停止。这就需要将任务 1 的超声波传感模块和任务 2 的微机电传感模块综合运用起来，通过单片机对 2 个传感器进行检测，根据检测到的传感器状态进行后续控制。单片机将智能平衡车的状态显示在 LCD12864 显示模块上。图 6-3-5 所示是智能平衡车监测系统硬件设计框图。

四、智能平衡车监测系统功能代码分析

需求：设计具备自动避障功能的智能平衡车，实现三轴加速度传感器有一定的倾角且到障碍物距离大于阈值时平衡车动作（用风扇转动模拟），当到障碍物距离小于阈值时，风扇停止，报警灯亮。

解决办法：综合判断超声波检测距离 ResultCM 和三轴加速度传感器的倾角 Roll，具体思路如下：

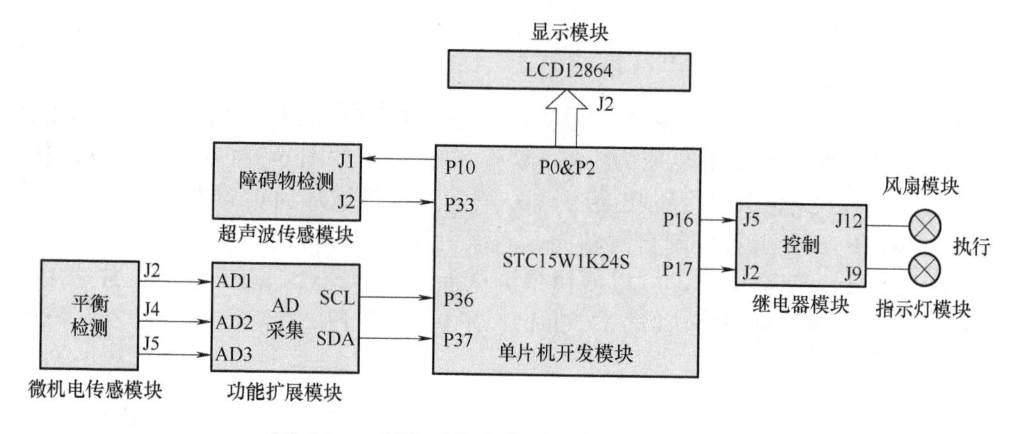

图 6-3-5　智能平衡车监测系统硬件设计框图

当 ResultCM 值小于阈值 DISLimit 时，不管倾角大小，风扇停止，报警灯亮；

当 ResultCM 值大于阈值 DISLimit 时，再判断倾角 Roll 大小，若 260<Roll<290，则风扇停止，否则风扇转动；

扩展阅读：智能平衡车的应用实例

随着社会经济的飞速发展，人们生活水平的快速提高，低碳环保、绿色出行这个观念已被越来越多的人接纳并引起重视。智能平衡车也是一种电力驱动、具有自我平衡能力的交通工具。随着现代城市人短距离出行需求的增加，智能平衡车作为智能化便携式代步工具得到了快速发展。智能平衡车除实现基本的代步功能外，还兼具时尚性及娱乐功能，可应用在个人交通、工作巡视、大型场馆工作人员交通工具、旅游娱乐以及汽车搭载等多个方面。

作为一种新型交通工具，智能平衡车尤其是独轮平衡车在人多车多的马路上行使目前还存在较大的安全隐患，国内有个别城市已经明令禁止平衡车在马路上行使，但是在马路之外的公共场所暂无相关法规约束。随着行业关键技术的更新换代及行业标准规范的出台，智能平衡车在保障使用安全的前提下将会得到更多的认可。

任务实施

任务实施前必须先准备的设备和资源见表 6-3-2。

表 6-3-2　设备清单表

序号	设备 / 资源名称	数量	是否准备到位（√）
1	超声波传感器模块	1	
2	微机电传感模块	1	
3	继电器模块	1	
4	指示灯模块	1	
5	风扇模块	1	
6	单片机开发模块	1	
7	显示模块	1	

（续）

序号	设备 / 资源名称	数量	是否准备到位（√）
8	功能扩展模块	1	
9	杜邦线（数据线）	若干	
10	杜邦线转香蕉线	若干	
11	香蕉线	若干	
12	项目 6 任务 3 的代码包	1	

任务实施导航

- 搭建本任务的硬件平台，完成个设备之间的通信连接。
- 打开项目工程文件。
- 对工程里的代码进行补充，使之完整。
- 对代码进行编译，生成下载所需的 HEX 文件。
- 通过计算机将 HEX 文件下载到单片机开发模块。
- 结果验证。

具体实施步骤

1. 硬件环境搭建

本任务的硬件接线图如图 6-3-6 所示。

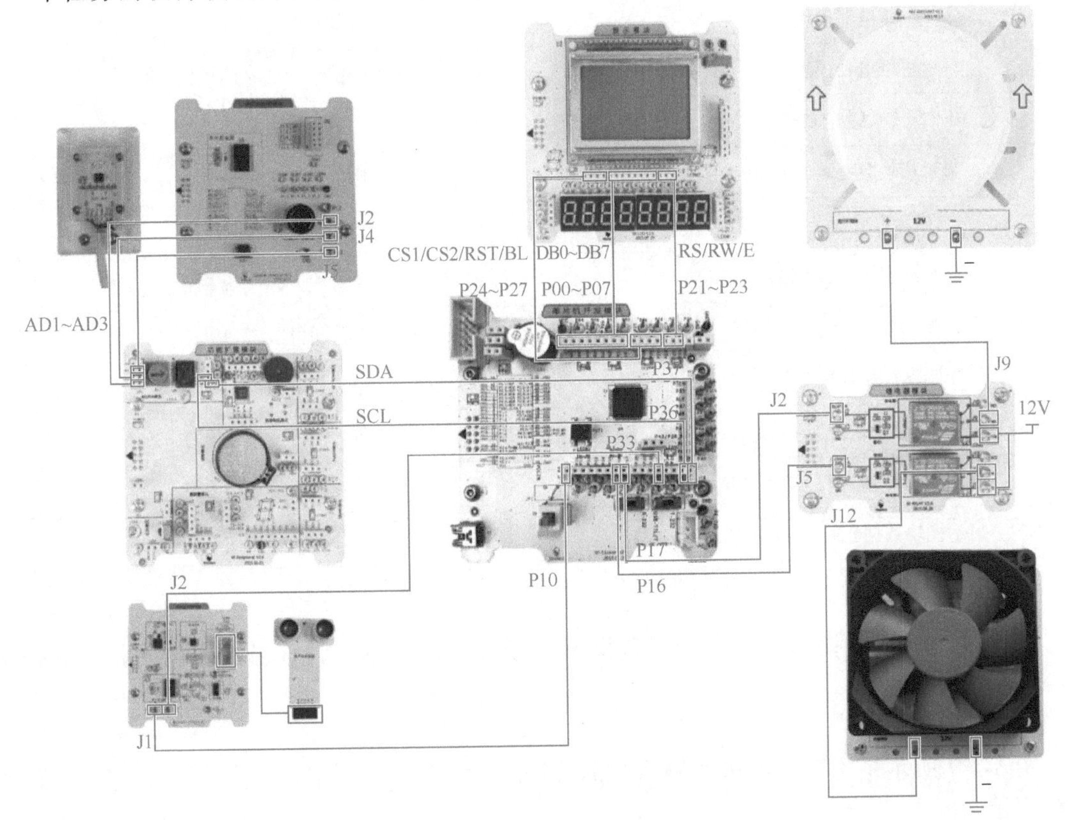

图 6-3-6　硬件接线图

根据图 6-3-6 选择相应的设备模块，进行电路连接，智能平衡车监测系统硬件连接表见表 6-3-3。

表 6-3-3 智能平衡车监测系统硬件连接表

模块名称及接口号	硬件连接模块及接口号
微机电传感模块 J2	功能扩展模块 AD1
微机电传感模块 J4	功能扩展模块 AD2
微机电传感模块 J5	功能扩展模块 AD3
功能扩展模块 SCL	单片机开发模块 P36
功能扩展模块 SDA	单片机开发模块 P37
超声波传感模块 J1	单片机开发模块 P10
超声波传感模块 J2	单片机开发模块 P33
继电器模块 J2	单片机开发模块 P17
继电器模块 J5	单片机开发模块 P16
继电器模块 J9	指示灯模块的正极“+”
继电器模块 J8	NEWLab 平台 12V 的正极“+”
指示灯模块的负极“–”	NEWLab 平台 12V 的负极“–”
继电器模块 J12	风扇模块的正极“+”
继电器模块 J11	NEWLab 平台 12V 的正极“+”
风扇模块的负极“–”	NEWLab 平台 12V 的负极“–”
显示模块数据端口 DB0~DB7	单片机开发模块 P00~P07
显示模块背光 LCD_BL	单片机开发模块 P27
显示模块复位 LCD_RST	单片机开发模块 P26
显示模块片选 LCD_CS2	单片机开发模块 P25
显示模块片选 LCD_CS1	单片机开发模块 P24
显示模块使能 LCD_E	单片机开发模块 P23
显示模块读写 LCD_RW	单片机开发模块 P22
显示模块数据 / 命令选择 LCD_RS	单片机开发模块 P21

2. 打开项目工程

打开本次任务的初始代码工程，具体操作步骤可参考本项目任务 1 中的“打开项目工程”部分。

3. 代码完善

图 6-3-7 所示是智能平衡车监测系统的代码程序流程图，结合该流程框图，对项目代码进行完善。

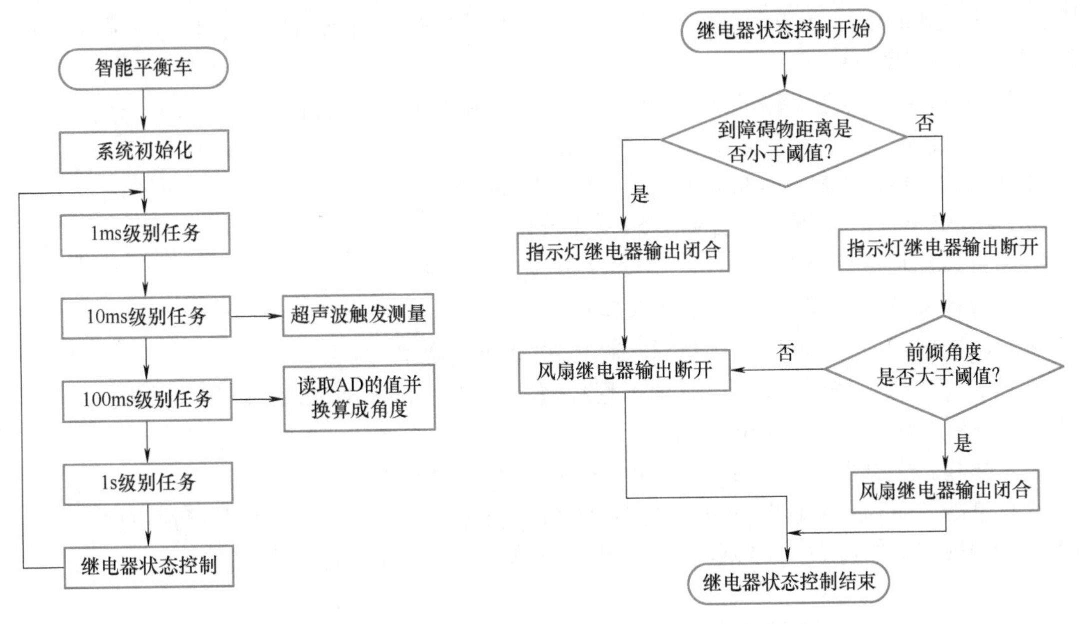

图 6-3-7　智能平衡车监测系统的代码程序流程图

打开 App/Main.c 文件，编写主程序的控制流程代码，综合到障碍物距离和前倾角度进行判断，当到障碍物距离小于阈值时，报警灯亮，不管前倾角度多少，风扇都停止；当到障碍物距离大于阈值时，报警灯灭，此时再判断前倾角度，角度大于阈值，风扇转动，角度小于阈值，风扇停止。

```
1.  if(Ultrasonic.GetUSonicF ==1)
2.  {
3.      Ultrasonic.GetUSonicF = 0;
4.      time_distance( );
5.      if(Ultrasonic.ResultCM < DISLimit)          // 当到障碍物距离小于阈值时
6.      {
7.          Relay1On( );                             // 报警灯亮
8.          Relay2Off( );                            // 风扇停止
9.      }
10.     else
11.     {
12.         Relay1Off( );
13.         if((adc.Roll > 260)&&(adc.Roll < 290))
14.             Relay2Off( );
15.         else
16.             Relay2On( );                         // 前倾角度大于阈值,风扇转动
17.     }
18. }
```

4. 代码编译

1）单击“Options for Target”按钮，进入 HEX 文件的生成配置对话框，可参考本项目任务 1 中的“代码编译”部分完成配置。

2）单击工具栏上程序编译按钮“”，完成该工程文件的编译。在 Build Output 窗口

中出现“0 Error(s), 0 Warning(s)”时，表示编译通过，可参考本项目任务 1 中的“代码编译”部分完成编译。

编译通过后，会在工程的 project/Objects 目录中生成 1 个 balance car.hex 的文件。

5. 程序下载

使用 STC-ISP 下载工具进行程序下载，具体步骤如下：

1）将 NEWLab 实训平台旋钮旋转至通信模式。

2）将单片机开发模块上的 JP2 和 JP3 开关拨至左侧。

3）选择单片机型号为 STC15W1K24S。

4）设置串口号，串口号可通过查看 PC 设备管理器获得。

5）单击“打开程序文件”，找到工程项目文件夹底下的 balance car.hex 文件。

6）设置 IRC 频率为 11.0592MHz。

7）弹起自锁开关 SW1，以断开单片机开发模块的电源。

8）单击“下载 / 编程”按钮，按下自锁开关 SW1，以给单片机开发模块供电，这样程序便开始下载到单片机中，当右下方提示操作成功时，此次程序下载完成。

6. 结果验证

模拟平衡车不动状态，到障碍物距离大于阈值 11cm 时，报警灯不亮；前倾角度在阈值范围内（260°~290°）时，风扇不转，如图 6-3-8 所示。

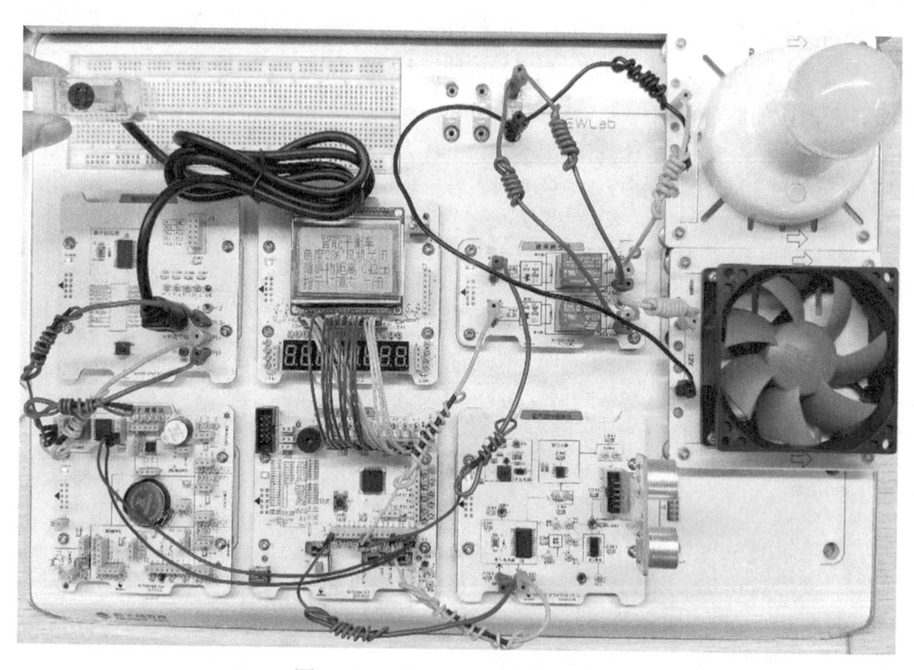

图 6-3-8　模拟平衡车不动状态

模拟平衡车前进状态，到障碍物距离大于阈值 11cm 时，报警灯不亮；前倾角度在阈值范围（260°~290°）外时，风扇转动，如图 6-3-9 所示。

模拟平衡车遇到障碍物状态，到障碍物距离小于阈值 11cm，报警灯亮；在此种情况下，不管前倾角度是否在阈值范围（260°~290°）外，风扇都是停止状态，如图 6-3-10 所示。

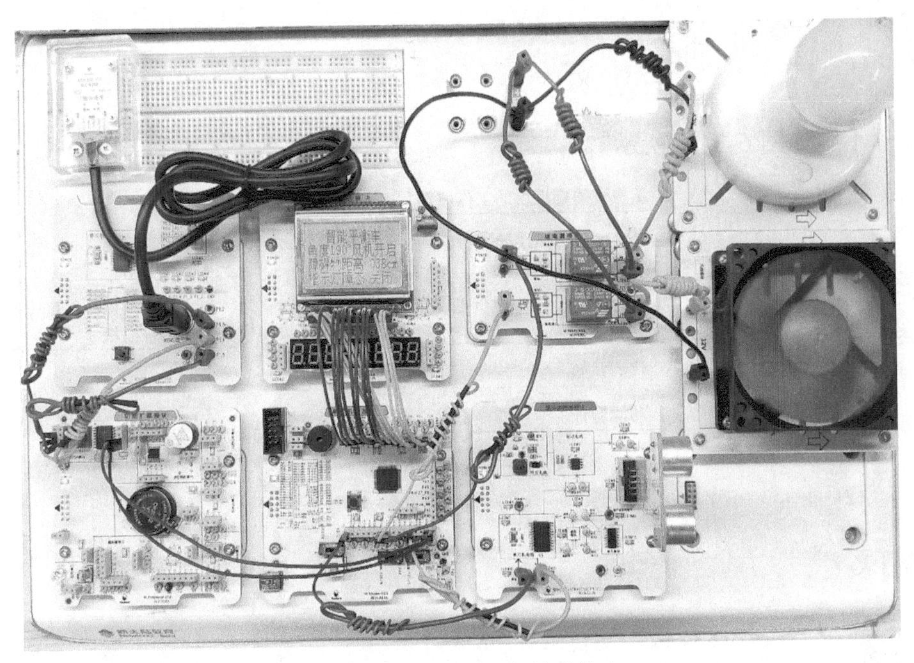

图 6-3-9　模拟平衡车前进状态

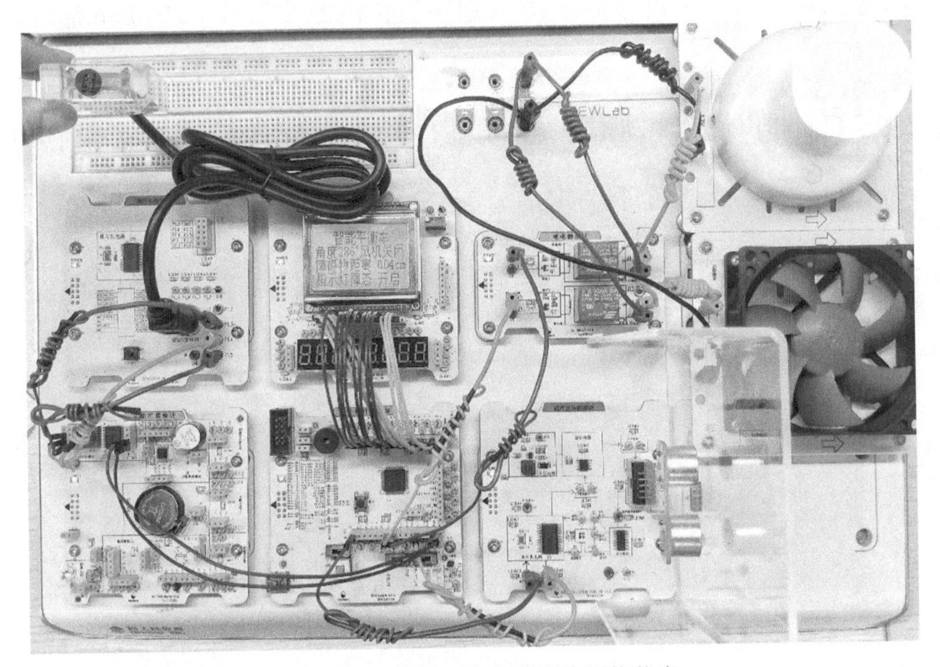

图 6-3-10　模拟平衡车遇到障碍物状态

任务检查与评价

完成任务后，进行任务检查与评价，任务检查与评价表存放在本书配套资源中。

任务小结

本任务小结如图 6-3-11 所示。

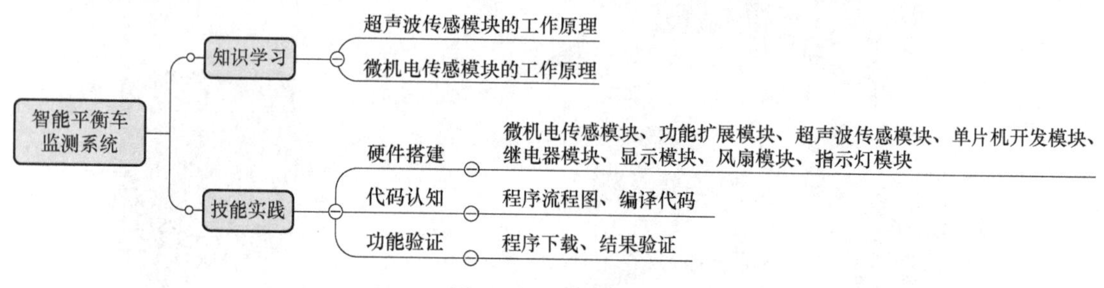

图 6-3-11　任务小结

任务拓展

1. 了解超声波接收信号的处理过程

用示波器观测超声波接收信号（J3）、超声波一级放大信号（TP3）、超声波二级放大信号（TP4）、超声波三级放大信号（TP10）、超声波检测滤波信号（TP7）和滤波输出信号（TP5）。

2. 了解超声波的驱动信号

用示波器观测超声波的驱动信号，TP8 和 TP9、TP1 和 TP2，注意驱动前后电压大小变化。

参 考 文 献

[1] 周怀芬，曹继宗. 传感器应用技术 [M]. 北京：机械工业出版社，2017.
[2] 梁长垠. 传感器应用技术 [M]. 北京：高等教育出版社，2018.
[3] 王晓红. 传感器应用技术 [M]. 北京：清华大学出版社，2014.
[4] 金发庆. 传感器技术与应用 [M]. 4 版. 北京：机械工业出版社，2020.